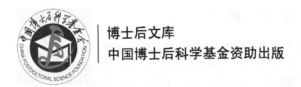

博士后文库

中国博士后科学基金资助出版

空气热泵性能有限时间热力学优化

毕月虹　陈林根　著

科学出版社

北　京

内 容 简 介

本书将有限时间热力学的思想和分析方法引入空气热泵循环的研究中，以供热系数、供热率、供热率密度、㶲效率和生态学目标函数为优化目标，用热力学与传热学及流体力学相结合的方法，研究存在传热不可逆性和其他不可逆性的空气热泵循环的最优性能。书中全面阐述恒温和变温热源条件下内可逆简单循环、不可逆简单循环和实际回热式循环模型的建立，导出各种模型的五种优化目标与压缩机压比等主要影响参数间的解析式，并将五种优化目标结果进行综合比较，得出因不同优化目标的选取而表现出的不同性能特性，给出相应的优化准则和设计运行工况优域，为实际空气热泵装置的性能描述和优化提供理论依据。

本书适合从事制冷、空调、能源及动力等领域的科研和工程技术人员，高等学校的教师、研究生及本科生参考使用。

图书在版编目(CIP)数据

空气热泵性能有限时间热力学优化/毕月虹，陈林根著.—北京：科学出版社，2017.3

(博士后文库)

ISBN 978-7-03-052211-5

Ⅰ. ①空… Ⅱ. ①毕…②陈… Ⅲ. ①热泵—热力学—研究 Ⅳ. ①TH3

中国版本图书馆CIP数据核字(2017)第054809号

责任编辑：陈构洪　赵微微 / 责任校对：桂伟利
责任印制：徐晓晨 / 封面设计：铭轩堂

科学出版社 出版
北京东黄城根北街 16 号
邮政编码：100717
http://www.sciencep.com

北京建宏印刷有限公司 印刷
科学出版社发行　各地新华书店经销

*

2017 年 3 月第 一 版　开本：720 × 1000　1/16
2018 年 4 月第三次印刷　印张：14 3/4
字数：280 000

定价：96.00 元

(如有印装质量问题，我社负责调换)

《博士后文库》编委会名单

《博士后文库》序言

1985年，在李政道先生的倡议和邓小平同志的亲自关怀下，我国建立了博士后制度，同时设立了博士后科学基金。30多年来，在党和国家的高度重视下，在社会各方面的关心和支持下，博士后制度为我国培养了一大批青年高层次创新人才。在这一过程中，博士后科学基金发挥了不可替代的独特作用。

博士后科学基金是中国特色博士后制度的重要组成部分，专门用于资助博士后研究人员开展创新探索。博士后科学基金的资助，对正处于独立科研生涯起步阶段的博士后研究人员来说，适逢其时，有利于培养他们独立的科研人格、在选题方面的竞争意识以及负责的精神，是他们独立从事科研工作的"第一桶金"。尽管博士后科学基金资助金额不大，但对博士后青年创新人才的培养和激励作用不可估量。四两拨千斤，博士后科学基金有效地推动了博士后研究人员迅速成长为高水平的研究人才，"小基金发挥了大作用"。

在博士后科学基金的资助下，博士后研究人员的优秀学术成果不断涌现。2013年，为提高博士后科学基金的资助效益，中国博士后科学基金会联合科学出版社开展了博士后优秀学术专著出版资助工作，通过专家评审遴选出优秀的博士后学术著作，收入《博士后文库》，由博士后科学基金资助、科学出版社出版。我们希望，借此打造专属于博士后学术创新的旗舰图书品牌，激励博士后研究人员潜心科研，扎实治学，提升博士后优秀学术成果的社会影响力。

2015年，国务院办公厅印发了《关于改革完善博士后制度的意见》（国办发〔2015〕87号），将"实施自然科学、人文社会科学优秀博士后论著出版支持计划"作为"十三五"期间博士后工作的重要内容和提升博士后研究人员培养质量的重要手段，这更加凸显了出版资助工作的意义。我相信，我们提供的这个出版资助平台将对博士后研究人员激发创新智慧、凝聚创新力量发挥独特的作用，促使博士后研究人员的创新成果更好地服务于创新驱动发展战略和创新型国家的建设。

祝愿广大博士后研究人员在博士后科学基金的资助下早日成长为栋梁之才，为实现中华民族伟大复兴的中国梦做出更大的贡献。

中国博士后科学基金会理事长

前　言

节能环保是全球各行业普遍关注的焦点问题，现代热力学理论的长足进步为各类实际装置的性能描述和优化提供了理论基础。空气热泵循环以空气为工质，避免了蒸汽压缩式热泵中氟利昂工质对大气环境的影响，作为环保型的空气热泵技术在实际工程中具有很好的应用前景和发展潜力。有限时间热力学是热力循环分析和优化的有力工具。本书在系统总结空气热泵循环的有限时间热力学研究现状基础上，选定理论模型的完善化和实际工程循环分析的系统化为突破口，用热力学与传热学及流体力学相结合的方法，分析热泵循环性能优化问题，建立相应的优化准则和设计运行工况优域，在深化物理学理论研究的同时，注重于在物理学与工程学之间架起桥梁。本书以供热系数、供热率、供热率密度（循环供热率与最大比容之比）、㶲效率和生态学目标函数为优化目标，通过理论分析和数值计算，研究存在传热不可逆性和其他不可逆性的空气热泵循环的最优性能。

第 1 章介绍有限时间热力学的产生、发展以及空气热泵的有限时间热力学研究意义及其研究现状。

第 2 章介绍内可逆简单空气热泵循环分析与优化，内可逆循环是有限时间热力学研究的最基本热力模型，由于在分析时计入了实际过程中存在的不可逆传热损失，因此其研究结果比理想可逆循环的分析更具实际意义。

第 3 章介绍不可逆简单空气热泵循环分析与优化，由于实际空气热泵中除了热阻损失以外，还有空气压缩机和涡轮膨胀机中的不可逆压缩和膨胀损失等，计入压缩机和膨胀机中的不可逆压缩和膨胀损失对循环的特性分析是非常重要的，本章将在第 2 章建立的模型基础上，进一步引入压缩机和膨胀机中的不可逆损失。

第 4 章介绍回热式空气热泵循环分析与优化，回热循环是空气热泵实际应用中的主要形式，本章分析中计入实际工程循环的所有内、外不可逆性，经典循环分析和各种条件下有限时间分析的结果均为本章所得结果的特例。

第 5 章介绍计算实例及结果分析，通过计算，得到供热系数、供热率、供热率密度，生态学目标函数以及㶲效率的理论值与设计值的比较结果，优化热导率分配对供热率、生态学目标函数以及㶲效率提高的相对量值，对理论分析结果加以检验。

第 6 章总结了全书的主要工作和创新点。

本书的写作及与本书密切相关的科研工作得到了海军工程大学孙丰瑞教授的关注和支持，对其中的关键问题孙教授提出了宝贵的建议，同时，周圣兵博士、王文华博士、屠友明硕士也对本书进行了有益的讨论，作者在此表示最衷心的感谢。作者还要特别感谢科学出版社编辑认真细致的工作。

本书还得到了中国博士后科学基金(20060400837)、国家自然科学基金(51376012)和北京市自然科学基金(3142003)的支持，特此致谢。

由于作者的水平有限，书中难免有不足之处，恳请读者批评指正。

毕月虹　陈林根

2016 年 9 月 1 日

目　　录

第1章 绪 论

1.1 有限时间热力学研究概况

1.1.1 有限时间热力学的产生和发展

1824年，法国工程师 Carnot 提出了著名的卡诺循环，以卡诺循环为其工质循环方式的热机、制冷机和热泵，被分别称为卡诺热机、卡诺制冷机和卡诺热泵，并推导出相应的卡诺循环的效率，即卡诺热机效率、卡诺制冷系数、卡诺供热系数的计算式[1]，后经2年的研究，Carnot 又提出了著名的卡诺定理。卡诺效率和卡诺定理为经典热力学的创立奠定了理论基础。一个多世纪以来，卡诺效率和卡诺定理对热力学理论的发展、热机及热力工程的技术进步都起了巨大的作用。

但是，要达到卡诺循环的效率，热机、制冷机和热泵必须完全可逆地运行，这就需要热力过程进行的时间无限长，显然，这与实际情况存在一定的差异，随着热力工程技术的发展，考虑不可逆热力过程影响的新理论也便应运而生。Novikov[2]、Chambadal[3]和 Curzon、Ahlborn[4]等在对内可逆卡诺循环进行深入分析的基础上，分别于1957年和1975年导出了内可逆卡诺热机在最大输出功率时的效率：$\eta_{CA} = 1 - \sqrt{T_L / T_H}$。它提供了分析有限速率和有限周期热机的新方法，可以说，它的导出标志着热力学一个新的学科分支的诞生。1977年，Andresen、Berry 等[5]物理学领域的学派代表，将此类寻找热力过程性能界限、最优途径及最优性能关系的研究称为"有限时间热力学"[6-8]；1982年，美国 Duke 大学 Bejan 等工程学领域的学派代表，将此类具有时间(尺寸)约束条件的热力过程(循环)的极值问题研究称为"热力学优化"或"熵产生最小化"理论[9-11]。"有限时间热力学"和"热力学优化"或"熵产生最小化"的基本出发点是统一的，即为减小热力过程(循环)的不可逆损失，在时间(尺寸)约束条件下，优化各种传热、流体流动和传质等传输过程或实际不可逆热力系统性能[5-11]。经过五十多年的发展，有限时间热力学理论已逐步发展成为现代热力学理论的一个重要组成部分[12-14]，架起了物理学和工程学之间的桥梁，不仅深化物理学理论研究，同时也注重工程应用的研究，成为现代热力学非常活跃的研究领域之一[11-37]。

1.1.2　有限时间热力学的研究内容

可逆循环所需循环周期为无限长，尽管相应的效率为卡诺效率，但是循环对时间的平均输出率(如热机的功率)为零，而有限时间热力学区别于经典热力学的主要特征是考虑输出特性和性能系数的协调性。总结有限时间热力学的最初研究内容主要包括[6,7,14,15,26]：①建立广义热力学势；②确定最优路径；③寻求性能界限和性能指标；④提出如热力学长度、有限时间烟等新概念。

从有限时间热力学理论建立至今的几十年中，其研究不断向工程应用领域推进，在各个研究方向上都取得了比较重要的发展，表现在以下几个方面。

(1)恒温热源牛顿定律系统[38]，主要涉及2类问题：求出给定过程或系统的性能界限及性能优化准则；求取获得最大性能系数或最大输出率的最优路径。

(2)损失模型对热力过程和循环、装置最优性能影响[39]，包括求不同导热规律(热阻损失模型)下的性能界限和基本优化关系；分析热阻以外的其他不可逆性，主要是热漏和内不可逆性(含工质的非平衡效应和摩擦效应)对最优特性的定性和定量影响特点。

(3)热源模型对热力循环最优特性影响[40-42]，主要包括2种热源模型，即有限热容热源以及外部加热泵入热流热源。

(4)实际装置和热过程[43-47]，已涉及的一些常见实际工程循环和过程包括：蒸汽动力循环、联合动力循环、燃气动力循环、内燃机循环、斯特林(Stirling)发动机、热电热机、热电联产装置、太阳能驱动热机、太阳能电池、换热器、风能系统、材料熔化、各种分离过程、热声装置、热离子热机、磁流体动力装置等。

(5)制冷和热泵循环[48-54]，涉及：蒸汽压缩式制冷机(热泵)、吸收(吸附)式制冷机(热泵)、空气制冷机(热泵)、热电制冷机(热泵)等。

(6)"类热机"过程[13, 55]，如化学反应、流体流动、计算机逻辑运算、生命过程、自然组织的构形理论[56]等。通过这些研究，得到了一大批具有工程实际应用价值的结果[6-27]。

本书作者也曾应用这一理论先后研究了联合制冷循环[57,58]、联合热泵循环[59,60]、热电热泵循环[61]、三热源制冷循环[62]和三热源热泵循环[63]的性能优化问题，并在研究流体流动做功过程优化中[64]发现并订正了 Bejan 工作[10, 65]中的错误。

1.1.3　有限时间热力学的发展趋势

由以上分析可以知道，机械、电、磁、化学、气动、生命等过程和装置，以及经济系统均可与传统热过程采取统一处理思想和方法进行分析和优化，这一学科将在以下3个方面取得进一步发展。

(1)广义热力学优化理论的建立和完善,借鉴有限时间热力学对传统热过程的分析方法,对机械、电、磁、化学、生命、经济等领域的过程或系统进行分析和优化。

(2)"自然组织构形理论"[37]的建立和发展,在阐明各种自然组织几何形状的热力学机理基础上,进一步改进各种组织的性能。

(3)"热力学与环境"有机结合,例如,将㶲、熵等热力学概念与环境问题相联系,二者相得益彰。

1.2　空气热泵循环的有限时间热力学研究意义及其现状

1.2.1　空气热泵循环的有限时间热力学的研究意义

1.2.1.1　空气热泵循环重新受到重视

空气热泵循环又称为布雷敦热泵循环,它由两个等压过程和两个等熵绝热过程组成。1872 年,Brayton 获得了工作于这种方式的机器专利,可是大约在 100多年后,空气热泵循环才开始应用于热水器[66]及溶剂回收过程[67],这是由于空气热泵中透平机械固有的不可逆性较大,且空气的比热较小,因而其供热能力不大,使得对空气热泵循环的研究一波三折。

近几十年来,科学家们发现传统的氟利昂制冷剂会破坏大气臭氧层,联合国已制定《关于消耗臭氧层物质的蒙特利尔议定书》,即 2030 年前全世界完全停止生产和使用 CFCs 和 HCFCs 制冷剂,大力寻求新的制冷剂。新研制出的制冷剂虽对臭氧层无影响,但许多会产生一定的温室效应。吸收式热泵可以满足环保的要求,但其经济性较差,小型化还存在一定的困难。空气热泵以空气为工质,取之不尽,用之不竭,且无害,不存在购买、运输、保存等问题,也不存在环境污染问题,空气热泵在实际工程中具有很好的应用前景。自 20 世纪 90 年代以来,先后有美国、澳大利亚、德国、日本、英国等国进行了空气热泵装置和技术的研究及试验。美国设计了用于住宅和商业建筑空调(采暖、空调)的空气封闭循环制冷装置样机,德国已将空气热泵(制冷)装置成功地应用于 ICE(Inter City Express)高速列车上[68],英国开发了用于火车车厢空调的空气制冷装置[69,70],国内学者也开始研发列车空调用的空气制冷(热泵)机组[71,72]。近年来,随着透平机械的发展[73]和回热技术[74-77]的应用,空气制冷和热泵得到了重视和发展,对空气制冷[78-99]和热泵循环[78, 100-117]的理论和实验研究已逐步活跃起来。同时,空气制冷装置以其重量轻、维护简单、可靠性高等优点,在航空航天、食品加工、石油化工、低温超导等领域也迅速得到应用。

1.2.1.2 空气热泵循环的有限时间热力学研究价值

依据经典热力学，工作于温度为 T_H 与 T_L 的两热源之间的可逆空气热泵循环（T_L、T_H 分别与绝热膨胀过程初、终点温度相同），其最佳供热系数应为 $T_H/(T_H-T_L)$。然而，该供热系数只能作为空气热泵循环的一个较为粗略的上限，因为与这个供热系数界限相应的热力循环必须是可逆的，而且在供热空间中空气必须被冷却到 T_H 温度，且在吸热过程中吸收热量后其温度要达到 T_L，即工质均须达到热源温度，不能存在传热温差，这就要求该循环所涉及的热力过程进行得无限缓慢，于是，该循环的供热率为零(供热量与时间之比)，尽管该循环的供热系数达到了最高；再或者，需要无限大的换热器，致使比供热率(供热率与总传热面积之比)为零。因此，空气热泵循环只有在有限时间(有限尺寸)条件下进行，才能产生非零的供热率，为了更好地利用理论结果指导实际空气热泵系统设计，非常有必要将有限时间热力学的分析方法引入进来。

1.2.2 空气热泵循环的有限时间热力学研究现状

经过五十多年的发展，有限时间热力学已成为热力循环分析和优化的有力工具[26-36]。主要表现在：多种优化目标的选取，基本优化特性的确立，各种热力参数优选范围的建立。在热机循环的分析中，功率密度目标优化，不仅使热机保持了较高的效率和功率，同时还有效地减小了热机的尺寸，成为实际热机设计的一种可取的备选方案[118-122]。在制冷循环分析中，Yavuz 和 Erbay 则分别用制冷率密度(即制冷率与循环中工质最大比容之比)分析了 Ericsson 循环[123]和 Stirling 循环[124]，Zhou 等[125-128]选定制冷率密度作为优化目标，对不同热源形式的内可逆、不可逆及回热式空气制冷循环进行了有限时间热力学研究，得出采用制冷率密度作为优化目标，可以比采用制冷率作为优化目标更有效地减小空气制冷机的尺寸。Erbay 和 Yavuz 用供热率密度(即供热率与循环中工质最大比容之比)作为优化目标分析了 Stirling 循环[129]。本书将利用供热率密度作为优化目标，来进一步研究空气热泵循环的特性，可以使空气热泵的尺寸减小。

基于热力学第一及第二定律的㶲分析法可以准确揭示热力系统热力学损失的原因和部位，从而有效提高热力系统的性能[130-133]，稳态稳流系统的㶲平衡方程为

$$\sum_j (1-T_0/T_j)Q_j - W_{cv} + \dot{m}x_{in} - \dot{m}x_{out} - E_d = 0 \qquad (1.2.1)$$

式中，T_0 是环境温度；Q_j 为系统某一边界(瞬时温度为 T_j)上的热流率；$\dot{m}$ 和 x 分别表示质量流率和比㶲流率；W_{cv} 是系统的循环净功率；E_d 表示㶲损失率。

对于热泵循环，有

$$E_{in} = -W_{cv} \tag{1.2.2}$$

热泵系统的供热率导致系统的㶲输出率，其值为

$$E_{out} = \sum_j (1 - T_0/T_j)Q_j \tag{1.2.3}$$

由以上各式可得

$$E_{out} = E_{in} - E_d \tag{1.2.4}$$

Chen 等[134]则把有限时间热力学和"㶲"的概念结合起来，㶲效率的定义式为

$$\eta_{ex} = E_{out}/E_{in} \tag{1.2.5}$$

屠友明等[135-137]则对空气制冷循环进行了㶲效率优化，得到了比传统的制冷率优化方法更科学、更合理的结果。

1991 年，"生态学目标函数"首次被 Angulo-Brown[138]用于热机循环的分析中，文献[139]又建立了各种循环统一的生态学目标函数，即

$$E = A/\tau - T_0\Delta S/\tau = A/\tau - T_0\sigma \tag{1.2.6}$$

式中，A 为循环输出㶲；τ 为循环周期；A/τ 即为循环的㶲输出率；T_0 为环境温度；σ 为熵产率；$T_0\sigma$ 即为循环的㶲损失率；ΔS 为循环熵产，即

$$E_{out} = A/\tau, \quad E_d = T_0\sigma \tag{1.2.7}$$

一些文献分别研究了热机[140-147]、蒸汽压缩式制冷循环[148-150]、热泵循环[151-154]和空气制冷循环[155,156]的生态学优化问题。对于各种热泵循环，通过联立式(1.2.4)、式(1.2.6)及式(1.2.7)，可导出统一的生态学目标函数为

$$E = 2E_{out} - E_{in} \tag{1.2.8}$$

用有限时间热力学的方法对空气热泵[101]循环的研究已逐步活跃起来，本书在相关文献[13,157-161]的基础上，参照对空气制冷机的研究[12,88-93,125-128,155,156,162]，进一步深入研究空气热泵循环的有限时间热力学性能，探讨不同优化目标下不同损失项下的一般性能和最优性能，并对不同目标下的优化结果进行比较分析。

1.3 本书主要工作

本书将基于前人工作，按照由浅入深、由简单到复杂的思路对空气热泵循环

的有限时间热力学性能进行分析和优化研究。

(1)分别建立不同热源条件下各种闭式空气热泵循环[163-174]的热力学模型,导出相应的供热率、供热率密度、生态学目标函数、供热系数和㶲效率与压缩机压比以及各种不可逆参数间的解析式。

(2)将五种不同优化目标的优化结果进行综合比较[163-174],得到不同优化目标下的不同性能特性。

(3)对于换热器(高温、低温和回热器)热导率总量一定的条件,求出相应的热导率最优分配关系,在一定供热率下,使换热器尺寸最小化;对于变温热源条件,还可求出热源与工质间的热容率最佳匹配关系[165,167,169,170]。

(4)以某型回热空气热泵总体设计为参考依据,将其设计参数与所得理论分析与优化结果进行比较,验证模型的正确性和优化结果的有效性。

第2章 内可逆简单空气热泵循环分析与优化

2.1 引 言

内可逆循环是有限时间热力学研究的最基本热力模型，本章将以供热率、供热系数、供热率密度、㶲效率和生态学目标函数为优化目标，通过引入热阻损失，分别建立恒温、变温热源条件下的内可逆空气(即内可逆布雷郭)热泵循环模型，导出各热力学优化目标与循环压比以及各种不可逆参数间的解析式，在高、低温换热器的热导率总量一定的约束条件下，通过解析分析和/或数值计算求出使各热力学优化目标最大时高温侧换热器和低温侧换热器热导率之间的最优分配关系；针对变温热源条件下的空气热泵循环，还对工质与热源间的热容率匹配做优化分析与计算，得到使各热力学优化目标最大时工质与热源间的热容率最佳匹配关系。由于本章在分析时计入了实际过程中存在的不可逆传热损失，因此其研究结果比理想可逆循环的分析更具实际意义[163-169]。

2.2 恒温热源循环

2.2.1 循环模型

图 2.2.1 所示为内可逆简单空气热泵循环(1-2-3-4-1)的 $T\text{-}s$ 图，其中 1-2 表示工质从低温热源的吸热过程，2-3 表示工质在压缩机中的等熵压缩过程，3-4

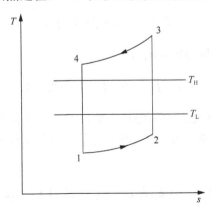

图 2.2.1 恒温热源内可逆简单空气热泵循环模型

表示工质向高温热源的放热过程，4-1 表示工质在膨胀机中的等熵膨胀过程。

设高温和低温侧换热器的热导率(传热面积 F 与传热系数 K 的乘积)分别为 U_H、U_L；高温和低温热源温度分别为 T_H、T_L，空气工质被视为理想气体，其热容率(定压比热与质量流率之积)为 C_{wf}。

高温和低温侧换热器的供热率 Q_H 和吸热率 Q_L 分别为

$$Q_H = U_H(T_3 - T_4) / \ln[(T_3 - T_H)/(T_4 - T_H)] = C_{wf}E_H(T_3 - T_H) \tag{2.2.1}$$

$$Q_L = U_L(T_2 - T_1) / \ln[(T_L - T_1)/(T_L - T_2)] = C_{wf}E_L(T_L - T_1) \tag{2.2.2}$$

式中，E_H、E_L 分别为高温和低温侧换热器的有效度，即

$$E_H = 1 - \exp(-N_H), \quad E_L = 1 - \exp(-N_L) \tag{2.2.3}$$

式中，N_H 和 N_L 是高温和低温侧换热器的传热单元数，即有

$$N_H = U_H / C_{wf}, \quad N_L = U_L / C_{wf} \tag{2.2.4}$$

由工质的热力性质也可得到 Q_H 和 Q_L 的表达式为

$$Q_H = C_{wf}(T_3 - T_4) \tag{2.2.5}$$

$$Q_L = C_{wf}(T_2 - T_1) \tag{2.2.6}$$

2.2.2 供热率、供热系数、供热率密度、㶲效率及生态学目标函数解析关系

由式(2.2.1)、式(2.2.2)、式(2.2.5)和式(2.2.6)可得

$$T_2 = E_L T_L + (1 - E_L)T_1 \tag{2.2.7}$$

$$T_4 = E_H T_H + (1 - E_H)T_3 \tag{2.2.8}$$

定义压缩机内的工质等熵温比为

$$x = T_3 / T_2 = (P_3 / P_2)^m = \pi^m, \quad x \geqslant 1 \tag{2.2.9}$$

式中，$m = (k-1)/k$，k 是工质的绝热指数；π 是压缩机的压比；P 是压力。联立式(2.2.7)、式(2.2.8)和式(2.2.9)及内可逆循环性质 $T_1T_3 = T_2T_4$，可得 T_3、T_4 的表达式为

$$T_3 = [E_L T_L x + E_H T_H(1 - E_H)]/(E_H + E_L - E_H E_L) \tag{2.2.10}$$

$$T_4 = [E_H T_H + E_L T_L x(1 - E_H)]/(E_H + E_L - E_H E_L) \tag{2.2.11}$$

由式 (2.2.1) 和式 (2.2.10) 可得到循环的供热率表达式为

$$Q_H = C_{wf} E_H E_L (T_L x - T_H)/(E_H + E_L - E_H E_L) \qquad (2.2.12)$$

循环的供热系数为

$$\beta = (1 - Q_L / Q_H)^{-1} \qquad (2.2.13)$$

由式 (2.2.12) 和式 (2.2.13) 可得

$$\beta = (1 - 1/x)^{-1} = x/(x-1) = \pi^m / (\pi^m - 1) \qquad (2.2.14)$$

由式 (2.2.12) 和式 (2.2.14) 可求得一定供热系数下的供热率为

$$Q_H = C_{wf} E_H E_L [T_L / (1 - \beta^{-1}) - T_H]/(E_H + E_L - E_H E_L) \qquad (2.2.15)$$

定义无因次供热率 $\overline{Q}_H = Q_H / (C_{wf} T_H)$

$$\overline{Q}_H = E_H E_L (\pi^m / \tau_1 - 1)/(E_H + E_L - E_H E_L) \qquad (2.2.16)$$

式中，$\tau_1 = T_H / T_L$，为高、低温热源温比。

供热率密度定义为[129]：$q_H = Q_H / v_2$，其中，v_2 为循环中工质的最大比容值，图 2.2.1 中的 2 点为最大比容点，则无因次供热率密度为

$$\overline{q}_H = q_H \Big/ (C_{wf} T_H / v_1) = \overline{Q}_H v_1 / v_2 \qquad (2.2.17)$$

对于定压过程，$v_1 / v_2 = T_1 / T_2$，由式 (2.2.10)、式 (2.2.11)、式 (2.2.16) 以及内可逆循环性质 $T_1 T_3 = T_2 T_4$ 可得到无因次供热率密度表达式，即

$$\overline{q}_H = \overline{Q}_H \times (v_1 / v_2) = \frac{(\pi^m / \tau_1 - 1) E_H E_L [E_H \tau_1 / \pi^m + E_L (1 - E_H)]}{(E_H + E_L - E_H E_L)[E_H \tau_1 (1 - E_L) / \pi^m + E_L]} \qquad (2.2.18)$$

根据式 (1.2.2) 及式 (1.2.3) 可分别得到循环的㶲输入率和㶲输出率为

$$E_{in} = Q_H - Q_L \qquad (2.2.19)$$

$$E_{out} = (1 - T_0/T_H)Q_H - (1 - T_0/T_L)Q_L \qquad (2.2.20)$$

联立式 (1.2.5)、式 (2.2.1)、式 (2.2.2)、式 (2.2.7)、式 (2.2.8)、式 (2.2.19) 以及式 (2.2.20) 即可得到该循环的㶲效率为

$$\eta_{ex} = [(1 - T_0/T_H)\pi^m - (1 - T_0/T_L)]/(\pi^m - 1) \tag{2.2.21}$$

为便于比较分析，烟效率又可写成

$$\eta_{ex} = [(1 - a_2)\pi^m - (1 - a_1)]/[2(\pi^m - 1)] \tag{2.2.22}$$

式中，$a_1 = 2T_0/T_L - 1 = 2\tau_1/\tau_2 - 1$，$a_2 = 2T_0/T_H - 1 = 2/\tau_2 - 1$，$\tau_2 = T_H/T_0$ 为高温热源与外界环境温度之比。

联立式(1.2.8)、式(2.2.1)、式(2.2.2)、式(2.2.10)、式(2.2.11)、式(2.2.19)以及式(2.2.20)可得该循环的生态学目标函数为

$$E = (T_L - T_H/\pi^m)(a_1 - a_2\pi^m)C_{wf}E_H E_L/(E_H + E_L - E_H E_L) \tag{2.2.23}$$

为便于分析，将生态学目标函数写成无因次的形式为

$$\overline{E} = E/(C_{wf}T_H) = (1/\tau_1 - 1/\pi^m)(a_1 - a_2\pi^m)E_H E_L/(E_H + E_L - E_H E_L) \tag{2.2.24}$$

2.2.3 供热率、供热系数分析与优化

2.2.3.1 各参数的影响分析

式(2.2.14)和式(2.2.16)表明，当 τ_1 一定时，$\overline{Q}_H$ 与换热器传热不可逆性（E_H、E_L）和压比（π）有关，而 β 只与压比（π）有关。因此，对循环性能的优化可从压比的选择、换热器传热的优化等方面进行。依据式(2.2.3)和式(2.2.4)，对换热器传热进行优化，需要优化换热器的热导率分配。另外，若 π 不变，以 $\overline{Q}_H$ 为目标进行优化时，不影响其 β。

首先分析压比对供热率和供热系数的影响特点。图 2.2.2 给出了 $k=1.4$ 时供热系数 β 与压比 π 的关系，该曲线为双曲线形，供热系数与压比呈单调递减关系，当压比从 1 增加到 5，供热系数下降幅度非常大，当压比继续增加时，供热系数的下降幅度减缓。图 2.2.3 给出了 $\overline{Q}_H$ 与 π 的关系图，其中 $k=1.4$，$E_H = E_L = 0.9$。由图可见，$\overline{Q}_H$ 与 π 呈单调递增关系，因此，在选择 π 时应兼顾 $\overline{Q}_H$ 与 β。

图 2.2.3 还表明，当 τ_1 提高时，$\overline{Q}_H$ 随之单调减少，并且 $\overline{Q}_H$ 为零的压比值随 τ_1 的提高而增加。

对给定高、低温侧换热器热导率，也即给定有效度的情形，图 2.2.4 给出了 E_H 和 E_L 对 $\overline{Q}_H$ 与 π 关系的影响图，其中 $k=1.4$，$\tau_1 =1.25$。由图可见，$\overline{Q}_H$ 与 E_H 和 E_L 呈单调递增关系。

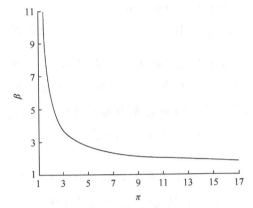

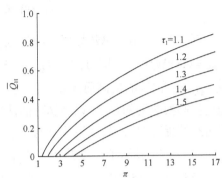

图 2.2.2　供热系数 β 和压比 π 的关系　　　图 2.2.3　热源温比 τ_1 对 $\bar{Q}_H$-π 关系的影响

2.2.3.2　热导率最优分配

对于热导率可选择的情形，在 $U_H + U_L = U_T$ 一定的条件下，令换热器的热导率分配 $u = U_L / U_T$。因此有：$U_L = uU_T$，$U_H = (1-u)U_T$。

图 2.2.5 给出了 $\bar{Q}_H$ 与 u 以及 π 的综合关系图，其中 $k = 1.4$，$\tau_1 = 1.25$，$C_{wf} = 0.8\text{kW/K}$，$U_T = 5\text{kW/K}$。由图可见，当 u 一定时，π 升高，$\bar{Q}_H$ 则随之增加；而当 π 一定时，$\bar{Q}_H$ 与 u 呈类抛物线关系，有一最佳热导率分配 $u_{\text{opt},\bar{Q}_H}$ 使得 $\bar{Q}_H$ 取得最大值 $\bar{Q}_{H\text{max},u}$。

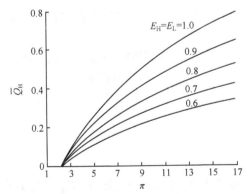

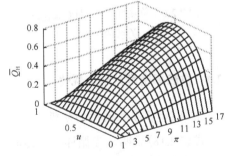

图 2.2.4　换热器有效度 E_H、E_L 对 $\bar{Q}_H$-π　　　图 2.2.5　无因次供热率与热导率分配及
关系的影响　　　　　　　　　　　　　　　压比的综合关系

令 $\partial \bar{Q}_H / \partial u = 0$，可求得最佳热导率分配 $u_{\text{opt},\bar{Q}_H} = 0.5$，此时，无因次供热率达到最优，且一定压比条件下的最大无因次供热率为[13]

$$\overline{Q}_{\mathrm{H\,max},u} = (\pi^{m}/\tau_1 - 1)\{1 - \exp[-U_{\mathrm{T}}/(2C_{\mathrm{wf}})]\}$$
$$/\{\exp[-U_{\mathrm{T}}/(2C_{\mathrm{wf}})] + 1\} \qquad (2.2.25)$$

图 2.2.6 显示了总热导率 U_{T} 对 $\overline{Q}_{\mathrm{Hmax},u}$ 与 π 关系的影响,其中 $k=1.4$, $\tau_1=1.25$, $C_{\mathrm{wf}}=0.8\mathrm{kW/K}$。由图可知,$\overline{Q}_{\mathrm{Hmax},u}$ 与 π 呈单调递增关系,并且在一定 π 条件下,$\overline{Q}_{\mathrm{Hmax},u}$ 随着 U_{T} 的提高而提高,但最大无因次供热率的递增量越来越小。这说明通过提高换热器的 U_{T} 可以使循环的性能有所提升,但当 U_{T} 增加到一定值后,如果再继续提高 U_{T},其效果就不明显了。

图 2.2.7 显示了工质热容率 C_{wf} 对 $\overline{Q}_{\mathrm{Hmax},u}$ 与 π 关系的影响,其中 $k=1.4$, $\tau_1=1.25$, $U_{\mathrm{T}}=5\mathrm{kW/K}$。显然,$C_{\mathrm{wf}}$ 并不从根本上改变 $\overline{Q}_{\mathrm{Hmax},u}$ 与 π 的曲线关系,当 C_{wf} 变化时,$\overline{Q}_{\mathrm{Hmax},u}$ 只是定量地发生改变;在一定 π 条件下,$\overline{Q}_{\mathrm{Hmax},u}$ 与 C_{wf} 呈单调递增关系,因此,选择 C_{wf} 相对较大的气体作为工质,可以进一步优化循环的性能。

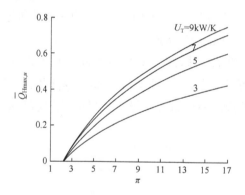 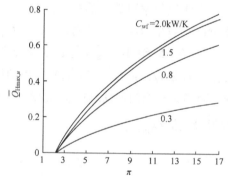

图 2.2.6　总热导率 U_{T} 对 $\overline{Q}_{\mathrm{Hmax},u}$-$\pi$ 关系的影响　　　图 2.2.7　工质热容率 C_{wf} 对 $\overline{Q}_{\mathrm{Hmax},u}$-$\pi$ 关系的影响

2.2.4　供热率密度分析与优化

2.2.4.1　各参数的影响分析

式(2.2.18)表明,当循环 τ_1 一定时,$\overline{q}_{\mathrm{H}}$ 与换热器传热不可逆性(E_{H}、E_{L})和压比(π)有关。因此,对循环性能的优化可从压比的选择、换热器传热的优化等方面进行。依据式(2.2.3)和式(2.2.4),对换热器传热进行优化时,需要优化换热器的热导率分配。

图 2.2.8 给出了热源温比 τ_1 对 $\overline{q}_{\mathrm{H}}$ 与 π 关系的影响,其中 $E_{\mathrm{H}}=E_{\mathrm{L}}=0.9$, $k=1.4$,由图可见,$\overline{q}_{\mathrm{H}}$ 与 π 呈单调递增关系,在以 $\overline{q}_{\mathrm{H}}$ 作为优化目标进行压比选择时,应

兼顾供热率与供热系数。

图 2.2.8 还表明, 无因次供热率密度随着 τ_1 的增大而减小, 并且 $\bar{q}_H$ 为零的 π 随 τ_1 的提高而增加。

对给定高温和低温侧换热器热导率的情形, 图 2.2.9 给出了 $k=1.4$, $\tau_1=1.25$ 时高温和低温侧换热器的有效度 E_H、E_L 对 $\bar{q}_H$ 与 π 关系的影响。由图可知, $\bar{q}_H$ 与 E_H、E_L 呈单调递增关系。

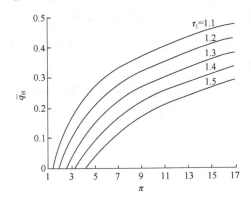

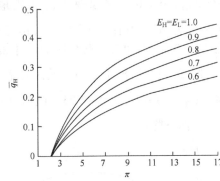

图 2.2.8 热源温比 τ_1 对 $\bar{q}_H$ - π 关系的影响 图 2.2.9 换热器有效度 E_H、E_L 对 $\bar{q}_H$ - π 关系的影响

2.2.4.2 热导率最优分配

对于热导率可选择的情形, 在 $U_H + U_L = U_T$ 一定的条件下, 令换热器的热导率分配 $u = U_L / U_T$。

图 2.2.10 给出了 $k=1.4$, $\tau_1=1.25$, $C_{wf}=0.8\text{kW/K}$, $U_T=5\text{kW/K}$ 时 $\bar{q}_H$ 与 u 以及 π 的综合关系。图 2.2.11 显示了不同热导率分配 u 对 $\bar{q}_H$ 与 π 关系的影响, 其

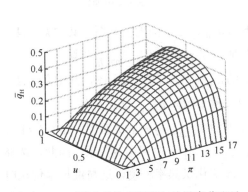

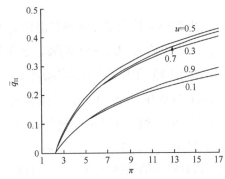

图 2.2.10 无因次供热率密度与热导率分配及 图 2.2.11 热导率分配 u 对 $\bar{q}_H$ - π 关系的 压比的综合关系 影响

中 $k=1.4$ ， $\tau_1=1.25$ ， $C_{wf}=0.8\text{kW/K}$ ， $U_T=5\text{kW/K}$ ，由图可知， $\overline{q}_H$ 随 π 升高而增大，而对 u 存在极值。

图 2.2.12 给出了不同压比 π 下的 $\overline{q}_H$ 与 u 间的关系图，其中 $k=1.4$ ， $\tau_1=1.25$ ， $C_{wf}=0.8\text{kW/K}$ ， $U_T=5\text{kW/K}$ 。由图可知， $\overline{q}_H$ 与 u 呈类抛物线关系，这说明，每一确定的 π 都对应着一个最佳热导率分配值 $u_{opt,\overline{q}_H}$ 以及相应的无因次供热率密度最大值 $\overline{q}_{Hmax,u}$ ，当 π 变化时，便可得到 $u_{opt,\overline{q}_H}$ 与 π 的关系。由式 (2.2.18) 和极值条件 $\text{d}\overline{q}_H/\text{d}u=0$ ，可得到使得 $\overline{q}_H$ 取得最大值 $\overline{q}_{Hmax,u}$ 时的最佳热导率分配值 $u_{opt,\overline{q}_H}$ 的求解方程。由计算可知，对应于供热率密度优化时的最佳热导率分配 $u_{opt,\overline{q}_H}\geq 0.5$ ，与供热率优化时的最佳热导率分配 $u_{opt,\overline{Q}_H}=0.5$ 不同。

图 2.2.13 给出了不同工质热容率 C_{wf} 下的 $u_{opt,\overline{q}_H}$ 与 π 间的关系图，其中 $k=1.4$ ， $U_T=5\text{kW/K}$ ， $\tau_1=1.25$ 。该图说明， $u_{opt,\overline{q}_H}$ 随着 π 的增加而增加，随着 C_{wf} 的增加而下降。

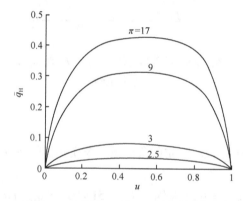 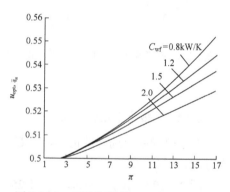

图 2.2.12　压比 π 对 $\overline{q}_H$-u 关系的影响　　　图 2.2.13　工质热容率 C_{wf} 对 $u_{opt,\overline{q}_H}$-π 关系的影响

图 2.2.14 给出了不同热源温比 τ_1 下的 $u_{opt,\overline{q}_H}$ 与 π 间的关系图，其中 $k=1.4$ ， $C_{wf}=0.8\text{kW/K}$ ， $U_T=5\text{kW/K}$ 。该图说明，当 τ_1 增加时， $u_{opt,\overline{q}_H}$ 下降。

图 2.2.15 给出了不同总热导率 U_T 下的 $u_{opt,\overline{q}_H}$ 与 π 间的关系图，其中 $k=1.4$ ， $C_{wf}=0.8\text{kW/K}$ ， $\tau_1=1.25$ 。该图说明， U_T 增大时， $u_{opt,\overline{q}_H}$ 随之降低。

图 2.2.16 给出了不同工质热容率 C_{wf} 下的 $\overline{q}_{Hmax,u}$ 与 π 的关系图，其中 $k=1.4$ ， $\tau_1=1.25$ ， $U_T=5\text{kW/K}$ 。由图可知， $\overline{q}_{Hmax,u}$ 与 C_{wf} 呈单调递减关系，因此，选择 C_{wf} 相对较小的气体作为工质，可以进一步优化供热率密度，这与供热率优化时的结果相反。

图 2.2.17 给出了不同 τ_1 下的 $\overline{q}_{Hmax,u}$ 与 π 的关系图，其中 $k=1.4$ ， $U_T=5\text{kW/K}$ ，

$C_{wf} = 0.8 \text{kW/K}$。该图说明，$\bar{q}_{Hmax,u}$ 随着 τ_1 的增大而减小。

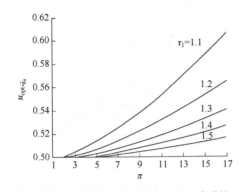

图 2.2.14　热源温比 τ_1 对 $u_{opt,\bar{q}_H}$ - π 关系的
影响

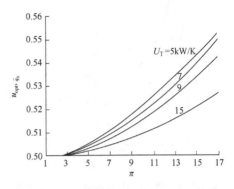

图 2.2.15　总热导率 U_T 对 $u_{opt,\bar{q}_H}$ - π 关系
的影响

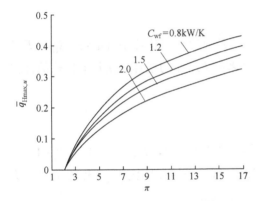

图 2.2.16　工质热容率 C_{wf} 对 $\bar{q}_{Hmax,u}$ - π 关系
的影响

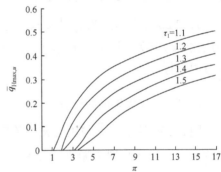

图 2.2.17　热源温比 τ_1 对 $\bar{q}_{Hmax,u}$ - π 关系的
影响

2.2.5　㶲效率分析

式 (2.2.22) 表明，当 τ_1 以及 τ_2 一定时，㶲效率只与压比有关，而与高、低温侧换热器的有效度无关，因此，对循环性能的分析可从压比的选择方面进行。

图 2.2.18 给出了 $k = 1.4$，$\tau_2 = 1$ 时㶲效率 η_{ex} 与压比 π 的关系。从该图可知，η_{ex} 与 π 呈单调递减关系，以 η_{ex} 作为优化目标时，在选择压比时应兼顾供热率与供热系数。从该图还可知，当 τ_1 提高时，η_{ex} 随之单调增加。

图 2.2.19 给出了高温热源与外界环境温度之比 τ_2 对 η_{ex} 与 π 关系的影响，其中 $k = 1.4$，$\tau_1 = 1.25$。由图可知，η_{ex} 和 τ_2 呈单调递增关系。

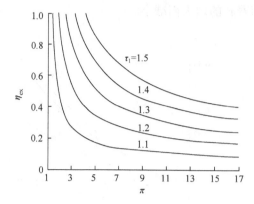 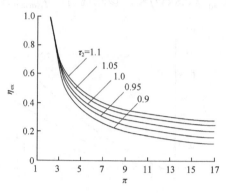

图 2.2.18　热源温比 τ_1 对 η_{ex} - π 关系的影响　　图 2.2.19　高温热源与外界环境温度之比 τ_2 对 η_{ex} - π 关系的影响

2.2.6　生态学目标函数分析与优化

式 (2.2.24) 表明，当 τ_1 以及 τ_2 一定时，$\overline{E}$ 与换热器传热不可逆性 (E_H、E_L) 和压比 (π) 有关。因此，对循环性能的优化可从压比的选择、换热器传热的优化等方面进行。

2.2.6.1　最佳压比的选择

图 2.2.20 给出了 $\overline{E}$ 与压比 π 的关系图，其中 k=1.4，$E_H = E_L$=0.9，τ_2=1。如图所示，$\overline{E}$ 与 π 呈现类抛物线关系，所以，有一个最佳压比 $\pi_{opt,\overline{E}}$ 使 $\overline{E}$ 取得最大值 $\overline{E}_{max,\pi}$。对式 (2.2.24) 求导，由 $d\overline{E}/d\pi = 0$ 可知，当

$$\pi_{opt,\overline{E}} = (a_1\tau_1/a_2)^{1/(2m)} \tag{2.2.26}$$

时，有最大无因次生态学目标函数值为

$$\overline{E}_{max,\pi} = [(a_1/\tau_1)^{0.5} - a_2^{0.5}]^2 E_H E_L / (E_H + E_L - E_H E_L) \tag{2.2.27}$$

图 2.2.20 还表明，当 τ_1 提高时，$\overline{E}$、$\pi_{opt,\overline{E}}$ 以及 $\overline{E}_{max,\pi}$ 均随之单调增加。图 2.2.21 给出了高温热源与外界环境温度的比 τ_2 对 $\overline{E}$ 与 π 关系的影响，其中 k=1.4，$E_H = E_L = 0.9$，τ_1=1.25。由图可知，$\overline{E}$、$\pi_{opt,\overline{E}}$ 以及 $\overline{E}_{max,\pi}$ 均与 τ_2 呈单调递增关系。

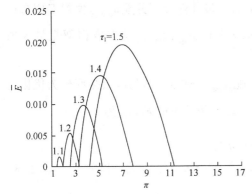

图 2.2.20　热源温比 τ_1 对 $\overline{E}$ - π 关系的影响

图 2.2.21　高温热源与外界环境温度之比 τ_2 对 $\overline{E}$ - π 关系的影响

对于给定高温和低温侧换热器热导率的情形，图 2.2.22 给出了高、低温侧换热器的有效度（E_H、E_L）对 $\overline{E}$ 与 π 关系的影响，其中 $k=1.4$，$\tau_1=1.25$，$\tau_2=1$。由图可知，$\overline{E}$ 和 $\overline{E}_{\max,\pi}$ 均与 E_H、E_L 呈单调递增关系。

2.2.6.2　热导率最优分配

对于热导率可选择的情形，在 $U_H + U_L = U_T$ 一定的条件下，令换热器的热导率分配为 $u = U_L / U_T$。因此有：$U_L = uU_T$，$U_H = (1-u)U_T$。

图 2.2.23 给出了无因次生态学目标函数 $\overline{E}$ 与 u 以及 π 的综合关系，其中 $k=1.4$，$\tau_1=1.25$，$\tau_2=1$，$C_{wf}=0.8\text{kW/K}$，$U_T=5\text{kW/K}$。由该图可知，当 u 一定时，$\overline{E}$ 与 π 呈类抛物线关系，有一最佳压比 $\pi_{\text{opt},\overline{E}}$ 使得 $\overline{E}$ 取得最大值 $\overline{E}_{\max,\pi}$。

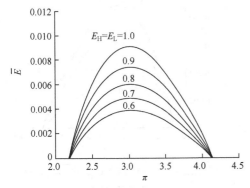

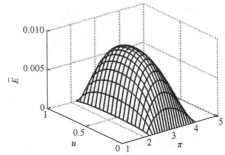

图 2.2.22　换热器有效度 E_H、E_L 对 $\overline{E}$ - π 关系的影响

图 2.2.23　无因次生态学目标函数与热导率分配以及压比的综合关系

当 π 一定时，$\overline{E}$ 与 u 也呈类抛物线关系，有一最佳热导率分配 $u_{\mathrm{opt},\overline{E}}$ 使得 $\overline{E}$ 取得最大值 $\overline{E}_{\max,u}$，这就意味着，同时有一对最佳值 $(u_{\mathrm{opt}},\pi_{\mathrm{opt}})_{\overline{E}}$ 使 $\overline{E}$ 取得双重最大值 $\overline{E}_{\max,\max}$。

令 $\partial\overline{E}/\partial u=0$，可求得最佳热导率分配 $u_{\mathrm{opt},\overline{E}}=0.5$，这与以供热率作为优化目标的结果相同，此时，$\overline{E}$ 达到最优，且一定 π 条件下的 $\overline{E}_{\max,u}$ 为

$$\begin{aligned}\overline{E}_{\max,u}={}&(1/\tau_1-1/\pi^m)(a_1-a_2\pi^m)\\&\times\{1-\exp[-U_{\mathrm{T}}/(2C_{\mathrm{wf}})]\}/\{\exp[-U_{\mathrm{T}}/(2C_{\mathrm{wf}})]+1\}\end{aligned}\tag{2.2.28}$$

图 2.2.24 显示了总热导率 U_{T} 对 $\overline{E}_{\max,u}$ 与压比 π 关系的影响，其中 $k=1.4$，$\tau_1=1.25$，$C_{\mathrm{wf}}=0.8\mathrm{kW/K}$。由图可知，$\overline{E}_{\max,u}$ 与压比 π 呈类抛物线关系，即有最佳压比 $\pi_{\mathrm{opt},\overline{E}}$ 使 $\overline{E}$ 取得双重最大值 $\overline{E}_{\max,\max}$；另外，在一定 π 条件下，$\overline{E}_{\max,u}$ 随着 U_{T} 的提高而提高，但总热导率的递增量越来越小。这说明通过提高高温和低温侧换热器的总热导率 U_{T} 可以使循环性能有所提升，但当 U_{T} 增大到一定值后，如果再继续提高 U_{T}，其效果就不明显了。

图 2.2.25 给出了工质热容率 C_{wf} 对 $\overline{E}_{\max,u}$ 与压比 π 关系的影响，其中 $k=1.4$，$\tau_1=1.25$，$\tau_2=1$，$U_{\mathrm{T}}=5\mathrm{kW/K}$。显然，$C_{\mathrm{wf}}$ 并不从根本上改变 $\overline{E}_{\max,u}$ 与 π 的关系，当 C_{wf} 变化时，$\overline{E}_{\max,u}$ 只是定量地发生改变；在一定 π 条件下，$\overline{E}_{\max,u}$ 与 C_{wf} 呈单调递减关系，因此，选择 C_{wf} 相对较小的气体作为工质，可以进一步优化循环的生态学性能。

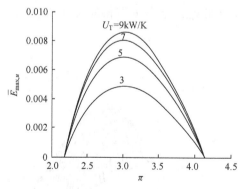

图 2.2.24　总热导率 U_{T} 对 $\overline{E}_{\max,u}\text{-}\pi$ 关系的影响

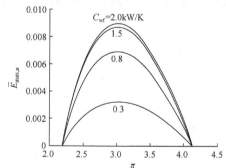

图 2.2.25　工质热容率 C_{wf} 对 $\overline{E}_{\max,u}\text{-}\pi$ 关系的影响

2.2.7 五种优化目标的综合比较

式(2.2.14)、式(2.2.16)、式(2.2.18)、式(2.2.22)和式(2.2.24)表明，当 τ_1 以及 τ_2 一定时，$\bar{Q}_H$、$\bar{q}_H$、$\bar{E}$ 与换热器传热不可逆性（E_H，E_L）和压比（π）有关，而 β 和 η_{ex} 只与压比（π）有关。因此，利用五种优化目标对循环性能进行优化时，都可以从压比的选择、换热器传热的优化等方面进行。依据式(2.2.3)和式(2.2.4)，对换热器传热进行优化，需要优化换热器的热导率分配。另外，若 π 不变，以 $\bar{Q}_H$、$\bar{q}_H$、$\bar{E}$ 为目标进行优化时，不影响其 β 和 η_{ex}。

2.2.7.1 压比的选择

为进一步综合比较压比对五种优化目标的影响特点，图 2.2.26 给出了 β、$\bar{Q}_H$、$\bar{q}_H$、η_{ex} 以及 $\bar{E}/E_{\max,\pi}$ 分别与压比 π 的关系，其中 $k=1.4$，$E_H=E_L=0.9$，$\tau_1=1.25$，$\tau_2=1$。由图可知，$\bar{Q}_H$ 及 $\bar{q}_H$ 与 π 均呈单调递增关系，且相同 π 时，$\bar{Q}_H$ 总大于 $\bar{q}_H$；β 及 η_{ex} 与 π 均呈单调递减关系，且相同 π 时，β 总大于 η_{ex}；$\bar{E}/E_{\max,\pi}$ 与 π 则呈类抛物线关系。所以，$\bar{Q}_H$、$\bar{q}_H$、β 及 η_{ex} 作为优化目标时均不存在最佳压比，但压比在 $\pi>1$ 的较大范围内取值，四个参数 $\bar{Q}_H$、$\bar{q}_H$、β 及 η_{ex} 均具有实际意义，只有 $\bar{E}$ 作为优化目标时存在最佳压比 $\pi_{\mathrm{opt},\bar{E}}$，但压比只能在 $2<\pi<4$ 的较小范围内取值，$\bar{E}/E_{\max,\pi}$ 才有实际意义。式(2.2.26)及式(2.2.27)分别给出了最佳压比 $\pi_{\mathrm{opt},\bar{E}}$ 和生态学目标函数最大值 $\bar{E}_{\max,\pi}$ 的解析解。

图 2.2.27 显示了压比变化时无因次供热率 $\bar{Q}_H$、无因次供热率密度 $\bar{q}_H$、㶲效率 η_{ex} 以及无因次生态学目标函数 $\bar{E}/E_{\max,\pi}$ 分别与供热系数 β 的关系，计算中各参数取值：$k=1.4$，$\tau_1=1.25$，$\tau_2=1$，$E_H=E_L=0.9$。

从图 2.2.27 中可知，压比变化时，$\bar{Q}_H$ 及 $\bar{q}_H$ 与 β 均呈单调递减关系，η_{ex} 与 β 呈线性递增关系，$\bar{E}/E_{\max,\pi}$ 与 β 则呈类抛物线关系。另外，当 $\bar{Q}_H$ 和 $\bar{q}_H$ 取得最大时，β 接近 1；当 η_{ex} 取得最大时，β 变为可逆卡诺热泵循环供热系数，即 $\beta_{\eta_{ex}}=\beta_c$，但此时 $\bar{Q}_H$ 及 $\bar{q}_H$ 为零；当生态学目标函数取最大时，β 介于 1 和可逆卡诺供热系数 β_c 之间，即 $1<\beta_E<\beta_c$。因此，在通过压比的选择对循环性能进行优化时，若取 $\bar{Q}_H$ 或 $\bar{q}_H$ 为热力优化目标时，$\bar{Q}_H$ 或 $\bar{q}_H$ 的提高必然要以牺牲 β 为代价，而若取 η_{ex} 或者 $\bar{E}$ 作为优化目标，则可以同时提高循环的 β，而 $\bar{E}$ 的优化还可同时兼顾 $\bar{Q}_H$ 和 $\bar{q}_H$ 及 β，是一种最优的折中备选方案。

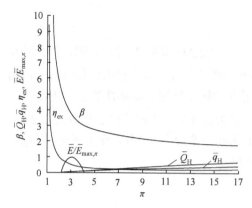 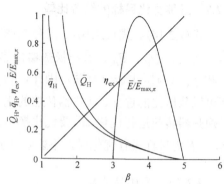

图 2.2.26　供热系数 β、无因次供热率 $\overline{Q}_H$、无因次供热率密度 $\overline{q}_H$、㶲效率 η_{ex} 以及无因次生态学目标函数 $\overline{E}/\overline{E}_{max,\pi}$ 与压比 π 的关系

图 2.2.27　无因次供热率 $\overline{Q}_H$、无因次供热率密度 $\overline{q}_H$、㶲效率 η_{ex} 以及无因次生态学目标函数 $\overline{E}/\overline{E}_{max,\pi}$ 与供热系数 β 的关系

2.2.7.2　热导率最优分配

对于热导率可选择的情形，在 $U_H + U_L = U_T$ 一定的条件下，令换热器的热导率分配为 $u = U_L / U_T$。因此有：$U_L = uU_T$，$U_H = (1-u)U_T$。

为综合比较热导率分配对五种优化目标的影响特点，图 2.2.28 给出了 $k = 1.4$，$\pi = 3$，$\tau_1 = 1.25$，$\tau_2 = 1$，$C_{wf} = 0.8\text{kW/K}$，$U_T = 5\text{kW/K}$ 时供热系数 β、无因次供热率 $\overline{Q}_H$、无因次供热率密度 $\overline{q}_H$、㶲效率 η_{ex} 以及无因次生态学目标函数 $\overline{E}$ 分别与热导率分配 u 的关系。由图可知，由于 β 和 η_{ex} 与 u 无关，故 β 及 η_{ex} 为水平直线，而 $\overline{Q}_H$、$\overline{q}_H$ 和 $\overline{E}$ 与 u 均呈类抛物线关系。所以，β 及 η_{ex} 作为优化目标时均不

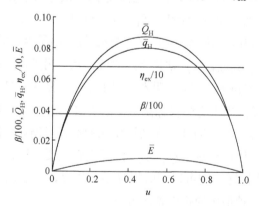

图 2.2.28　供热系数 β、无因次供热率 $\overline{Q}_H$、无因次供热率密度 $\overline{q}_H$、㶲效率 η_{ex} 以及无因次生态学目标函数 $\overline{E}$ 与热导率分配 u 的关系

存在最佳热导率分配值，而 $\bar{Q}_H$、$\bar{q}_H$ 和 $\bar{E}$ 作为优化目标时存在最佳热导率分配值，且最佳热导率分配值存在解析解，即 $u_{\mathrm{opt},\bar{Q}_H} = u_{\mathrm{opt},\bar{E}} = 0.5$ 和 $u_{\mathrm{opt},\bar{q}_H} \geqslant 0.5$。可见，从综合兼顾的角度考虑，取 $u = 0.5$ 可使五种优化目标取得最大值或较大值。

2.3　变温热源循环

2.3.1　循环模型

图 2.3.1 所示为内可逆简单空气热泵循环（1-2-3-4-1）的 $T\text{-}s$ 图，其中 1-2 表示工质从低温热源的吸热过程，2-3 表示工质在压缩机中的等熵压缩过程，3-4 表示工质向高温热源的放热过程，4-1 表示工质在膨胀机中的等熵膨胀过程。

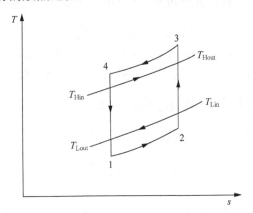

图 2.3.1　变温热源内可逆简单空气热泵循环模型

设高温和低温侧的换热器均为逆流式换热器，其热导率（传热面积 F 与传热系数 K 的乘积）分别为 U_H、U_L；同时，假设高温和低温热源热容率（定压比热与质量流率之积）分别为 C_H、C_L；设高、低温侧的换热器均为逆流式换热器，高温与低温侧换热器及回热器的热导率（传热面积 F 与传热系数 K 的乘积）分别为 U_H、U_L、U_R；同时，假设高、低温热源热容率（定压比热与质量流率之积）分别为 C_H、C_L；对于高温侧换热器，被加热流体的进、出温度分别为 T_{Hin}、T_{Hout}，对于低温侧换热器，加热流体的进、出温度分别为 T_{Lin}、T_{Lout}；空气工质被视为理想气体，其热容率（定压比热与质量流率之积）为 C_{wf}。

高温和低温侧换热器的供热率 Q_H 和吸热率 Q_L 分别为

$$Q_H = U_H[(T_3 - T_{\mathrm{Hout}}) - (T_4 - T_{\mathrm{Hin}})] / \ln[(T_3 - T_{\mathrm{Hout}}) / (T_4 - T_{\mathrm{Hin}})]$$
$$= C_H(T_{\mathrm{Hout}} - T_{\mathrm{Hin}}) = C_{\mathrm{Hmin}} E_{\mathrm{H1}}(T_3 - T_{\mathrm{Hin}}) \tag{2.3.1}$$

$$Q_L = U_L[(T_{Lin} - T_2) - (T_{Lout} - T_1)] / \ln[(T_{Lin} - T_2) / (T_{Lout} - T_1)]$$
$$= C_L(T_{Lin} - T_{Lout}) = C_{Lmin} E_{L1}(T_{Lin} - T_1) \tag{2.3.2}$$

式中，E_{H1} 和 E_{L1} 为两侧流体均为变温时高、低温侧换热器的有效度，即有

$$E_{H1} = \{1 - \exp[-N_{H1}(1 - C_{Hmin} / C_{Hmax})]\}$$
$$/ \{1 - (C_{Hmin} / C_{Hmax}) \exp[-N_{H1}(1 - C_{Hmin} / C_{Hmax})]\}$$
$$E_{L1} = \{1 - \exp[-N_{L1}(1 - C_{Lmin} / C_{Lmax})]\}$$
$$/ \{1 - (C_{Lmin} / C_{Lmax}) \exp[-N_{L1}(1 - C_{Lmin} / C_{Lmax})]\} \tag{2.3.3}$$

式中，C_{Hmin} 和 C_{Hmax} 分别为热容率 C_H 和 C_{wf} 中的较小和较大者；C_{Lmin} 和 C_{Lmax} 分别为热容率 C_L 和 C_{wf} 中的较小和较大者；N_{H1}、N_{L1}、N_R 分别为高、低温换热器、回热器的传热单元数；N_{H1} 和 N_{L1} 是利用相应最小热容率计算得到的，即有

$$N_{H1} = U_H / C_{Hmin}, \quad N_{L1} = U_L / C_{Lmin}$$
$$C_{Hmin} = \min\{C_H, C_{wf}\}, \quad C_{Hmax} = \max\{C_H, C_{wf}\} \tag{2.3.4}$$
$$C_{Lmin} = \min\{C_L, C_{wf}\}, \quad C_{Lmax} = \max\{C_L, C_{wf}\}$$

由工质的热力性质也可得到 Q_H 和 Q_L 的表达式为

$$Q_H = C_{wf}(T_3 - T_4) \tag{2.3.5}$$

$$Q_L = C_{wf}(T_2 - T_1) \tag{2.3.6}$$

2.3.2 供热率、供热系数、供热率密度、㶲效率及生态学目标函数解析关系

由式(2.3.1)、式(2.3.2)、式(2.3.5)和式(2.3.6)可得

$$T_2 = (1 - C_{Lmin} E_{L1} / C_{wf})T_1 + C_{Lmin} E_{L1} T_{Lin} / C_{wf} \tag{2.3.7}$$

$$T_4 = (1 - C_{Hmin} E_{H1} / C_{wf})T_3 + C_{Hmin} E_{H1} T_{Hin} / C_{wf} \tag{2.3.8}$$

定义压缩机内的工质等熵温比为

$$x = T_3 / T_2 = (P_3 / P_2)^m = \pi^m, \quad x \geqslant 1 \tag{2.3.9}$$

式中，$m = (k-1)/k$，k 是工质的绝热指数；π 是压缩机的压比；P 是压力。联立式(2.3.7)、式(2.3.8)和式(2.3.9)及内可逆循环性质 $T_1 T_3 = T_2 T_4$，可得 T_3、T_4 的表达式为

$$T_3 = \frac{C_{wf} C_{Lmin} E_{L1} T_{Lin} x + C_{Hmin} E_{H1} T_{Hin}(C_{wf} - C_{Lmin} E_{L1})}{C_{wf}^2 - (C_{wf} - C_{Hmin} E_{H1})(C_{wf} - C_{Lmin} E_{L1})} \tag{2.3.10}$$

$$T_4 = \frac{C_{wf}C_{Hmin}E_{H1}T_{Hin} + C_{Lmin}E_{L1}T_{Lin}(C_{wf} - C_{Hmin}E_{H1})x}{C_{wf}^2 - (C_{wf} - C_{Hmin}E_{H1})(C_{wf} - C_{Lmin}E_{L1})} \tag{2.3.11}$$

由式 (2.3.1) 和式 (2.3.10) 可得到循环的供热率表达式为

$$Q_H = \frac{C_{Hmin}C_{Lmin}E_{H1}E_{L1}(T_{Lin}x - T_{Hin})}{C_{Hmin}E_{H1} + C_{Lmin}E_{L1} - C_{Hmin}C_{Lmin}E_{H1}E_{L1}/C_{wf}} \tag{2.3.12}$$

循环的供热系数为

$$\beta = (1 - Q_L/Q_H)^{-1} \tag{2.3.13}$$

由式 (2.3.12) 和式 (2.3.13) 可得

$$\beta = (1 - 1/x)^{-1} = x/(x-1) = \pi^m/(\pi^m - 1) \tag{2.3.14}$$

由式 (2.3.12) 和式 (2.3.14) 可求得一定供热系数下的供热率为

$$Q_H = \frac{C_{Hmin}C_{Lmin}E_{H1}E_{L1}[T_{Lin}/(1-\beta^{-1}) - T_{Hin}]}{C_{Hmin}E_{H1} + C_{Lmin}E_{L1} - C_{Hmin}C_{Lmin}E_{H1}E_{L1}/C_{wf}} \tag{2.3.15}$$

定义无因次供热率 $\bar{Q}_H = Q_H/(C_H T_{Hin})$，即

$$\bar{Q}_H = \frac{C_{Hmin}C_{Lmin}E_{H1}E_{L1}(\pi^m/\tau_3 - 1)}{C_H C_{Hmin}E_{H1} + C_H C_{Lmin}E_{L1} - C_H C_{Hmin}C_{Lmin}E_{H1}E_{L1}/C_{wf}} \tag{2.3.16}$$

式中，$\tau_3 = T_{Hin}/T_{Lin}$ 为高、低温热源的进口温比。

供热率密度定义为[129]：$q_H = Q_H/v_2$，其中，v_2 为循环中工质的最大比容值，图 2.3.1 中的 2 点为最大比容点，则无因次供热率密度为

$$\bar{q}_H = \frac{q_H}{(C_H T_{Hin}/v_1)} = \bar{Q}_H v_1/v_2 \tag{2.3.17}$$

对于定压过程，$v_1/v_2 = T_1/T_2$，由式 (2.3.10)、式 (2.3.11)、式 (2.3.16) 以及内可逆循环性质 $T_1T_3 = T_2T_4$，可得到无因次供热率密度表达式为

$$\bar{q}_H = \bar{Q}_H \times (v_1/v_2) = \frac{C_{Hmin}C_{Lmin}E_{H1}E_{L1}(\pi^m/\tau_3 - 1)}{C_H C_{Hmin}E_{H1} + C_H C_{Lmin}E_{L1} - C_H C_{Hmin}C_{Lmin}E_{H1}E_{L1}/C_{wf}}$$

$$\times \frac{C_{wf}C_{Hmin}E_{H1}\tau_3 + C_{Lmin}E_{L1}(C_{wf} - C_{Hmin}E_{H1})\pi^m}{C_{wf}C_{Lmin}E_{L1}\pi^m + C_{Hmin}E_{H1}\tau_3(C_{wf} - C_{Lmin}E_{L1})}$$

$$\tag{2.3.18}$$

根据式(1.2.2)及式(1.2.3)可分别得到循环的㶲输入率和㶲输出率为

$$E_{\text{in}} = Q_{\text{H}} - Q_{\text{L}} \tag{2.3.19}$$

$$E_{\text{out}} = \int_{T_{\text{Hin}}}^{T_{\text{Hout}}} C_{\text{H}}(1 - T_0/T)\mathrm{d}T - \int_{T_{\text{Lin}}}^{T_{\text{Lout}}} C_{\text{L}}(T_0/T - 1)\mathrm{d}T = Q_{\text{H}} - Q_{\text{L}} - T_0\sigma \tag{2.3.20}$$

式中，σ 为循环的熵产率，$\sigma = C_{\text{H}} \ln(T_{\text{Hout}}/T_{\text{Hin}}) + C_{\text{L}} \ln(T_{\text{Lout}}/T_{\text{Lin}})$。

根据㶲效率的定义式(1.2.5)及式(2.3.1)、式(2.3.2)、式(2.3.7)、式(2.3.8)、式(2.3.19)、式(2.3.20)即可得到该循环的㶲效率为

$$\eta_{\text{ex}} = 1 - \frac{(C_{\text{Hmin}}E_{\text{H1}} + C_{\text{Lmin}}E_{\text{L1}} - C_{\text{Hmin}}C_{\text{Lmin}}E_{\text{H1}}E_{\text{L1}} / C_{\text{wf}})T_0\sigma}{C_{\text{Hmin}}C_{\text{Lmin}}E_{\text{H1}}E_{\text{L1}}(T_{\text{Lin}} - T_{\text{Hin}} / \pi^m)(\pi^m - 1)} \tag{2.3.21}$$

式中，

$$\begin{aligned}
\sigma = {} & C_{\text{H}} \ln\{1 + C_{\text{Hmin}}C_{\text{Lmin}}E_{\text{H1}}E_{\text{L1}}(x / \tau_3 - 1)/[C_{\text{H}} \\
& \times (C_{\text{Hmin}}E_{\text{H1}} + C_{\text{Lmin}}E_{\text{L1}} - C_{\text{Hmin}}C_{\text{Lmin}}E_{\text{H1}}E_{\text{L1}} / C_{\text{wf}})]\} \\
& + C_{\text{L}} \ln\{1 - C_{\text{Hmin}}C_{\text{Lmin}}E_{\text{H1}}E_{\text{L1}}(1 - \tau_3 / x)/[C_{\text{L}} \\
& \times (C_{\text{Hmin}}E_{\text{H1}} + C_{\text{Lmin}}E_{\text{L1}} - C_{\text{Hmin}}C_{\text{Lmin}}E_{\text{H1}}E_{\text{L1}} / C_{\text{wf}})]\}
\end{aligned}$$

为便于比较分析，㶲效率又可写成

$$\eta_{\text{ex}} = 1 - \frac{(C_{\text{Hmin}}E_{\text{H1}} + C_{\text{Lmin}}E_{\text{L1}} - C_{\text{Hmin}}C_{\text{Lmin}}E_{\text{H1}}E_{\text{L1}} / C_{\text{wf}})\sigma}{C_{\text{Hmin}}C_{\text{Lmin}}E_{\text{H1}}E_{\text{L1}}\tau_4(1 / \tau_3 - 1 / \pi^m)(\pi^m - 1)} \tag{2.3.22}$$

式中，$\tau_4 = T_{\text{Hin}}/T_0$ 为高温热源进口温度与外界环境温度之比。

联立式(1.2.8)、式(2.3.1)、式(2.3.2)、式(2.3.10)、式(2.3.11)、式(2.3.19)以及式(2.3.20)可得该循环的生态学目标函数为

$$E = \frac{C_{\text{Hmin}}C_{\text{Lmin}}E_{\text{H1}}E_{\text{L1}}(T_{\text{Lin}} - T_{\text{Hin}} / \pi^m)(\pi^m - 1)}{C_{\text{Hmin}}E_{\text{H1}} + C_{\text{Lmin}}E_{\text{L1}} - C_{\text{Hmin}}C_{\text{Lmin}}E_{\text{H1}}E_{\text{L1}} / C_{\text{wf}}} - 2T_0\sigma \tag{2.3.23}$$

为便于分析，将生态学目标函数写成无因次的形式为

$$\bar{E} = E/(C_{\text{H}}T_{\text{Hin}}) = \frac{C_{\text{Hmin}}C_{\text{Lmin}}E_{\text{H1}}E_{\text{L1}}(1 / \tau_3 - 1 / \pi^m)(\pi^m - 1)}{C_{\text{H}}C_{\text{Hmin}}E_{\text{H1}} + C_{\text{H}}C_{\text{Lmin}}E_{\text{L1}} - C_{\text{H}}C_{\text{Hmin}}C_{\text{Lmin}}E_{\text{H1}}E_{\text{L1}} / C_{\text{wf}}} - \frac{2\sigma}{\tau_4 C_{\text{H}}} \tag{2.3.24}$$

当 $C_{\text{L}} = C_{\text{H}} \to \infty$ 时，$C_{\text{Lmin}} = C_{\text{Hmin}} = C_{\text{wf}}$，该循环成为内可逆恒温热源循环，

此时式 (2.3.15)、式 (2.3.22)、式 (2.3.23) 分别成为式 (2.2.15)、式 (2.2.22)、式 (2.2.23)。

2.3.3 供热率、供热系数分析与优化

2.3.3.1 各参数的影响分析

式 (2.3.14) 和式 (2.3.16) 表明,当循环高、低温热源的进口温比一定时,变温热源内可逆空气热泵循环的无因次供热率与传热不可逆性(E_{H1}、E_{L1})、压比(π) 以及工质和热源的热容率(C_{wf}、C_H、C_L) 有关,故可从压比的选择、传热的优化、工质和热源间热容率的匹配等方面对循环性能进行优化。对于换热器传热优化,依据式 (2.3.3) 和式 (2.3.4),需要对其热导率分配进行优化。由式 (2.3.14) 可知,与恒温热源情形一样,变温热源内可逆空气热泵循环的供热系数也只取决于压比,若压比不变,取供热率为目标对循环进行优化时,不影响其供热系数。

首先分析压比对供热率和供热系数的影响特点。图 2.3.2 给出了供热系数 β 与压比 π 的关系,该曲线为双曲线形,供热系数与压比呈单调递减关系,当压比从 1 增加到 5,供热系数下降幅度非常大,当压比继续增加时,供热系数的下降幅度减缓。图 2.3.3 给出了无因次供热率 $\bar{Q}_H$ 与压比 π 的关系图,其中 $k=1.4$,$E_{H1}=E_{L1}=0.9$,$C_L=C_H=1.0\text{kW/K}$,$C_{wf}=0.8\text{kW/K}$。由图可见,无因次供热率与压比呈单调递增关系,因此,在选择压比时应兼顾供热率与供热系数。

图 2.3.3 还表明,无因次供热率随着热源温比 τ_3 的提高单调减少,其值为零的压比值随热源温比 τ_3 的提高而增加。

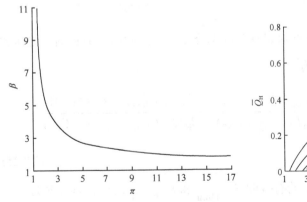

图 2.3.2 供热系数 β 和压比 π 的关系

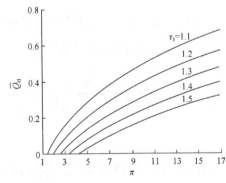

图 2.3.3 热源温比 τ_3 对 $\bar{Q}_H$-π 关系的影响

对给定高、低温侧换热器热导率,也即给定换热器有效度的情形,图 2.3.4 给出了高、低温换热器有效度 E_H、E_L 对 $\bar{Q}_H$ 与 π 关系的影响,其中 $k=1.4$,

$C_{wf} = 0.8\,kW/K$，$\tau_3 = 1.25$，　$C_L = C_H = 1.0\,kW/K$。由图可以看出，$\bar{Q}_H$ 与 E_H、E_L 呈单调递增关系。

2.3.3.2　热导率最优分配

对于热导率可选择的情形，在 $U_H + U_L = U_T$ 一定的条件下，令换热器的热导率分配为 $u = U_L / U_T$，因此有：$U_L = uU_T$，$U_H = (1-u)U_T$。

图 2.3.5 给出了 $\bar{Q}_H$ 与 u 以及压比 π 的综合关系图，其中 $k = 1.4$，$C_L = C_H = 1.0\,kW/K$，$C_{wf} = 0.8\,kW/K$，$\tau_3 = 1.25$，$U_T = 5\,kW/K$。由图可知，当 u 一定时，π 升高，$\bar{Q}_H$ 也随之增加；而当 π 一定时，$\bar{Q}_H$ 与 u 呈现类抛物线关系，有一最佳热导率分配 $u_{opt,\bar{Q}_H}$ 使得 $\bar{Q}_H$ 取得最大值 $\bar{Q}_{Hmax,u}$。

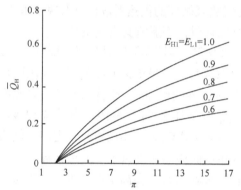

图 2.3.4　换热器有效度 E_{H1}、E_{L1} 对 $\bar{Q}_H$-π　　　图 2.3.5　无因次供热率与热导率分配及
　　　　　关系的影响　　　　　　　　　　　　　　压比的综合关系

当 $C_L / C_H = 1$ 时，可求得此时最佳热导率分配 $u_{opt,\bar{Q}_H} = 0.5$，且此时一定压比条件下的最大无因次供热率为[13]

$$\bar{Q}_{Hmax,u} = \frac{C_{Hmin} E_{H1opt,\bar{Q}_H} (\pi^m / \tau_3 - 1)}{C_H (2 - C_{Hmin} E_{H1opt,\bar{Q}_H} / C_{wf})} = \frac{C_{Lmin} E_{L1opt,\bar{Q}_H} (\pi^m / \tau_3 - 1)}{C_H (2 - C_{Lmin} E_{L1opt,\bar{Q}_H} / C_{wf})}$$

$$(2.3.25)$$

此时，高、低温侧换热器的有效度 $E_{H1opt,\bar{Q}_H}$ 和 $E_{L1opt,\bar{Q}_H}$ 在 $C_{wf} \neq C_H$ 时为

$$E_{H1opt,\bar{Q}_H} = E_{L1opt,\bar{Q}_H} = \frac{1 - \exp[(-U_T / 2C_{Hmin})(1 - C_{Hmin} / C_{Hmax})]}{1 - (C_{Hmin} / C_{Hmax}) \exp[(-U_T / 2C_{Hmin})(1 - C_{Hmin} / C_{Hmax})]}$$

$$(2.3.26a)$$

在 $C_{\mathrm{wf}} = C_{\mathrm{H}} = C_{\mathrm{L}}$ 时为

$$E_{\mathrm{H1opt},\bar{Q}_{\mathrm{H}}} = E_{\mathrm{L1opt},\bar{Q}_{\mathrm{H}}} = \frac{1}{1 + 2C_{\mathrm{wf}}/U_{\mathrm{T}}} \tag{2.3.26b}$$

图 2.3.6 显示了 $k = 1.4$，$C_{\mathrm{L}} = C_{\mathrm{H}} = 1.0\mathrm{kW/K}$，$\tau_3 = 1.25$，$C_{\mathrm{wf}} = 0.8\mathrm{kW/K}$ 时，总热导率 U_{T} 对 $\bar{Q}_{\mathrm{Hmax},u}$ 与 π 关系的影响。由图可见，$\bar{Q}_{\mathrm{Hmax},u}$ 与 π 呈单调递增关系，且在一定压比条件下 $\bar{Q}_{\mathrm{Hmax},u}$ 随着 U_{T} 的提高而提高，但无因次供热率递增量越来越小。由此可知，通过提高 U_{T} 可以使循环的性能有所提升，但当 U_{T} 提高到一定值后，再继续提高 U_{T} 效果就不明显了。

图 2.3.7 给出了 $k = 1.4$，$C_{\mathrm{L}} = C_{\mathrm{H}} = 1.0\mathrm{kW/K}$，$\tau_3 = 1.25$，$U_{\mathrm{T}} = 5\mathrm{kW/K}$ 时，工质热容率 C_{wf} 对最大无因次供热率 $\bar{Q}_{\mathrm{Hmax},u}$ 与压比 π 关系的影响。由图可知，C_{wf} 并不能从根本上改变 $\bar{Q}_{\mathrm{Hmax},u}$ 与 π 的曲线关系，当 C_{wf} 变化时，$\bar{Q}_{\mathrm{Hmax},u}$ 只是定量地发生改变；在一定 π 条件下，随着工质热容率的增大，最大无因次供热率是先增大后减小，因此可以通过选择不同热容率的工质来进一步优化循环的性能。

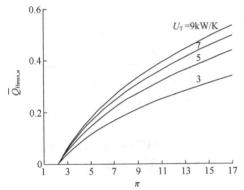

图 2.3.6　总热导率 U_{T} 对 $\bar{Q}_{\mathrm{Hmax},u}$ - π
关系的影响

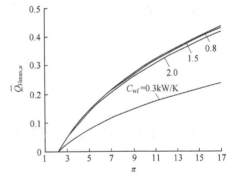

图 2.3.7　工质热容率 C_{wf} 对 $\bar{Q}_{\mathrm{Hmax},u}$ - π
关系的影响

2.3.3.3　工质与热源间的热容率最优匹配

从图 2.3.7 中可看出，循环工质的热容率值 C_{wf} 对最大无因次供热率 $\bar{Q}_{\mathrm{Hmax},u}$ 有重要的影响。在高、低温热源热容率之比 $C_{\mathrm{L}}/C_{\mathrm{H}}$ 一定的条件下，定义工质和热源间热容率匹配 $c = C_{\mathrm{wf}}/C_{\mathrm{H}}$，同样，可由数值计算分析工质和热源间热容率匹配 c 对供热率的影响。计算中高、低温侧换热器的热导率分配始终取为 $u = 0.5$。

图 2.3.8 给出了 $k = 1.4$，$C_{\mathrm{L}} = 1.0\mathrm{kW/K}$，$C_{\mathrm{L}}/C_{\mathrm{H}} = 1$，$\pi = 5$，$\tau_3 = 1.25$ 时，

总热导率 U_T 对无因次供热率 $\bar{Q}_H$ 与工质和热源间热容率匹配 c 关系的影响。图 2.3.9 给出了 $k=1.4$，$C_L=1.0\text{kW/K}$，$U_T=5\text{kW/K}$，$\pi=5$，$\tau_3=1.25$ 时，高、低温热源热容率之比 C_L/C_H 对无因次供热率 $\bar{Q}_H$ 与工质和热源间热容率匹配 c 关系的影响。由图可知，在 C_L/C_H 取定的情况下，无因次供热率 $\bar{Q}_H$ 与工质和热源间热容率匹配 c 呈类抛物线关系，存在最佳的工质和热源间热容率匹配 $c_{\text{opt},\bar{Q}_H}$ 使无因次供热率取得最大值 $\bar{Q}_{\text{Hmax},c}$，当 $c \leqslant c_{\text{opt},\bar{Q}_H}$ 时，随着 c 的增大，$\bar{Q}_H$ 明显增大，而当 $c > c_{\text{opt},\bar{Q}_H}$ 时，随着 c 的进一步增大，$\bar{Q}_H$ 有少量减小，参考文献[13]和文献[157]的结论可以得出当 $C_L/C_H=1$ 时，$c_{\text{opt},\bar{Q}_H}=1$。另外，随着总热导率 U_T 的增大，$\bar{Q}_{\text{Hmax},c}$ 有所提高，但递增量越来越小；而随着热源热容率之比 C_L/C_H 的增大，$\bar{Q}_{\text{Hmax},c}$ 和 $c_{\text{opt},\bar{Q}_H}$ 单调递增。

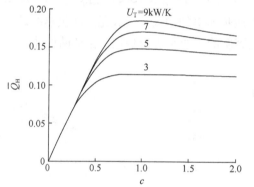

图 2.3.8　总热导率 U_T 对 $\bar{Q}_H$-c 关系的影响　　图 2.3.9　热源热容率之比 C_L/C_H 对 $\bar{Q}_H$-c 关系的影响

2.3.4　供热率密度分析与优化

2.3.4.1　各参数的影响分析

式(2.3.18)表明当循环热源温比一定时，无因次供热率密度与传热不可逆性（E_H、E_L）、压比（π）以及工质和热源热容率有关。故对循环性能的优化可从传热的优化、压比的选择、工质和热源热容率间的匹配等方面对循环性能进行优化。对于换热器传热优化，依据式(2.3.3)和式(2.3.4)，需要对高温和低温侧换热器的热导率分配进行优化。

图 2.3.10 给出了热源温比 τ_3 对无因次供热率密度 $\bar{q}_H$ 与压比 π 关系的影响，其中，$E_{H1}=E_{L1}=0.9$，$k=1.4$，$C_L=C_H=1.0\text{kW/K}$，$C_{\text{wf}}=0.8\text{kW/K}$，如图所

示，在上述给定值情况下，$\bar{q}_H$ 与 π 呈单调递增关系，在以供热率密度作为优化目标选择压比时应兼顾供热率与供热系数。

图 2.3.10 还表明，$\bar{q}_H$ 随着 τ_3 增大而减小，并且 $\bar{q}_H$ 为零的压比值随 τ_3 的提高而增加。

对给定高、低温侧换热器热导率，也即给定有效度的情形，图 2.3.11 给出了 $k=1.4$，$C_L = C_H = 1.0\text{kW/K}$，$\tau_3 = 1.25$，$C_{wf} = 0.8\text{kW/K}$ 时 E_{H1}、E_{L1} 对 $\bar{q}_H$ 与 π 关系的影响。由图可知，$\bar{q}_H$ 与 E_{H1}、E_{L1} 呈单调递增关系。

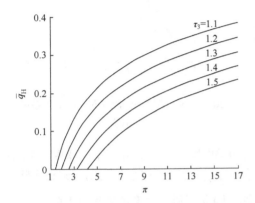
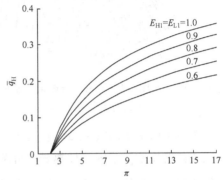

图 2.3.10　热源温比 τ_3 对 $\bar{q}_H$-π 关系的影响　　　　图 2.3.11　换热器有效度 E_{H1}、E_{L1} 对 $\bar{q}_H$-π 关系的影响

2.3.4.2　热导率最优分配

在 $U_H + U_L = U_T$ 一定的条件下，令换热器的热导率分配为 $u = U_L / U_T$，则有：$U_L = uU_T$，$U_H = (1-u)U_T$。

图 2.3.12 给出了 $k=1.4$，$\tau_3 = 1.25$，$C_L = C_H = 1.0\text{kW/K}$，$C_{wf} = 0.8\text{kW/K}$，$U_T = 5\text{kW/K}$ 时无因次供热率密度 $\bar{q}_H$ 与热导率分配 u 以及压比 π 的综合关系。

图 2.3.13 给出了 $k=1.4$，$C_L = C_H = 1.0\text{kW/K}$，$C_{wf} = 0.8\text{kW/K}$，$\tau_3 = 1.25$，$U_T = 5\text{kW/K}$ 时 $\bar{q}_H$ 与 π 间的关系，由图可知，$\bar{q}_H$ 随 π 升高而增大，而对热导率分配 u 存在极值。

图 2.3.14 给出了不同 π 下的 $\bar{q}_H$ 与 u 间的关系图，其中，$k=1.4$，$C_L = C_H = 1.0\text{kW/K}$，$C_{wf} = 0.8\text{kW/K}$，$\tau_3 = 1.25$，$U_T = 5\text{kW/K}$，由图可知，$\bar{q}_H$ 与 u 呈类抛物线关系，因此，每一确定的 π 都对应一个最佳热导率分配值 $u_{\text{opt},\bar{q}_H}$，使得 $\bar{q}_H$ 取得最大值 $\bar{q}_{H\max,u}$，当 π 变化时，便可得到 $u_{\text{opt},\bar{q}_H}$ 与 π 的关系，由式(2.3.18)和极值条件 $\mathrm{d}\bar{q}_H / \mathrm{d}u = 0$ 可得到无因次供热率密度取得最大值 $\bar{q}_{H\max,u}$ 时的最佳热导率分配值 $u_{\text{opt},\bar{q}_H}$ 的求解方程。由数值计算可得，当 $C_L/C_H = 1$ 时，对应于供热率密度

优化时的最佳热导率分配 $u_{\text{opt},\bar{q}_{\text{H}}} \geq 0.5$，与供热率优化时的最佳热导率分配 $u_{\text{opt},\bar{Q}_{\text{H}}} = 0.5$ 不同。

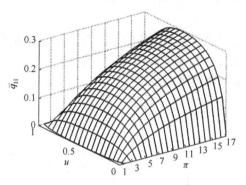

图 2.3.12　无因次供热率密度与热导率分配及压比的综合关系

图 2.3.13　热导率分配 u 对 $\bar{q}_{\text{H}}$-π 关系的影响

图 2.3.15 给出了 $k=1.4$，$C_{\text{L}}=C_{\text{H}}=1.0\text{kW/K}$，$\tau_3=1.25$，$U_{\text{T}}=5\text{kW/K}$ 时不同工质热容率 C_{wf} 下的最佳热导率分配值 $u_{\text{opt},\bar{q}_{\text{H}}}$ 与压比 π 间的关系，该图说明，最佳热导率分配值随着压比的增加而增加，随着工质热容率的增加而下降。

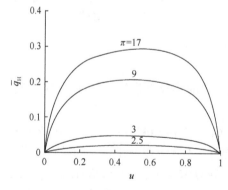

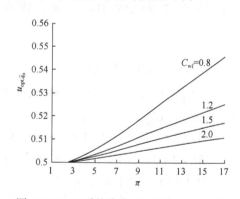

图 2.3.14　压比 π 对 $\bar{q}_{\text{H}}$-u 关系的影响

图 2.3.15　工质热容率 C_{wf} 对 $u_{\text{opt},\bar{q}_{\text{H}}}$-$\pi$ 关系的影响

图 2.3.16 给出了不同 τ_3 下的 $u_{\text{opt},\bar{q}_{\text{H}}}$ 与 π 间的关系图，其中，$k=1.4$，$C_{\text{wf}}=0.8\text{kW/K}$，$C_{\text{L}}=C_{\text{H}}=1.0\text{kW/K}$，$U_{\text{T}}=5\text{kW/K}$，该图说明，当 τ_3 增加时，$u_{\text{opt},\bar{q}_{\text{H}}}$ 下降，且越来越接近 0.5。图 2.3.17 给出了 $k=1.4$，$C_{\text{wf}}=0.8\text{kW/K}$，$C_{\text{L}}=C_{\text{H}}=1.0\text{kW/K}$，$\tau_3=1.25$ 时不同总热导率 U_{T} 下的最佳热导率分配值 $u_{\text{opt},\bar{q}_{\text{H}}}$ 与压比 π 间的关系，该图说明，总热导率增大时，$u_{\text{opt},\bar{q}_{\text{H}}}$ 随之增加。

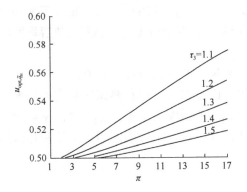

图 2.3.16　热源温比 τ_3 对 $u_{\mathrm{opt},\bar{q}_{\mathrm{H}}}$ - π 关系的影响　　图 2.3.17　总热导率 U_{T} 对 $u_{\mathrm{opt},\bar{q}_{\mathrm{H}}}$ - π 关系的影响

图 2.3.18 给出了 $k=1.4$，$C_{\mathrm{L}}=C_{\mathrm{H}}=1.0\mathrm{kW/K}$，$\tau_3=1.25$，$U_{\mathrm{T}}=5\mathrm{kW/K}$ 时不同工质热容率 C_{wf} 下的最大无因次供热率密度 $\bar{q}_{\mathrm{Hmax},u}$ 与压比 π 的关系图，由图可知，C_{wf} 并不从根本上改变 $\bar{q}_{\mathrm{Hmax},u}$ 与 π 的曲线关系，当 C_{wf} 变化时，$\bar{q}_{\mathrm{Hmax},u}$ 只是定量地发生改变；在一定 π 条件下，随着工质热容率的增大，最大无因次供热率密度是先增大后减小，因此可以通过选择不同热容率的工质来进一步优化供热率密度，这与供热率优化时的结果相同。

图 2.3.19 给出了不同 τ_3 下的 $\bar{q}_{\mathrm{Hmax},u}$ 与 π 的关系图，其中，$k=1.4$，$C_{\mathrm{L}}=C_{\mathrm{H}}=1.0\mathrm{kW/K}$，$C_{\mathrm{wf}}=0.8\mathrm{kW/K}$，$U_{\mathrm{T}}=5\mathrm{kW/K}$，该图说明，$\bar{q}_{\mathrm{Hmax},u}$ 随着 τ_3 的增大而减小。

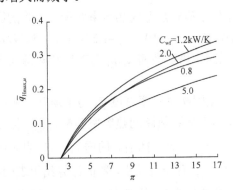
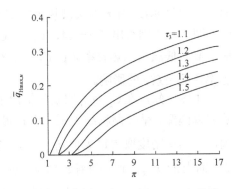

图 2.3.18　工质热容率 C_{wf} 对 $\bar{q}_{\mathrm{Hmax},u}$ - π 关系的影响　　图 2.3.19　热源温比 τ_3 对 $\bar{q}_{\mathrm{Hmax},u}$ - π 关系的影响

2.3.4.3　工质与热源间的热容率最优匹配

从图 2.3.18 中可看出，循环工质的热容率值 C_{wf} 对最大无因次供热率密度有

重要的影响。在高温和低温热源热容率之比 C_L / C_H 一定的条件下，定义工质和热源间热容率匹配 $c = C_{wf}/C_H$，同样，可由数值计算分析工质和热源间热容率匹配 c 对供热率密度的影响。

图 2.3.20 给出了 $k=1.4$，$C_L =1.0\text{kW/K}$，$C_L / C_H =1$，$u =0.5$，$\tau_3 =1.25$，$U_T =5\text{kW/K}$ 时无因次供热率密度 $\overline{q}_H$ 与压比 π 以及工质和热源间热容率匹配 c 的综合关系图，图 2.3.21 给出了 $k=1.4$，$C_L =1.0\text{kW/K}$，$C_L / C_H =1$，$\pi =10$，$\tau_3 =1.25$，$U_T =5\text{kW/K}$ 时无因次供热率密度 $\overline{q}_H$ 与热导率分配 u 以及工质和热源间热容率匹配 c 的综合关系。

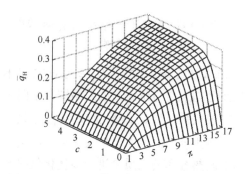

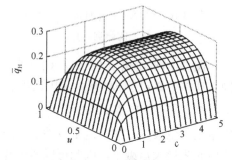

图 2.3.20　无因次供热率密度与压比以及工质和热源热容率匹配综合关系

图 2.3.21　无因次供热率密度与热导率分配以及工质和热源热容率匹配综合关系

为了与其他优化目标进行比较，下面计算中高、低温侧换热器的热导率分配取为 $u =0.5$。图 2.3.22 给出了 $k=1.4$，$C_L =1.0\text{kW/K}$，$C_L / C_H =1$，$\pi =10$，$\tau_3 =1.25$ 时，总热导率 U_T 对无因次供热率密度 $\overline{q}_H$ 与工质和热源间热容率匹配 c 关系的影响。图 2.3.23 则给出了 $k=1.4$，$C_L =1.0\text{kW/K}$，$\pi =10$，$\tau_3 =1.25$，$U_T =5\text{kW/K}$ 时，高、低温热源热容率之比 C_L / C_H 对无因次供热率密度 $\overline{q}_H$ 与工质和热源间热容率匹配关系 c 的影响。

由图可知，在 C_L / C_H 取定的情况下，无因次供热率密度 $\overline{q}_H$ 与工质和热源间热容率匹配 c 呈类抛物线关系，存在最佳的工质和热源间热容率匹配 $c_{\text{opt},\overline{q}_H}$ 使无因次供热率密度取得最大值 $\overline{q}_{\text{Hmax},c}$，当 $c \leqslant c_{\text{opt},\overline{q}_H}$ 时，随着 c 的增大，$\overline{q}_H$ 明显增大，而当 $c > c_{\text{opt},\overline{q}_H}$ 时，随着 c 的进一步增大，$\overline{q}_H$ 有少量减小，数值计算结果表明：当 $C_L / C_H =1$ 时，$c_{\text{opt},\overline{q}_H} >1$。另外，随着总热导率 U_T 的增大，$\overline{q}_{\text{Hmax},c}$ 有所提高，但递增量越来越小；而随着热源热容率之比 C_L / C_H 的增大，$\overline{q}_{\text{Hmax},c}$ 和 $c_{\text{opt},\overline{q}_H}$ 单调递增。

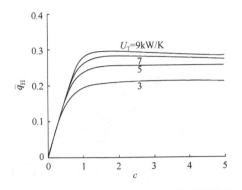

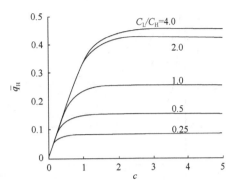

图 2.3.22　总热导率 U_T 对 $\bar{q}_H$-c 关系的影响　　　图 2.3.23　热源热容率之比 C_L/C_H 对 $\bar{q}_H$-c 关系的影响

2.3.5　㶲效率分析与优化

2.3.5.1　各参数的影响分析

从式 (2.3.22) 可以看出，在 τ_3 和 τ_4 一定时，热泵循环的㶲效率与传热不可逆性 (E_{H1}、E_{L1})、压比 π 以及工质和热源的热容率 (C_{wf}、C_H、C_L) 有关，因此，可从压比选择、换热器传热优化以及热容率 C_{wf}、C_H、C_L 匹配等方面进行循环性能优化。

图 2.3.24 给出了 $k=1.4$，$E_{H1}=E_{L1}=0.9$，$C_L=C_H=1.0\,\text{kW/K}$，$C_{wf}=0.8\,\text{kW/K}$，$\tau_4=1$ 时循环高、低温热源的进口温比 τ_3 对㶲效率 η_{ex} 与压比 π 关系的影响。从该图可知，㶲效率与压比呈单调递减关系，在以㶲效率作为优化目标选择压比时应兼顾供热率与供热系数。从该图还可知，当温比 τ_3 提高时，㶲效率随之单调增加，这与恒温热源时情形相同。

图 2.3.25 给出了 τ_4 对 η_{ex} 与 π 关系的影响，其中 $k=1.4$，$E_{H1}=E_{L1}=0.9$，$C_{wf}=0.8\,\text{kW/K}$，$C_L=C_H=1.0\,\text{kW/K}$，$\tau_3=1.25$，由图可知，当温比 τ_4 提高时，㶲效率随之单调减小。

对给定高、低温侧换热器热导率，也即给定有效度的情形，图 2.3.26 给出了 $k=1.4$，$C_{wf}=0.8\,\text{kW/K}$，$\tau_3=1.25$，$C_L=C_H=1.0\,\text{kW/K}$，$\tau_4=1$ 时㶲效率 η_{ex} 与压比 π 的关系。从该图可知，当压比一定时，提高高、低温侧换热器的有效度，循环的㶲效率单调增加。

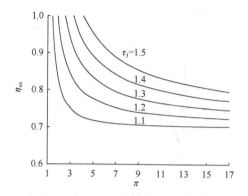

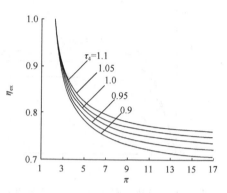

图 2.3.24　热源进口温度之比 τ_3 对 η_{ex}-π　　　　图 2.3.25　高温热源进口温度与外界环境
　　　　　关系的影响　　　　　　　　　　　　　温度之比 τ_4 对 η_{ex}-π 关系的影响

2.3.5.2　热导率最优分配

对于热导率可选择的情形，在 $U_H + U_L = U_T$ 一定的条件下，令换热器的热导率分配为 $u = U_L / U_T$，因此有：$U_L = uU_T$，$U_H = (1-u)U_T$。由式(2.3.3)、式(2.3.4)以及式(2.3.22)可知，当高、低温热源的进口温比 τ_3、高温热源进口温度与外界环境温度之比 τ_4、热源热容率 C_H、C_L 以及工质热容率 C_{wf} 确定时，循环的㶲效率 η_{ex} 与高、低温侧换热器热导率的分配 u、压比 π 等有关。以下以㶲效率作为热力优化目标，分析热导率分配对空气热泵循环性能的影响。

图 2.3.27 给出了 $k = 1.4$，$C_L = C_H = 1.0\text{kW/K}$，$C_{wf} = 0.8\text{kW/K}$，$\tau_3 = 1.25$，$\tau_4 = 1$，$U_T = 5\text{kW/K}$ 时㶲效率 η_{ex} 与热导率分配 u 及压比 π 的综合关系。由图可知，当压比一定时，㶲效率与热导率分配呈类抛物线关系，即存在一个最佳热导率分

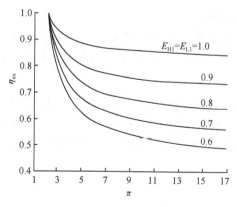

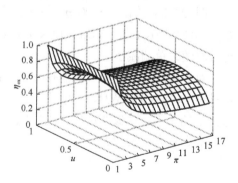

图 2.3.26　换热器有效度 E_{H1}、E_{L1} 对 η_{ex}-π　　　图 2.3.27　㶲效率与热导率分配以及压比
　　　　　关系的影响　　　　　　　　　　　　　　　的综合关系

配使㶲效率取得最大值。

当 $C_L/C_H = 1$ 时，可求得此时最佳热导率分配 $u_{\text{opt},\eta_{\text{ex}}} = 0.5$，且此时一定压比条件下的最大㶲效率为

$$
\begin{aligned}
\eta_{\text{exmax},u} &= 1 - \frac{(2 - C_{\text{Hmin}} E_{\text{H1opt},\eta_{\text{ex}}} / C_{\text{wf}})\sigma}{C_{\text{Hmin}} E_{\text{H1opt},\eta_{\text{ex}}} \tau_4 (1/\tau_3 - 1/\pi^m)(\pi^m - 1)} \\
&= 1 - \frac{(2 - C_{\text{Lmin}} E_{\text{L1opt},\eta_{\text{ex}}} / C_{\text{wf}})\sigma}{C_{\text{Lmin}} E_{\text{L1opt},\eta_{\text{ex}}} \tau_4 (1/\tau_3 - 1/\pi^m)(\pi^m - 1)}
\end{aligned} \tag{2.3.27}
$$

式中，

$$
\begin{aligned}
\sigma = 2C_H \ln\{ & 1 + C_{\text{Hmin}} C_{\text{Lmin}} E_{\text{H1opt},\eta_{\text{ex}}} E_{\text{L1opt},\eta_{\text{ex}}} (x/\tau_3 - 1) \\
& /[C_H C_{\text{Hmin}} E_{\text{H1opt},\eta_{\text{ex}}} (2 - C_{\text{Lmin}} E_{\text{L1opt},\eta_{\text{ex}}} / C_{\text{wf}})]\}
\end{aligned}
$$

此时，高、低温侧换热器的有效度 $E_{\text{H1opt},\eta_{\text{ex}}}$ 和 $E_{\text{L1opt},\eta_{\text{ex}}}$ 在 $C_{\text{wf}} \neq C_H$ 时为

$$
E_{\text{H1opt},\eta_{\text{ex}}} = E_{\text{L1opt},\eta_{\text{ex}}} = \frac{1 - \exp[(-U_T / 2C_{\text{Hmin}})(1 - C_{\text{Hmin}} / C_{\text{Hmax}})]}{1 - (C_{\text{Hmin}} / C_{\text{Hmax}}) \exp[(-U_T / 2C_{\text{Hmin}})(1 - C_{\text{Hmin}} / C_{\text{Hmax}})]}
$$

$$\tag{2.3.28a}$$

在 $C_{\text{wf}} = C_H = C_L$ 时为

$$
E_{\text{H1opt},\eta_{\text{ex}}} = E_{\text{L1opt},\eta_{\text{ex}}} = \frac{1}{1 + 2C_{\text{wf}} / U_T} \tag{2.3.28b}
$$

图 2.3.28 显示了 $k = 1.4$，$C_L = C_H = 1.0 \text{kW/K}$，$\tau_3 = 1.25$，$\tau_4 = 1$，$C_{\text{wf}} = 0.8 \text{kW/K}$ 时总热导率 U_T 对最大㶲效率 $\eta_{\text{exmax},u}$ 与压比 π 关系的影响。由图可知，$\eta_{\text{exmax},u}$ 与 π 呈单调递减关系。而且，在一定 π 条件下，$\eta_{\text{exmax},u}$ 均随着 U_T 的提高而提高，但其递增量越来越小。

图 2.3.29 显示了 $k = 1.4$，$C_L = C_H = 1.0 \text{kW/K}$，$\tau_3 = 1.25$，$\tau_4 = 1$，$U_T = 5 \text{kW/K}$ 时，工质热容率 C_{wf} 对最大㶲效率 $\eta_{\text{exmax},u}$ 与压比 π 关系的影响。从该图可知，C_{wf} 并不能从根本上改变 $\eta_{\text{exmax},u}$ 与 π 的曲线关系，当 C_{wf} 变化时，$\eta_{\text{exmax},u}$ 只是定量地发生改变；而且，在一定 π 条件下，随着 C_{wf} 的增大，$\eta_{\text{exmax},u}$ 先增大后减小。

因此，与恒温热源时情形类似，通过提高换热器的总热导率 U_T 也可以使变温热源内可逆简单空气热泵循环的㶲效率有所提升，但当 U_T 提高到一定值后再继续提高 U_T 效果就不明显了；而且还可以通过选择不同热容率的工质来进一步优化循环的㶲效率。

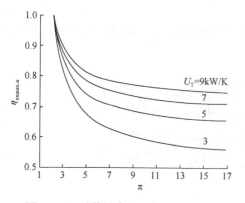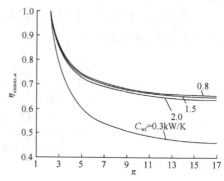

图 2.3.28　总热导率 U_T 对 $\eta_{exmax,u}$ - π
　　　　关系的影响

图 2.3.29　工质热容率 C_{wf} 对 $\eta_{exmax,u}$ - π
　　　　关系的影响

2.3.5.3　工质与热源间的热容率最优匹配

从图 2.3.29 中可知，循环工质的热容率值 C_{wf} 对 $\eta_{exmax,u}$ 有着重要的影响。在高、低温热源热容率之比 C_L / C_H 一定的条件下，定义工质和热源间热容率匹配 $c = C_{wf} / C_H$，下面由数值计算分析工质和热源间热容率匹配 c 对㶲效率的影响。计算中高、低温侧换热器的热导率分配始终取为 $u = 0.5$。

图 2.3.30 给出了 $k = 1.4$，$C_L = 1.0 \text{kW/K}$，$C_L / C_H = 1$，$\pi = 5$，$\tau_3 = 1.25$，$\tau_4 = 1$ 时，总热导率 U_T 对㶲效率 η_{ex} 与工质和热源间热容率匹配关系 c 的影响。图 2.3.31 给出了 $k = 1.4$，$C_L = 1.0 \text{kW/K}$，$U_T = 5 \text{kW/K}$，$\pi = 5$，$\tau_3 = 1.25$，$\tau_4 = 1$ 时，高、低温热源热容率之比 C_L / C_H 对㶲效率 η_{ex} 与工质和热源间热容率匹配关系 c 的影响。

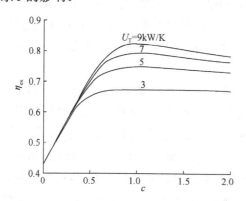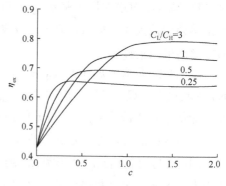

图 2.3.30　总热导率 U_T 对 η_{ex} - c 关系的影响

图 2.3.31　热源热容率之比 C_L / C_H 对
　　　　η_{ex} - c 关系的影响

由图可知，在 C_L/C_H 取定的情况下，烟效率 η_{ex} 与工质和热源间热容率匹配 c 呈类抛物线关系，存在最佳的工质和热源间热容率匹配 $c_{opt,\eta_{ex}}$，使烟效率取得最大值 $\eta_{exmax,c}$，当 $c \le c_{opt,\eta_{ex}}$ 时，随着 c 的增大，η_{ex} 明显增大，而当 $c > c_{opt,\eta_{ex}}$ 时，随着 c 的进一步增大，η_{ex} 有少量减小，当 $C_L/C_H = 1$ 时，$c_{opt,\eta_{ex}} = 1$。另外，随着总热导率 U_T 的增大，$\eta_{exmax,c}$ 有所提高，但递增量越来越小；随着热源热容率之比 C_L/C_H 的增大，$\eta_{exmax,c}$ 和 $c_{opt,\eta_{ex}}$ 值单调递增。

2.3.6　生态学目标函数分析与优化

2.3.6.1　各参数的影响分析

从式 (2.3.24) 可以看出，在 τ_3 和 τ_4 一定时，热泵循环的 $\overline{E}$ 与传热不可逆性（E_{H1}、E_{L1}）和压比（π）以及工质和热源的热容率（C_{wf}、C_H、C_L）有关，因此，可从压比选择、换热器传热优化等方面进行循环性能优化。

图 2.3.32 给出了 $k=1.4$，$E_{H1}=E_{L1}=0.9$，$C_L=C_H=1.0\mathrm{kW/K}$，$C_{wf}=0.8\mathrm{kW/K}$，$\tau_4=1$ 时循环高、低温热源的进口温比 τ_3 对生态学目标函数 $\overline{E}$ 与压比 π 关系的影响。由图可知，随着 τ_3 的增大无因次生态学目标函数单调递减。

图 2.3.33 给出了 $k=1.4$，$E_{H1}=E_{L1}=0.9$，$C_L=C_H=1.0\mathrm{kW/K}$，$C_{wf}=0.8\mathrm{kW/K}$，$\tau_3=1.25$ 时 τ_4 对 $\overline{E}$ 与 π 关系的影响。由图可知，当 τ_4 提高时，$\overline{E}$ 随之单调增加。

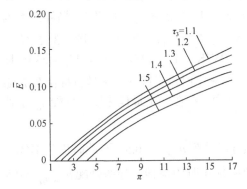 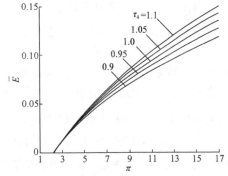

图 2.3.32　热源进口温度之比 τ_3 对 $\overline{E}$-π 关系　　　　图 2.3.33　高温热源进口温度与外界环境
　　　　　　的影响　　　　　　　　　　　　　　　温度之比 τ_4 对 $\overline{E}$-π 关系的影响

对给定高、低温侧换热器热导率，也即给定有效度的情形，图 2.3.34 给出了 $k=1.4$，$C_{wf}=0.8\mathrm{kW/K}$，$\tau_3=1.25$，$C_L=C_H=1.0\mathrm{kW/K}$，$\tau_4=1$ 时无因次生态学目标函数 $\overline{E}$ 与压比 π 的关系。由图可知，对变温热源内可逆简单空气热泵循环而言，在高、低温侧换热器的有效度 E_{H1}、E_{L1} 较小时（如图中的 $E_{H1}=E_{L1}=0.6$），生态学目标函数与压比呈类抛物线关系，而当 E_{H1}、E_{L1} 增大到一定值后，生态学目标函数随压比的增大而增大。另外，当压比一定时，提高高、低温侧换热器的有效度，则循环的生态学目标函数单调增加。

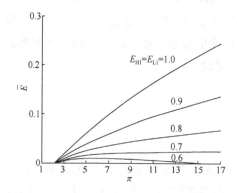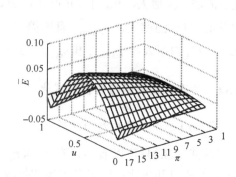

图 2.3.34　换热器有效度 E_{H1}、E_{L1} 对 $\bar{E}$-π 关系的影响　　图 2.2.35　无因次生态学目标函数与热导率分配以及压比的综合关系

2.3.6.2　热导率最优分配

对于热导率可选择的情形，在 $U_H + U_L = U_T$ 一定的条件下，令换热器的热导率分配为 $u = U_L / U_T$，因此有：$U_L = uU_T$，$U_H = (1-u)U_T$。由式(2.3.3)、式(2.3.4)以及式(2.3.24)可知，当高、低温热源的进口温比 τ_3，高温热源进口温度与外界环境温度之比 τ_4，热源热容率 C_H、C_L 以及工质热容率 C_{wf} 确定时，循环的无因次生态学目标函数 $\bar{E}$ 与高、低温侧换热器热导率的分配 u 等有关。图 2.3.35 给出了 $k=1.4$，$C_L = C_H = 1.0\text{kW/K}$，$C_{wf} = 0.8\text{kW/K}$，$\tau_3 = 1.25$，$\tau_4 = 1$，$U_T = 5\text{kW/K}$ 时 $\bar{E}$ 与 u 及 π 的综合关系。由图可见，当 π 一定时，无因次生态学目标函数 $\bar{E}$ 随着热导率分配 u 的变化存在三个极值点，其中，存在一个最佳热导率分配 $u_{\text{opt},\bar{E}}$ 使无因次生态学目标函数取得最大值 $\bar{E}_{\text{max},u}$。

当 $C_L / C_H = 1$ 时，可求得此时最佳热导率分配 $u_{\text{opt},\bar{E}} = 0.5$，与此时供热率优化时的最佳热导率分配 $u_{\text{opt},\bar{Q}_H} = 0.5$ 及㶲效率优化时的最佳热导率分配 $u_{\text{opt},\eta_{ex}} = 0.5$ 相同，且一定压比条件下的最大无因次生态学目标函数为

$$\bar{E}_{\text{max},u} = \frac{C_{H\min} E_{H1\text{opt},\bar{E}}(1/\tau_3 - 1/\pi^m)(\pi^m - 1)}{C_H(2 - C_{H\min} E_{H1\text{opt},\bar{E}} / C_{wf})} - \frac{2\sigma}{\tau_4 C_H}$$

$$= \frac{C_{L\min} E_{L1\text{opt},\bar{E}}(1/\tau_3 - 1/\pi^m)(\pi^m - 1)}{C_H(2 - C_{L\min} E_{L1\text{opt},\bar{E}} / C_{wf})} - \frac{2\sigma}{\tau_4 C_H} \tag{2.3.29}$$

式中，

$$\sigma = 2C_\mathrm{H} \ln\{ 1 + C_\mathrm{Hmin} C_\mathrm{Lmin} E_{\mathrm{H1opt},\eta_\mathrm{ex}} E_{\mathrm{L1opt},\eta_\mathrm{ex}} (x/\tau_3 - 1)$$
$$/[C_\mathrm{H} C_\mathrm{Hmin} E_{\mathrm{H1opt},\eta_\mathrm{ex}} (2 - C_\mathrm{Lmin} E_{\mathrm{L1opt},\eta_\mathrm{ex}} / C_\mathrm{wf})]\}$$

此时，高、低温侧换热器的有效度 $E_{\mathrm{H1opt},\bar{E}}$ 和 $E_{\mathrm{L1opt},\bar{E}}$ 在 $C_\mathrm{wf} \neq C_\mathrm{H}$ 时为

$$E_{\mathrm{H1opt},\bar{E}} = E_{\mathrm{L1opt},\bar{E}} = \frac{1 - \exp[(-U_\mathrm{T}/2C_\mathrm{Hmin})(1 - C_\mathrm{Hmin}/C_\mathrm{Hmax})]}{1 - (C_\mathrm{Hmin}/C_\mathrm{Hmax})\exp[(-U_\mathrm{T}/2C_\mathrm{Hmin})(1 - C_\mathrm{Hmin}/C_\mathrm{Hmax})]}$$

在 $C_\mathrm{wf} = C_\mathrm{H} = C_\mathrm{L}$ 时为

$$E_{\mathrm{H1opt},\bar{E}} = E_{\mathrm{L1opt},\bar{E}} = \frac{1}{1 + 2C_\mathrm{wf}/U_\mathrm{T}}$$

图 2.3.36 显示了 $k = 1.4$，$C_\mathrm{wf} = 0.8\mathrm{kW/K}$，$C_\mathrm{L} = C_\mathrm{H} = 1.0\mathrm{kW/K}$，$\tau_3 = 1.25$，$\tau_4 = 1$ 时，U_T 对 $\bar{E}_{\mathrm{max},u}$ 与 π 关系的影响。由图可见，$\bar{E}_{\mathrm{max},u}$ 与 π 呈单调递增关系，而且，在一定 π 条件下，$\bar{E}_{\mathrm{max},u}$ 随着 U_T 的提高而提高，但无因次生态学目标函数递增量越来越小。因此，与恒温热源时情形类似，通过提高换热器的总热导率 U_T，也可以提升变温热源内可逆简单空气热泵循环的性能，但当 U_T 提高到一定值后，U_T 对性能的提高效果就不明显了。

图 2.3.37 显示了 $k = 1.4$，$C_\mathrm{L} = C_\mathrm{H} = 1.0\mathrm{kW/K}$，$\tau_3 = 1.25$，$\tau_4 = 1$，$U_\mathrm{T} = 5\mathrm{kW/K}$ 时，工质热容率 C_wf 对最大无因次生态学目标函数 $\bar{E}_{\mathrm{max},u}$ 与压比 π 关系的影响。从该图可知，当 C_wf 较小时（如图中的 $C_\mathrm{wf} = 1.1\mathrm{kW/K}$），$\bar{E}_{\mathrm{max},u}$ 与 π 呈类抛物线关系，而当 C_wf 增大到一定值后，$\bar{E}_{\mathrm{max},u}$ 随着 π 的增大而增大，这与图 2.3.34 所描

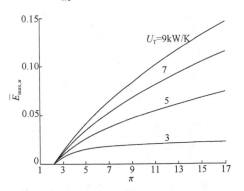

图 2.3.36　总热导率 U_T 对 $\bar{E}_{\mathrm{max},u}$-π
关系的影响

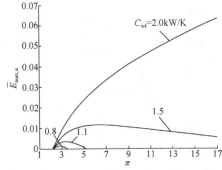

图 2.3.37　工质热容率 C_wf 对 $\bar{E}_{\mathrm{max},u}$-π
关系的影响

绘的高、低温侧换热器的有效度 E_{H1}、E_{L1} 对 $\overline{E}$-π 关系的影响相一致；另外，在一定压比条件下 $\overline{E}_{max,u}$ 与 C_{wf} 呈单调递增关系。

2.3.6.3　工质与热源间的热容率最优匹配

从图 2.3.37 中可看出，循环工质的热容率值 C_{wf} 对最大无因次生态学目标函数 $\overline{E}_{max,u}$ 有重要的影响。在高、低温热源热容率之比 C_L/C_H 一定的条件下，定义工质和热源间热容率匹配 $c = C_{wf}/C_H$，同样，可由数值计算分析工质和热源间热容率匹配 c 对生态学目标函数的影响。计算中高、低温侧换热器的热导率分配始终取为 $u = 0.5$。

图 2.3.38 给出了 $k = 1.4$，$C_L = 1.0\text{kW/K}$，$C_L/C_H = 1$，$\pi = 5$，$\tau_3 = 1.25$，$\tau_4 = 1$ 时总热导率 U_T 对无因次生态学目标函数 $\overline{E}$ 与工质和热源间热容率匹配关系 c 的影响。图 2.3.39 给出了 $k = 1.4$，$C_L = 1.0\text{kW/K}$，$U_T = 5\text{kW/K}$，$\pi = 5$，$\tau_3 = 1.25$，$\tau_4 = 1$ 时，高、低温热源热容率之比 C_L/C_H 对无因次生态学目标函数 $\overline{E}$ 与工质和热源间热容率匹配关系 c 的影响。

由图可知，在 C_L/C_H 取定的情况下，无因次生态学目标函数 $\overline{E}$ 与工质和热源间热容率匹配 c 呈类抛物线关系，存在最佳的工质和热源间热容率匹配 $c_{opt,\overline{E}}$ 使无因次生态学目标函数取得最大值 $\overline{E}_{max,c}$，并且当 $c \leqslant c_{opt,\overline{E}}$ 时，随着 c 的增大，$\overline{E}$ 明显增大，而当 $c > c_{opt,\overline{E}}$ 时，随着 c 的进一步增大，$\overline{E}$ 有少量减小，当 $C_L/C_H = 1$ 时，$c_{opt,\overline{E}} = 1$。另外，随着总热导率 U_T 的增大，$\overline{E}_{max,c}$ 有所提高，但递增量越来越小；随着热源热容率之比 C_L/C_H 的增大，$\overline{E}_{max,c}$ 和 $c_{opt,\overline{E}}$ 值单调递增。

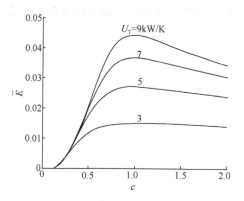

图 2.3.38　总热导率 U_T 对 $\overline{E}$-c 关系的影响

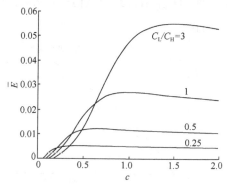

图 2.3.39　热源热容率之比 C_L/C_H 对 $\overline{E}$-c 关系的影响

2.3.7　五种优化目标的综合比较

式 (2.3.14)、式 (2.3.16)、式 (2.3.18)、式 (2.3.22) 和式 (2.3.24) 表明，在 τ_3 和 τ_4 一定时，$\bar{Q}_H$、$\bar{q}_H$、η_{ex} 及 $\bar{E}$ 四种优化目标与传热不可逆性 (E_H、E_L) 和压比 (π) 以及工质和热源的热容率 (C_{wf}、C_H、C_L) 有关，而 β 优化目标只与 π 有关。故利用 $\bar{Q}_H$、β、$\bar{q}_H$、η_{ex} 及 $\bar{E}$ 对循环性能进行热力学优化时，需要从 π 的选择、换热器传热优化以及 C_{wf}、C_H 和 C_L 间的匹配等方面进行。而且，若压比不变，取供热率、供热率密度、㶲效率或生态学函数为目标对循环进行优化时，不影响其供热系数。

2.3.7.1　压比的选择

为进一步综合比较压比对五种优化目标的影响特点，图 2.3.40 给出了 $k=1.4$，$E_{H1}=E_{L1}=0.9$，$C_L=C_H=1.0\mathrm{kW/K}$，$C_{wf}=0.8\mathrm{kW/K}$，$\tau_3=1.25$，$\tau_4=1$ 时供热系数 β、无因次供热率 $\bar{Q}_H$、无因次供热率密度 $\bar{q}_H$、㶲效率 η_{ex} 以及无因次生态学目标函数 $\bar{E}$ 分别与压比 π 的关系，也即给定有效度的情形。由图可知，$\bar{Q}_H$、$\bar{q}_H$ 及 $\bar{E}$ 与 π 均呈单调递增关系，且相同 π 时，总有 $\bar{Q}_H > \bar{q}_H > \bar{E}$；$\beta$ 及 η_{ex} 与 π 均呈单调递减关系，且相同 π 时，总有 $\beta > \eta_{ex}$。所以，$\bar{Q}_H$、$\bar{q}_H$、$\bar{E}$、β 及 η_{ex} 作为优化目标时均不存在最佳压比。

图 2.3.41 显示了压比变化时无因次供热率 $\bar{Q}_H$、无因次供热率密度 $\bar{q}_H$、㶲效率 η_{ex} 以及无因次生态学目标函数 $\bar{E}$ 分别与供热系数 β 的关系，计算中各参数取值：$k=1.4$，$E_{H1}=E_{L1}=0.9$，$C_L=C_H=1.0\mathrm{kW/K}$，$C_{wf}=0.8\mathrm{kW/K}$，$\tau_3=1.25$，$\tau_4=1$。从图中可知，随着 β 的增大，$\bar{Q}_H$、$\bar{q}_H$ 及 $\bar{E}$ 均单调递减，而 η_{ex} 先减小后增大。另外，当循环供热率和供热率密度及生态学目标函数取得最大时，供热系数接近 1，但生态学目标函数接近 1 的速度慢于供热率和供热率密度接近 1 的速度；当㶲效率取得最大时，供热系数变为可逆卡诺热泵循环供热系数，即 $\beta_{\eta_{ex}}=\beta_c$，但此时供热率和供热率密度及生态学目标函数为零。因此，在通过 π 的选择对循环性能进行优化时，若取 $\bar{Q}_H$ 或 $\bar{q}_H$ 为热力优化目标，$\bar{Q}_H$ 或 $\bar{q}_H$ 的提高必然要以牺牲 β 为代价，而 η_{ex} 的优化虽可同时提高循环的 β，但不能兼顾 $\bar{Q}_H$ 或 $\bar{q}_H$，而 $\bar{E}$ 的优化可在牺牲部分 β 的同时兼顾 $\bar{Q}_H$ 或 $\bar{q}_H$。

2.3.7.2　热导率最优分配

对于热导率可选择的情形，在高、低温侧换热器总热导率一定的条件下，定义了参数：热导率分配 u，即在 $U_H+U_L=U_T$ 下，令 $u=U_L/U_T$，因此有：

$U_{\mathrm{L}} = uU_{\mathrm{T}}$，　$U_{\mathrm{H}} = (1-u)U_{\mathrm{T}}$ 。

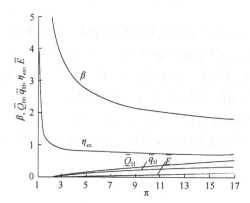 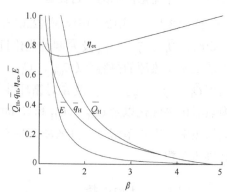

图 2.3.40　供热系数 β、无因次供热率 $\overline{Q}_{\mathrm{H}}$、无因次供热率密度 $\overline{q}_{\mathrm{H}}$、㶲效率 η_{ex} 以及无因次生态学目标函数 $\overline{E}$ 与压比 π 的关系

图 2.3.41　无因次供热率 $\overline{Q}_{\mathrm{H}}$、无因次供热率密度 $\overline{q}_{\mathrm{H}}$、㶲效率 η_{ex} 以及无因次生态学目标函数 $\overline{E}$ 与供热系数 β 的关系

　　为综合比较热导率分配对五种优化目标的影响特点，图 2.3.42 给出了 $k=1.4$，$C_{\mathrm{L}}=C_{\mathrm{H}}=1.0\,\mathrm{kW/K}$，$C_{\mathrm{wf}}=0.8\,\mathrm{kW/K}$，$\tau_3=1.25$，$\tau_4=1$，$\pi=3$，$U_{\mathrm{T}}=5\,\mathrm{kW/K}$ 时供热系数 β、无因次供热率 $\overline{Q}_{\mathrm{H}}$、无因次供热率密度 $\overline{q}_{\mathrm{H}}$、㶲效率 η_{ex} 以及无因次生态学目标函数 $\overline{E}$ 分别与热导率分配 u 的关系。

　　由图 2.3.42 可知，由于 β 与 u 无关，故 β 为水平直线，而 $\overline{Q}_{\mathrm{H}}$、$\overline{q}_{\mathrm{H}}$、$\eta_{\mathrm{ex}}$ 和 $\overline{E}$ 与 u 均呈类抛物线关系。所以，β 作为优化目标时不存在最佳热导率分配值，而 $\overline{Q}_{\mathrm{H}}$、$\overline{q}_{\mathrm{H}}$、$\eta_{\mathrm{ex}}$ 和 $\overline{E}$ 作为优化目标时存在最佳热导率分配值，且当 $C_{\mathrm{L}}/C_{\mathrm{H}}=1$ 时，最佳热导率分配值为：$u_{\mathrm{opt},\overline{Q}_{\mathrm{H}}} = u_{\mathrm{opt},\eta_{\mathrm{ex}}} = u_{\mathrm{opt},\overline{E}} = 0.5$ 和 $u_{\mathrm{opt},\overline{q}_{\mathrm{H}}} \geqslant 0.5$ 。

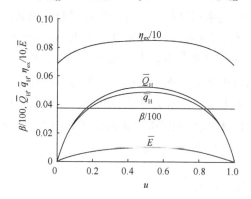

图 2.3.42　供热系数 β、无因次供热率 $\overline{Q}_{\mathrm{H}}$、无因次供热率密度 $\overline{q}_{\mathrm{H}}$、㶲效率 η_{ex} 以及无因次生态学目标函数 $\overline{E}$ 与热导率分配 u 的关系

2.3.7.3 工质与热源间的热容率最优匹配

在高、低温热源热容率之比 C_L / C_H 一定的条件下，定义了工质和热源间热容率匹配 $c = C_{wf} / C_H$。

为综合比较工质和热源间热容率匹配对五种优化目标的影响特点，图 2.3.43 给出了 $k=1.4$，$u=0.5$，$C_L = C_H = 1.0\text{kW/K}$，$\tau_3 = 1.25$，$\tau_4 = 1$，$\pi = 5$，$U_T = 5\text{kW/K}$ 时供热系数 β、无因次供热率 $\bar{Q}_H$、无因次供热率密度 $\bar{q}_H$、㶲效率 η_{ex} 以及无因次生态学目标函数 $\bar{E}$ 分别与工质和热源间热容率匹配 c 的关系。

由图 2.3.43 可知，由于供热系数与工质和热源间热容率匹配 c 无关，故 β 为水平直线，而 $\bar{Q}_H$、$\bar{q}_H$、η_{ex} 和 $\bar{E}$ 与 c 均呈类抛物线关系，并且当 $c \leqslant c_{opt}$ 时，随着 c 的增大，$\bar{Q}_H$、$\bar{q}_H$、η_{ex} 和 $\bar{E}$ 均明显增大，而当 $c > c_{opt}$ 时，随着 c 的进一步增大，$\bar{Q}_H$、$\bar{q}_H$、η_{ex} 和 $\bar{E}$ 均有少量减小。所以，β 作为优化目标时不存在工质和热源间热容率最优匹配，而 $\bar{Q}_H$、$\bar{q}_H$、η_{ex} 和 $\bar{E}$ 作为优化目标时存在工质和热源间热容率最优匹配值，当 $C_L / C_H = 1$ 时，$c_{opt,\bar{Q}_H} = c_{opt,\eta_{ex}} = c_{opt,\bar{E}} = 1$ 和 $c_{opt,\bar{q}_H} > 1$，随着热源热容率之比 C_L / C_H 的增大，$\bar{Q}_{Hmax,c}$、$\bar{q}_{Hmax,c}$、$\eta_{exmax,c}$、$\bar{E}_{max,c}$、$c_{opt,\bar{Q}_H}$、$c_{opt,\bar{q}_H}$、$c_{opt,\eta_{ex}}$、$c_{opt,\bar{E}}$ 值均单调递增。

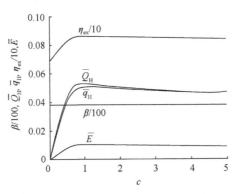

图 2.3.43 供热系数 β、无因次供热率 $\bar{Q}_H$、无因次供热率密度 $\bar{q}_H$、㶲效率 η_{ex} 以及无因次生态学目标函数 $\bar{E}$ 与工质和热源间热容率匹配 c 的关系

2.4 小 结

在通过压比的选择对循环性能进行优化时，对恒温和变温热源内可逆简单空气热泵循环而言，生态学优化目标可同时兼顾供热率和供热率密度及供热系数，

是一种最优的折中备选方案。

　　通过优化高、低温侧换热器热导率分配，以及协调工质和热源间的热容率匹配，可以得到循环的最优性能。对恒温内可逆简单空气热泵，选取供热率、生态学目标函数或者㶲效率为热力优化的目标，所得的解析解是一致的，选取供热率密度为热力优化目标，所得的解析解与前三种优化目标不同。优化结果可以为实际空气热泵设计时压比、温比、工质热容率参数的选择和热导率总量的控制提供理论指导。因此，上述工作对整个热泵装置性能的提高有重要意义。

第3章 不可逆简单空气热泵循环分析与优化

3.1 引 言

用有限时间热力学研究空气热泵循环的基本热力模型为仅考虑工质与热源间传热不可逆性的内可逆布雷敦循环(见第 2 章),实际空气热泵中除了热阻损失以外,还有空气压缩机和涡轮膨胀机中的不可逆压缩和膨胀损失等。文献[158]以内效率表示压缩机和膨胀机中的不可逆压缩和膨胀损失,导出了供热率、供热系数与压比间的解析式。研究结果表明,此时供热率与供热系数呈类抛物线关系,与实际空气热泵特性一致,而不同于内可逆循环中的双曲线关系。由此可见,计入压缩机和膨胀机中的不可逆压缩和膨胀损失对循环的特性分析是非常重要的。本章将在第 2 章建立的模型基础上,进一步引入压缩机和膨胀机中的不可逆损失,按照第 2 章的思路,分别对恒温、变温热源条件下不可逆简单空气热泵循环做全面的分析、优化[170-174]。

3.2 恒温热源循环

3.2.1 循环模型

图 3.2.1 所示为不可逆简单空气热泵循环(1-2-3-4-1)的 T-s 图,其中 1-2 表示工质从低温热源的吸热过程,2-3 表示工质在压缩机中的不可逆压缩过程,3-4 表示工质向高温热源的放热过程,4-1 表示工质在膨胀机中的不可逆膨胀过程,2-3_s 和 4-1_s 表示与 2-3 和 4-1 相对应的等熵压缩过程和膨胀过程。

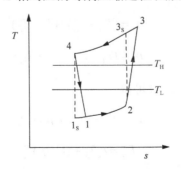

图 3.2.1 恒温热源不可逆简单空气热泵循环模型

设高温和低温侧换热器的热导率(传热面积 F 与传热系数 K 乘积)分别为 U_H、U_L;高温与低温热源温度分别为 T_H、T_L,空气工质被视为理想气体,其热容率(定压比热与质量流率之积)为 C_{wf}。

高温和低温侧换热器的供热率 Q_H 和吸热率 Q_L 分别为

$$Q_H = U_H(T_3 - T_4) / \ln[(T_3 - T_H)/(T_4 - T_H)] = C_{wf}E_H(T_3 - T_H) \qquad (3.2.1)$$

$$Q_L = U_L(T_2 - T_1) / \ln[(T_L - T_1)/(T_L - T_2)] = C_{wf}E_L(T_L - T_1) \qquad (3.2.2)$$

式中,E_H、E_L 分别为高温和低温侧换热器的有效度,即有

$$E_H = 1 - \exp(-N_H), \quad E_L = 1 - \exp(-N_L) \qquad (3.2.3)$$

式中,N_H 和 N_L 是高温和低温侧换热器的传热单元数,即有

$$N_H = U_H / C_{wf}, \quad N_L = U_L / C_{wf} \qquad (3.2.4)$$

由工质的热力性质也可得到 Q_H 和 Q_L 的表达式为

$$Q_H = C_{wf}(T_3 - T_4) \qquad (3.2.5)$$

$$Q_L = C_{wf}(T_2 - T_1) \qquad (3.2.6)$$

3.2.2 供热率、供热系数、供热率密度、㶲效率及生态学目标函数解析关系

由式(3.2.1)、式(3.2.2)、式(3.2.5)和式(3.2.6)可得

$$T_2 = E_L T_L + (1 - E_L)T_1 \qquad (3.2.7)$$

$$T_4 = E_H T_H + (1 - E_H)T_3 \qquad (3.2.8)$$

循环的内不可逆性用压缩机和膨胀机效率 η_c、η_t 来表征[158],为

$$\eta_c = (T_{3s} - T_2) / (T_3 - T_2) \qquad (3.2.9)$$

$$\eta_t = (T_4 - T_1) / (T_4 - T_{1s}) \qquad (3.2.10)$$

由式(3.2.9)和式(3.2.10)可得

$$T_{1s} = [T_1 - (1 - \eta_t)T_4] / \eta_t \qquad (3.2.11)$$

$$T_{3s} = \eta_c T_3 + (1 - \eta_t)T_2 \qquad (3.2.12)$$

对内可逆循环有 $T_2 T_4 = T_{1s} T_{3s}$,定义压缩机内的工质等熵温比为

$$x = T_{3s} / T_2 = (P_3 / P_2)^m = \pi^m, \ x \geqslant 1 \tag{3.2.13}$$

式中，$m = (k-1)/k$，k 是工质的绝热指数；π 是压缩机的压比；P 是压力。由式 (3.2.7)、式 (3.2.8) 和式 (3.2.11) ～式 (3.2.13) 可得出

$$T_2 = \eta_c T_3 / (x + \eta_c - 1) \tag{3.2.14}$$

$$T_4 = T_1 / (\eta_t x^{-1} - \eta_t + 1) \tag{3.2.15}$$

联立式 (3.2.1)、式 (3.2.2)、式 (3.2.5)、式 (3.2.14) 和式 (3.2.15) 可得出 T_1、T_3 的表达式为

$$T_1 = \frac{E_H T_H \eta_c (\eta_t x^{-1} - \eta_t + 1) + E_L T_L (1 - E_H)(x + \eta_c - 1)(\eta_t x^{-1} - \eta_t + 1)}{\eta_c - (1 - E_H)(1 - E_L)(x + \eta_c - 1)(\eta_t x^{-1} - \eta_t + 1)} \tag{3.2.16}$$

$$T_3 = \frac{(x + \eta_c - 1)[E_L T_L + E_H T_H (1 - E_L)(\eta_t x^{-1} - \eta_t + 1)]}{\eta_c - (1 - E_H)(1 - E_L)(x + \eta_c - 1)(\eta_t x^{-1} - \eta_t + 1)} \tag{3.2.17}$$

由式 (3.2.1) 和式 (3.2.17) 可得到循环的供热率表达式为

$$Q_H = \frac{C_{wf} E_H \{(x + \eta_c - 1) E_L T_L - [\eta_c - (1 - E_L)(x + \eta_c - 1)(\eta_t x^{-1} - \eta_t + 1)] T_H\}}{\eta_c - (1 - E_H)(1 - E_L)(x + \eta_c - 1)(\eta_t x^{-1} - \eta_t + 1)} \tag{3.2.18}$$

循环的供热系数为

$$1 - \beta^{-1} = \frac{E_L \{[\eta_c - (1 - E_H)(x + \eta_c - 1)(\eta_t x^{-1} - \eta_t + 1)] T_L - E_H (\eta_t x^{-1} - \eta_t + 1)\eta_c T_H\}}{E_H \{(x + \eta_c - 1) E_L T_L - [\eta_c - (1 - E_L)(x + \eta_c - 1)(\eta_t x^{-1} - \eta_t + 1)] T_H\}} \tag{3.2.19}$$

式 (3.2.19) 又可写成

$$1 - \beta^{-1} = \frac{E_L \{[\eta_c - (1 - E_H)(\pi^m + \eta_c - 1)(\eta_t \pi^{-m} - \eta_t + 1)] - E_H (\eta_t \pi^{-m} - \eta_t + 1)\eta_c \tau_1\}}{E_H \{(\pi^m + \eta_c - 1) E_L - [\eta_c - (1 - E_L)(\pi^m + \eta_c - 1)(\eta_t \pi^{-m} - \eta_t + 1)] \tau_1\}} \tag{3.2.20}$$

式中，$\tau_1 = T_H / T_L$ 为高、低温热源温比。

定义无因次供热率 $\bar{Q}_H = Q_H / (C_{wf}T_H)$，即

$$\bar{Q}_H = \frac{E_H\{(\pi^m + \eta_c - 1)E_L / \tau_1 - [\eta_c - (1-E_L)(\pi^m + \eta_c - 1)(\eta_t\pi^{-m} - \eta_t + 1)]\}}{\eta_c - (1-E_H)(1-E_L)(\pi^m + \eta_c - 1)(\eta_t\pi^{-m} - \eta_t + 1)}$$

(3.2.21)

供热率密度定义为[129]：$q_H = Q_H / v_2$，其中，v_2 为循环中工质的最大比容值，图 3.2.1 中的 2 点为最大比容点，则无因次供热率密度为

$$\bar{q}_H = \frac{q_H}{(C_{wf}T_H / v_1)} = \bar{Q}_H v_1 / v_2$$

(3.2.22)

对于定压过程，$v_1 / v_2 = T_1 / T_2$，由式 (3.2.14)、式 (3.2.16) 和式 (3.2.21) 可得到无因次供热率密度表达式为

$$\bar{q}_H = \bar{Q}_H \times (v_1 / v_2)$$

$$= \frac{\begin{array}{c}E_H\{(\pi^m + \eta_c - 1)E_L / \tau_1 - [\eta_c - (1-E_L)(\pi^m + \eta_c - 1)(\eta_t\pi^{-m} - \eta_t + 1)]\} \\ \times (\eta_t\pi^{-m} - \eta_t + 1)[E_H\tau_1\eta_c + (1-E_H)(\pi^m + \eta_c - 1)E_L]\end{array}}{[\eta_c - (1-E_H)(1-E_L)(\pi^m + \eta_c - 1)(\eta_t\pi^{-m} - \eta_t + 1)][E_L\eta_c + E_H\tau_1\eta_c(1-E_L)(\eta_t\pi^{-m} - \eta_t + 1)]}$$

(3.2.23)

根据式 (1.2.2) 及式 (1.2.3) 可分别得到循环的㶲输入率和㶲输出率为

$$E_{in} = Q_H - Q_L$$

(3.2.24)

$$E_{out} = (1 - T_0/T_H)Q_H - (1 - T_0/T_L)Q_L$$

(3.2.25)

联立式 (1.2.5)、式 (3.2.1)、式 (3.2.2)、式 (3.2.14)、式 (3.2.15)、式 (3.2.24) 以及式 (3.2.25) 即可得到该循环的㶲效率为

$$\eta_{ex} = \frac{\begin{array}{c}E_L(T_0/T_L - 1)\{[\eta_c - (1-E_H)(x + \eta_c - 1)(\eta_t x^{-1} - \eta_t + 1)]T_L - \eta_c(\eta_t x^{-1} - \eta_t + 1)E_H T_H\} \\ -E_H(T_0/T_H - 1)\{(x + \eta_c - 1)E_L T_L + [(1-E_L)(x + \eta_c - 1)(\eta_t x^{-1} - \eta_t + 1) - \eta_c]T_H\}\end{array}}{\begin{array}{c}E_H\{(x + \eta_c - 1)E_L T_L + [(1-E_L)(x + \eta_c - 1)(\eta_t x^{-1} - \eta_t + 1) - \eta_c]T_H\} \\ -E_L\{[\eta_c - (1-E_H)(x + \eta_c - 1)(\eta_t x^{-1} - \eta_t + 1)]T_L - \eta_c(\eta_t x^{-1} - \eta_t + 1)E_H T_H\}\end{array}}$$

(3.2.26)

为便于比较分析，㶲效率又可写成

$$\eta_{ex} = \frac{\begin{array}{c}E_L(a_1-1)\{\eta_c-(\eta_t\pi^{-m}-\eta_t+1)[(1-E_H)(\pi^m+\eta_c-1)+\eta_cE_H\tau_1]\} \\ -E_H(a_2-1)\{(\pi^m+\eta_c-1)E_L+[(1-E_L)(\pi^m+\eta_c-1)(\eta_t\pi^{-m}-\eta_t+1)-\eta_c]\tau_1\}\end{array}}{\begin{array}{c}2E_H\{(\pi^m+\eta_c-1)E_L+[(1-E_L)(\pi^m+\eta_c-1)(\eta_t\pi^{-m}-\eta_t+1)-\eta_c]\tau_1\} \\ -2E_L\{\eta_c-(\eta_t\pi^{-m}-\eta_t+1)[(1-E_H)(\pi^m+\eta_c-1)+\eta_cE_H\tau_1]\}\end{array}}$$

$$(3.2.27)$$

式中，$a_1=2T_0/T_L-1=2\tau_1/\tau_2-1$，$a_2=2T_0/T_H-1=2/\tau_2-1$，$\tau_2=T_H/T_0$ 为高温热源与外界环境温度之比。

联立式 (1.2.8)、式 (3.2.1)、式 (3.2.2)、式 (3.2.16)、式 (3.2.17)、式 (3.2.25) 以及式 (3.2.26) 可得该循环的生态学目标函数为

$$E = \frac{\begin{array}{c}C_{wf}E_L(2T_0/T_L-1)\{[\eta_c-(1-E_H)(x+\eta_c-1)(\eta_tx^{-1}-\eta_t+1)]T_L-\eta_c(\eta_tx^{-1}-\eta_t+1)E_HT_H\} \\ -C_{wf}E_H(2T_0/T_H-1)\{(x+\eta_c-1)E_LT_L+[(1-E_L)(x+\eta_c-1)(\eta_tx^{-1}-\eta_t+1)-\eta_c]T_H\}\end{array}}{\eta_c-(1-E_H)(1-E_L)(x+\eta_c-1)(\eta_tx^{-1}-\eta_t+1)}$$

$$(3.2.28)$$

为便于分析，将生态学目标函数写成无因次的形式为

$$\overline{E} = E/(C_{wf}T_H) = \frac{\begin{array}{c}a_1E_L\{[\eta_c-(1-E_H)(\pi^m+\eta_c-1)(\eta_t\pi^{-m}-\eta_t+1)]/\tau_1-\eta_c(\eta_t\pi^{-m}-\eta_t+1)E_H\} \\ -a_2E_H\{(\pi^m+\eta_c-1)E_L/\tau_1+[(1-E_L)(\pi^m+\eta_c-1)(\eta_t\pi^{-m}-\eta_t+1)-\eta_c]\}\end{array}}{\eta_c-(1-E_H)(1-E_L)(\pi^m+\eta_c-1)(\eta_t\pi^{-m}-\eta_t+1)}$$

$$(3.2.29)$$

当压缩机和膨胀机中实现理想压缩和膨胀过程时，$\eta_c=\eta_t=1$，式 (3.2.20)、式 (3.2.21)、式 (3.2.23)、式 (3.2.27) 和式 (3.2.29) 分别成为式 (2.2.14)、式 (2.2.16)、式 (2.2.18)、式 (2.2.22) 和式 (2.2.24) 内可逆循环的结果。

3.2.3　供热率、供热系数分析与优化

式 (3.2.20) 和式 (3.2.21) 表明，当 τ_1 一定时，$\overline{Q}_H$ 及 β 与换热器传热不可逆性（E_H、E_L）、内不可逆性（η_c、η_t）以及压比（π）有关。因此，对循环性能的优化可从压比的选择、换热器传热的优化等方面进行。依据式 (3.2.3) 和式 (3.2.4)，对换热器传热进行优化，需要优化高温和低温侧换热器的热导率分配。

3.2.3.1　最佳压比的选择

图 3.2.2 和图 3.2.3 分别给出了 β、$\overline{Q}_H$ 与压比 π 的关系图，其中 $k=1.4$，

$E_{\mathrm{H}} = E_{\mathrm{L}} = 0.9$，$\eta_{\mathrm{c}} = \eta_{\mathrm{t}} = 0.8$。由图可知，$\beta$ 与 π 呈类抛物线关系，存在 $\pi_{\mathrm{opt},\beta}$ 使 β 取得最大值 $\beta_{\max,\pi}$，而 $\bar{Q}_{\mathrm{H}}$ 与 π 呈单调递增关系，因此，β 与 $\bar{Q}_{\mathrm{H}}$ 呈抛物线关系。

图 3.2.2 和图 3.2.3 还表明，当 τ_1 提高时，β 和 $\beta_{\max,\pi}$ 及 $\bar{Q}_{\mathrm{H}}$ 均随之减小，并且 β 为 1 和 $\bar{Q}_{\mathrm{H}}$ 为零的压比值随 τ_1 的提高而增加。

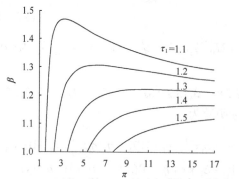

图 3.2.2　热源温比 τ_1 对 β-π 关系的影响

图 3.2.3　热源温比 τ_1 对 $\bar{Q}_{\mathrm{H}}$-π 关系的影响

图 3.2.4 给出了高、低温侧换热器的有效度 E_{H}、E_{L} 对 $\pi_{\mathrm{opt},\beta}$ 与 τ_1 关系的影响，其中 $k=1.4$，$\eta_{\mathrm{c}} = \eta_{\mathrm{t}} = 0.8$。由图可知，$\pi_{\mathrm{opt},\beta}$ 与 τ_1 呈单调递增关系，且随着 E_{H}、E_{L} 的增加，$\pi_{\mathrm{opt},\beta}$ 降低。图 3.2.5 给出了不同压缩机和膨胀机效率 η_{c}、η_{t} 对 $\pi_{\mathrm{opt},\beta}$ 与 τ_1 关系的影响，其中 $k=1.4$，$E_{\mathrm{H}} = E_{\mathrm{L}} = 0.9$。由图可知，随着 η_{c}、η_{t} 的增加，$\pi_{\mathrm{opt},\beta}$ 降低。

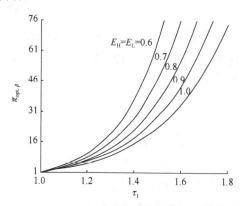

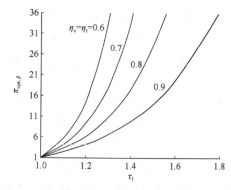

图 3.2.4　换热器有效度 E_{H}、E_{L} 对 $\pi_{\mathrm{opt},\beta}$-τ_1 关系的影响

图 3.2.5　压缩机和膨胀机效率 η_{c}、η_{t} 对 $\pi_{\mathrm{opt},\beta}$-τ_1 关系的影响

图 3.2.6 和图 3.2.7 分别给出了不同压缩机和膨胀机效率 η_c、η_t 时 $\overline{Q}_H$、β 与压比 π 的关系，其中，$k=1.4$，$E_H=E_L=0.9$，$\tau_1=1.25$。由图 3.2.6 可知，$\overline{Q}_H$ 随着 η_c 和 η_t 的增大而降低。由图 3.2.7 可以看出 $\eta_c=\eta_t=1$ 和 $\eta_c=\eta_t<1$ 相应循环特性曲线的定性区别，也即内可逆与不可逆循环性能的区别，在 $\eta_c=\eta_t<1$ 时，随着 η_c 和 η_t 的增大，β 及 $\beta_{\max,\pi}$ 均增大。

对给定高、低温侧换热器热导率，也即给定有效度的情形，图 3.2.8 和图 3.2.9 分别给出了高温和低温侧换热器有效度 E_H、E_L 对 $\overline{Q}_H$、β 与压比 π 关系的影响，其中 $k=1.4$，$\eta_c=\eta_t=0.8$，$\tau_1=1.25$。由图可知，β、$\overline{Q}_H$ 均随着高温和低温侧换热器的有效度 E_H、E_L 的增大而增大。

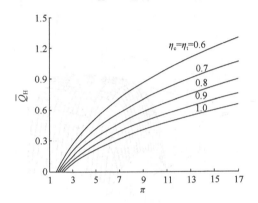

图 3.2.6　压缩机和膨胀机效率 η_c、η_t 对 $\overline{Q}_H$-π 关系的影响

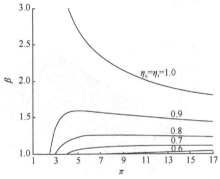

图 3.2.7　压缩机和膨胀机效率 η_c、η_t 对 β-π 关系的影响

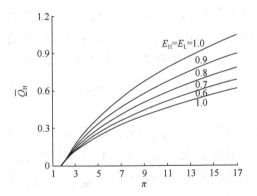

图 3.2.8　换热器有效度 E_H、E_L 对 $\overline{Q}_H$-π 关系的影响

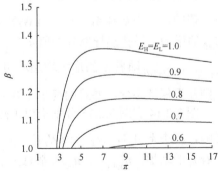

图 3.2.9　换热器有效度 E_H、E_L 对 β-π 关系的影响

3.2.3.2　热导率最优分配

对于热导率可选择的情形，在 $U_H + U_L = U_T$ 一定的条件下，令换热器的热导率分配为 $u = U_L / U_T$，因此有：$U_L = uU_T$，$U_H = (1-u)U_T$。

图 3.2.10 和图 3.2.11 分别给出了 $k = 1.4$，$C_{wf} = 0.8\text{kW/K}$，$U_T = 5\text{kW/K}$，$\eta_c = \eta_t = 0.8$，$\tau_1 = 1.25$ 时 $\bar{Q}_H$、β 与 u 以及 π 的综合关系。由图可知，当 u 一定时，$\bar{Q}_H$ 与 π 呈单调递增关系，而 β 与 π 呈类抛物线关系；而当 π 一定时，$\bar{Q}_H$ 和 β 与 u 均呈类抛物线关系，即分别有一最佳热导率分配 $u_{opt,\bar{Q}_H}$、$u_{opt,\beta}$ 使得 $\bar{Q}_H$ 和 β 取得最大值 $\bar{Q}_{Hmax,u}$ 和 $\beta_{max,u}$。因此，同时有一对 $\pi_{opt,\beta}$ 和 $u_{opt,\beta}$，使 β 取得双重最佳值 $\beta_{max,max}$。

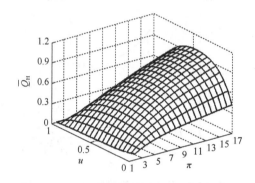 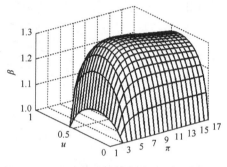

图 3.2.10　无因次供热率与热导率分配及压比　　图 3.2.11　供热系数与热导率分配及压比
的综合关系　　　　　　　　　　　　的综合关系

图 3.2.12 和图 3.2.13 分别给出了工质热容率 C_{wf} 对 $u_{opt,\bar{Q}_H}$、$u_{opt,\beta}$ 与压比 π 关系的影响，其中 $k = 1.4$，$U_T = 5\text{kW/K}$，$\eta_c = \eta_t = 0.8$，$\tau_1 = 1.25$。由图可知，随着 C_{wf} 的增加，最佳热导率分配值 $u_{opt,\bar{Q}_H}$、$u_{opt,\beta}$ 均是下降的，而且当压比较小时，$u_{opt,\bar{Q}_H}$、$u_{opt,\beta}$ 随着 π 的增大均递增明显，当 π 超过一定值后，$u_{opt,\bar{Q}_H}$、$u_{opt,\beta}$ 的值则几乎保持不变，并且始终小于 0.5。

图 3.2.14 和图 3.2.15 分别给出了热源温比 τ_1 对 $u_{opt,\bar{Q}_H}$、$u_{opt,\beta}$ 与压比 π 关系的影响，其中 $k = 1.4$，$U_T = 5\text{kW/K}$，$C_{wf} = 0.8\text{kW/K}$，$\eta_c = \eta_t = 0.8$。由图可见，随着 τ_1 的增加，$u_{opt,\bar{Q}_H}$、$u_{opt,\beta}$ 都总是下降的，而且当 π 较小时，$u_{opt,\bar{Q}_H}$、$u_{opt,\beta}$ 随着 π 的增大均递增明显，当 π 大于一定值后，$u_{opt,\bar{Q}_H}$、$u_{opt,\beta}$ 则几乎保持不变，而且始终小于 0.5。

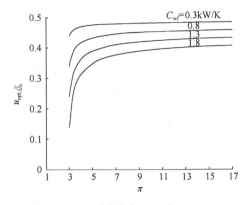

图 3.2.12　工质热容率 C_{wf} 对 $u_{opt,\bar{Q}_H}$ - π
关系的影响

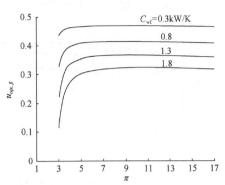

图 3.2.13　工质热容率 C_{wf} 对 $u_{opt,\beta}$ - π
关系的影响

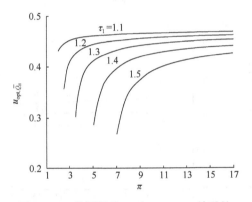

图 3.2.14　热源温比 τ_1 对 $u_{opt,\bar{Q}_H}$ - π 关系的
影响

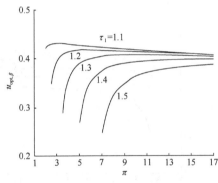

图 3.2.15　热源温比 τ_1 对 $u_{opt,\beta}$ - π 关系的
影响

图 3.2.16 和图 3.2.17 分别给出了热导率 U_T 对 $u_{opt,\bar{Q}_H}$、$u_{opt,\beta}$ 与压比 π 关系的影响，其中 $k=1.4$，$\tau_1=1.25$，$C_{wf}=0.8\text{kW/K}$，$\eta_c=\eta_t=0.8$。由图可知，$u_{opt,\bar{Q}_H}$、$u_{opt,\beta}$ 均随着 U_T 的增大而增大，而且当 U_T 增加到一定值后，如果再继续提高 U_T，$u_{opt,\bar{Q}_H}$、$u_{opt,\beta}$ 的递增量均越来越小，并且 $u_{opt,\bar{Q}_H}$、$u_{opt,\beta}$ 始终小于 0.5。

图 3.2.18 和图 3.2.19 分别给出了压缩机和膨胀机效率 η_c、η_t 对 $u_{opt,\bar{Q}_H}$、$u_{opt,\beta}$ 与压比 π 关系的影响，其中 $k=1.4$，$\tau_1=1.25$，$C_{wf}=0.8\text{kW/K}$，$U_T=5\text{kW/K}$。由图可知，$u_{opt,\bar{Q}_H}$、$u_{opt,\beta}$ 均随着 η_c、η_t 的增大而增大，图 3.2.18 中，$\eta_c=\eta_t=1$ 即为内可逆循环，此时，$u_{opt,\bar{Q}_H}$ 恒为 0.5。由图还可知，当 π 较小时，$u_{opt,\bar{Q}_H}$、$u_{opt,\beta}$ 随着 π 的增大均递增明显，当 π 大于一定值后，$u_{opt,\bar{Q}_H}$、$u_{opt,\beta}$ 则几乎保持不变，

而且 $u_{\text{opt},\bar{Q}_H}$、$u_{\text{opt},\beta}$ 始终小于 0.5。

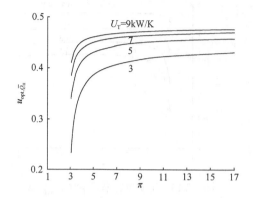

图 3.2.16　总热导率 U_T 对 $u_{\text{opt},\bar{Q}_H}$ - π 关系的影响

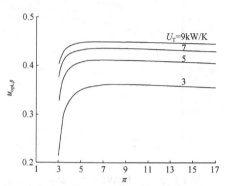

图 3.2.17　总热导率 U_T 对 $u_{\text{opt},\beta}$ - π 关系的影响

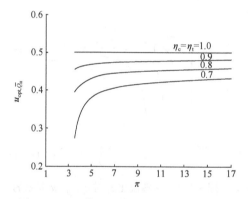

图 3.2.18　压缩机和膨胀机效率 η_c、η_t 对 $u_{\text{opt},\bar{Q}_H}$ - π 关系的影响

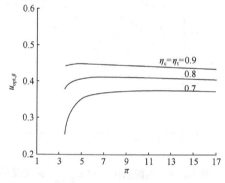

图 3.2.19　压缩机和膨胀机效率 η_c、η_t 对 $u_{\text{opt},\beta}$ - π 关系的影响

图 3.2.20 和图 3.2.21 分别给出了工质热容率 C_{wf} 对 $\bar{Q}_{\text{Hmax},u}$、$\beta_{\text{max},u}$ 与压比 π 关系的影响，其中 $k=1.4$，$U_T = 5\text{kW/K}$，$\eta_c = \eta_t = 0.8$，$\tau_1 = 1.25$。由图可见，$\bar{Q}_{\text{Hmax},u}$ 随着 π 的增大而增大，而 $\beta_{\text{max},u}$ 与 π 呈类抛物线关系，当 $\pi < \pi_{\text{opt},\beta}$ 时，$\beta_{\text{max},u}$ 随着 π 的增大快速增加；当 $\pi = \pi_{\text{opt},\beta}$ 时，$\beta_{\text{max},u} = \beta_{\text{max,max}}$；当 $\pi > \pi_{\text{opt},\beta}$ 时，$\beta_{\text{max},u}$ 随着 π 的增大缓慢降低。由图还可知，随着 C_{wf} 的增加，$\bar{Q}_{\text{Hmax},u}$ 和 $\beta_{\text{max},u}$ 都总是下降的。

图 3.2.22 和图 3.2.23 分别给出了热源温比 τ_1 对 $\bar{Q}_{\text{Hmax},u}$、$\beta_{\text{max},u}$ 与压比 π 关系的影响，其中 $k=1.4$，$U_T = 5\text{kW/K}$，$C_{\text{wf}} = 0.8\text{kW/K}$，$\eta_c = \eta_t = 0.8$。由图可知，

随着 τ_1 的增加，$\bar{Q}_{\mathrm{Hmax},u}$ 和 $\beta_{\max,u}$ 都总是下降的。

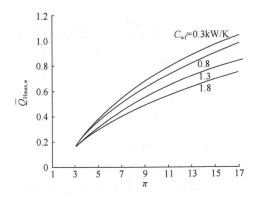

图 3.2.20　工质热容率 C_{wf} 对 $\bar{Q}_{\mathrm{Hmax},u}$ - π
关系的影响

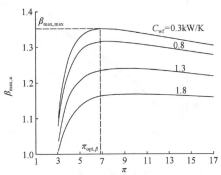

图 3.2.21　工质热容率 C_{wf} 对 $\beta_{\max,u}$ - π
关系的影响

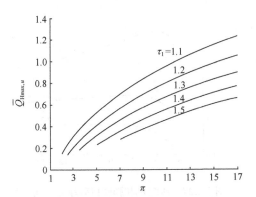

图 3.2.22　热源温比 τ_1 对 $\bar{Q}_{\mathrm{Hmax},u}$ - π
关系的影响

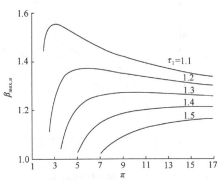

图 3.2.23　热源温比 τ_1 对 $\beta_{\max,u}$ - π
关系的影响

图 3.2.24 和图 3.2.25 分别给出了热导率 U_{T} 对 $\bar{Q}_{\mathrm{Hmax},u}$、$\beta_{\max,u}$ 与压比 π 关系的影响，其中 $k=1.4$，$\tau_1=1.25$，$C_{\mathrm{wf}}=0.8\mathrm{kW/K}$，$\eta_{\mathrm{c}}=\eta_{\mathrm{t}}=0.8$。由图可知，$\bar{Q}_{\mathrm{Hmax},u}$、$\beta_{\max,u}$ 均随着 U_{T} 的增大而增大，而且，当 U_{T} 增大到一定值后，如果再继续增大 U_{T}，$\bar{Q}_{\mathrm{Hmax},u}$ 和 $\beta_{\max,u}$ 的递增量均越来越小。

图 3.2.26 和图 3.2.27 分别给出了压缩机和膨胀机效率 η_{c}、η_{t} 对 $\bar{Q}_{\mathrm{Hmax},u}$、$\beta_{\max,u}$ 与压比 π 关系的影响，其中 $k=1.4$，$\tau_1=1.25$，$C_{\mathrm{wf}}=0.8\mathrm{kW/K}$，$U_{\mathrm{T}}=5\mathrm{kW/K}$。图 3.2.26 中，$\eta_{\mathrm{c}}=\eta_{\mathrm{t}}=1$ 为内可逆循环，由图可知，$\bar{Q}_{\mathrm{Hmax},u}$ 随着 η_{c}、η_{t} 的增大而减小，$\beta_{\max,u}$ 随着 η_{c}、η_{t} 的增大而增大。

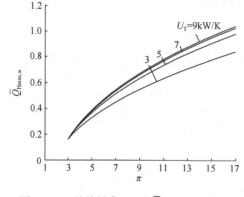

图 3.2.24 总热导率 U_T 对 $\overline{Q}_{Hmax,u}$ - π 关系的影响

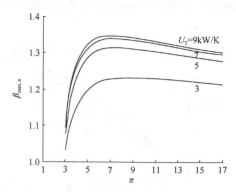

图 3.2.25 总热导率 U_T 对 $\beta_{max,u}$ - π 关系的影响

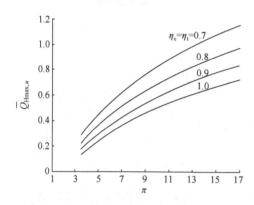

图 3.2.26 压缩机和膨胀机效率 η_c、η_t 对 $\overline{Q}_{Hmax,u}$ - π 关系的影响

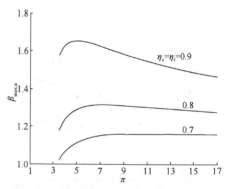

图 3.2.27 压缩机和膨胀机效率 η_c、η_t 对 $\beta_{max,u}$ - π 关系的影响

3.2.4 供热率密度分析与优化

3.2.4.1 各参数的影响分析

式 (3.2.23) 表明, 当 τ_1 一定时, $\overline{q}_H$ 与换热器传热的不可逆性 (E_H、E_L)、内不可逆性 (η_c、η_t) 及压比 (π) 有关。因此, 对循环性能的优化可从压比的选择、换热器传热的优化等方面进行。依据式 (3.2.3) 和式 (3.2.4), 对换热器传热进行优化, 需要优化高温和低温侧换热器的热导率分配。

图 3.2.28 给出了热源温比 τ_1 对 $\overline{q}_H$ 与压比 π 关系的影响, 其中 $k=1.4$, $E_H=E_L=0.9$, $\eta_c=\eta_t=0.8$。由图可见, $\overline{q}_H$ 与 π 呈单调递增关系, 在以 $\overline{q}_H$ 作为优化目标压比选择时, 应兼顾 $\overline{Q}_H$ 和 β。

图 3.2.28 还表明，$\bar{q}_H$ 随着 τ_1 的增大而减小，并且，$\bar{q}_H$ 为零的压比值随 τ_1 的提高而增加。

图 3.2.29 给出了不同的压缩机和膨胀机效率 η_c、η_t 下 $\bar{q}_H$ 与压比 π 的关系图，其中 $k=1.4$，$E_H=E_L=0.9$，$\tau_1=1.25$。由图可知，$\bar{q}_H$ 随着 η_c 和 η_t 的增大而降低。

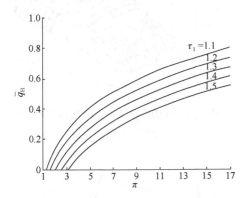

图 3.2.28　热源温比 τ_1 对 $\bar{q}_H$ - π 关系的影响

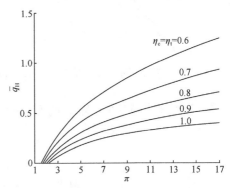

图 3.2.29　压缩机和膨胀机效率 η_c、η_t 对 $\bar{q}_H$ - π 关系的影响

对给定高温和低温侧换热器热导率，也即给定高温和低温侧换热器有效度的情形，图 3.2.30 给出了高温和低温侧换热器的有效度 E_H、E_L 对 $\bar{q}_H$ 与压比 π 关系的影响，其中 $k=1.4$，$\tau_1=1.25$，$\eta_c=\eta_t=0.8$。由图可知，$\bar{q}_H$ 与 E_H、E_L 呈单调递增关系。

3.2.4.2　热导率最优分配

对于热导率可选择的情形，在 $U_H+U_L=U_T$ 一定的条件下，令换热器的热导率分配为 $u=U_L/U_T$，因此有：$U_L=uU_T$，$U_H=(1-u)U_T$。

图 3.2.31 给出了 $k=1.4$，$\tau_1=1.25$，$C_{wf}=0.8\mathrm{kW/K}$，$U_T=5\mathrm{kW/K}$，$\eta_c=\eta_t=0.8$ 时无因次供热率密度 $\bar{q}_H$ 与 u 以及 π 的综合关系。

图 3.2.32 给出了不同热导率分配 u 下 $\bar{q}_H$ 与压比 π 的关系，其中 $k=1.4$，$\tau_1=1.25$，$C_{wf}=0.8\mathrm{kW/K}$，$U_T=5\mathrm{kW/K}$，$\eta_c=\eta_t=0.8$。由图可知，$\bar{q}_H$ 随 π 升高而增大，而对 u 存在极值。

图 3.2.33 给出了不同压比 π 下的 $\bar{q}_H$ 与 u 间的关系图，其中 $k=1.4$，$\tau_1=1.25$，$C_{wf}=0.8\mathrm{kW/K}$，$U_T=5\mathrm{kW/K}$，$\eta_c=\eta_t=0.8$，由图可知，$\bar{q}_H$ 与 u 呈类抛物线关系，这说明，每一确定的 π 均对应着一个最佳热导率分配值 $u_{\mathrm{opt},\bar{q}_H}$，使得 $\bar{q}_H$ 取得最大值 $\bar{q}_{H\mathrm{max},u}$，当 π 变化时，便可得到 $u_{\mathrm{opt},\bar{q}_H}$ 与 π 的关系。

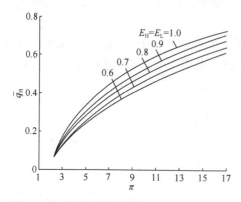

图 3.2.30　换热器有效度 E_H 、 E_L 对 $\bar{q}_H$ - π
关系的影响

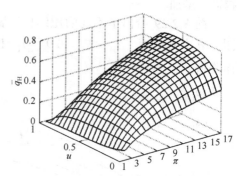

图 3.2.31　无因次供热率密度与热导率分配
及压比的综合关系

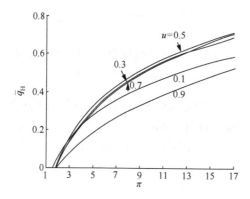

图 3.2.32　热导率分配 u 对 $\bar{q}_H$ - π 关系的影响

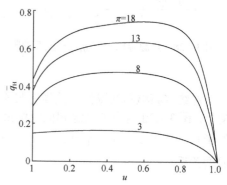

图 3.2.33　压比 π 对 $\bar{q}_H$ - u 关系的影响

图 3.2.34 给出了不同工质热容率 C_{wf} 下的 $u_{opt,\bar{q}_H}$ 与压比 π 间的关系图，其中 $k=1.4$ ， $U_T = 5\text{kW/K}$ ， $\tau_1 = 1.25$ ， $\eta_c = \eta_t = 0.8$ ，该图说明， $u_{opt,\bar{q}_H}$ 随着 π 的增加而增加，随着 C_{wf} 的增加而下降，而且当 π 较小时， $u_{opt,\bar{q}_H}$ 随着 π 的增大递增明显，当 π 大于一定值后， $u_{opt,\bar{q}_H}$ 的递增速度减缓。

图 3.2.35 给出了不同热源温比 τ_1 下的 $u_{opt,\bar{q}_H}$ 与压比 π 间的关系图，其中 $k=1.4$ ， $C_{wf} = 0.8\text{kW/K}$ ， $U_T = 5\text{kW/K}$ ， $\eta_c = \eta_t = 0.8$ ，该图说明，当 τ_1 增加时， $u_{opt,\bar{q}_H}$ 下降，而且当 π 较小时， $u_{opt,\bar{q}_H}$ 随着 π 的增大递增明显，当 π 大于一定值后， $u_{opt,\bar{q}_H}$ 递增速度减缓。

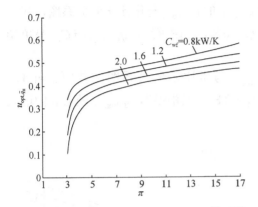

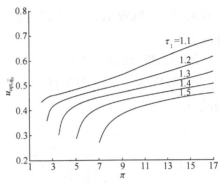

图 3.2.34　工质热容率 C_{wf} 对 $u_{opt,\bar{q}_H}$ - π 关系的
影响

图 3.2.35　热源温比 τ_1 对 $u_{opt,\bar{q}_H}$ - π 关系的
影响

图 3.2.36 给出了不同总热导率 U_T 下的 $u_{opt,\bar{q}_H}$ 与压比 π 间的关系图，其中 $k=1.4$，$C_{wf}=0.8$kW/K，$\tau_1=1.25$，$\eta_c=\eta_t=0.8$，该图说明，当 π 较小时，$u_{opt,\bar{q}_H}$ 随 U_T 增大而增大，而且当 U_T 增大到一定值后，如果再继续提高 U_T，$u_{opt,\bar{q}_H}$ 的递增量越来越小，当 π 大于一定值后，$u_{opt,\bar{q}_H}$ 转变为随 U_T 的增大而无规律变化，π 再进一步增大，则 $u_{opt,\bar{q}_H}$ 又变为随 U_T 增大而增大。

图 3.2.37 给出了压缩机和膨胀机效率 η_c、η_t 对 $u_{opt,\bar{q}_H}$ 与压比 π 关系的影响，其中 $k=1.4$，$\tau_1=1.25$，$C_{wf}=0.8$kW/K，$U_T=5$kW/K。图中 $\eta_c=\eta_t=1$ 为内可逆循环，此时，$u_{opt,\bar{q}_H}\geqslant 0.5$，由图可知，对于 $\eta_c<1$ 和 $\eta_t<1$ 的不可逆循环，当 π 较小时，$u_{opt,\bar{q}_H}$ 随着 η_c、η_t 的增大而增大，当 π 大于一定值后，$u_{opt,\bar{q}_H}$ 转变为随着 η_c、η_t 的增大而减小。

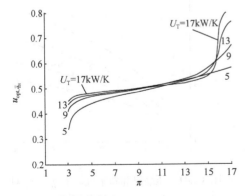

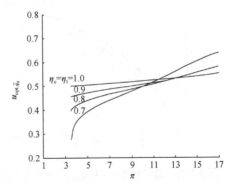

图 3.2.36　总热导率 U_T 对 $u_{opt,\bar{q}_H}$ - π 关系的
影响

图 3.2.37　压缩机和膨胀机效率 η_c、η_t 对
$u_{opt,\bar{q}_H}$ - π 关系的影响

图 3.2.38 给出了不同工质热容率 C_{wf} 下的 $\overline{q}_{Hmax,u}$ 与压比 π 的关系图，其中 $k=1.4$，$U_T=5kW/K$，$\tau_1=1.25$，$\eta_c=\eta_t=0.8$。由图可知，$\overline{q}_{Hmax,u}$ 与 C_{wf} 呈单调递减关系。

图 3.2.39 给出了不同 τ_1 下的 $\overline{q}_{Hmax,u}$ 与压比 π 的关系图，其中 $k=1.4$，$C_{wf}=0.8kW/K$，$U_T=5kW/K$，$\eta_c=\eta_t=0.8$。该图说明，$\overline{q}_{Hmax,u}$ 随着 τ_1 的增大而减小。

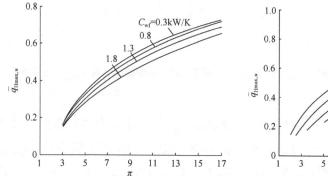

图 3.2.38　工质热容率 C_{wf} 对 $\overline{q}_{Hmax,u}$-π 关系　　图 3.2.39　热源温比 τ_1 对 $\overline{q}_{Hmax,u}$-π 关系的
　　　　　的影响　　　　　　　　　　　　　　　　　影响

图 3.2.40 给出了总热导率 U_T 对 $\overline{q}_{Hmax,u}$ 与压比 π 关系的影响，其中 $k=1.4$，$\tau_1=1.25$，$C_{wf}=0.8kW/K$，$\eta_c=\eta_t=0.8$。由图可知，$\overline{q}_{Hmax,u}$ 随着 U_T 的增大而增大，而且当 U_T 增大到一定值后，如果再继续提高 U_T，$\overline{q}_{Hmax,u}$ 的递增量越来越小。

图 3.2.41 给出了压缩机和膨胀机效率 η_c、η_t 对 $\overline{q}_{Hmax,u}$ 与压比 π 关系的影响，

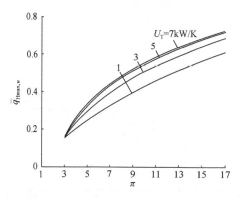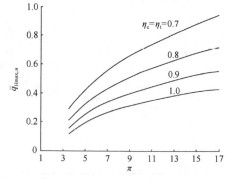

图 3.2.40　总热导率 U_T 对 $\overline{q}_{Hmax,u}$-π 关系的　　图 3.2.41　压缩机和膨胀机效率 η_c、η_t 对
　　　　　影响　　　　　　　　　　　　　　　　$\overline{q}_{Hmax,u}$-π 关系的影响

其中 $k=1.4$，$\tau_1=1.25$，$C_{wf}=0.8\text{kW/K}$，$U_T=5\text{kW/K}$。图中，$\eta_c=\eta_t=1$ 为内可逆循环，由图可知，$\bar{q}_{Hmax,u}$ 随着 η_c、η_t 的增大而减小。

3.2.5 烟效率分析与优化

式 (3.2.27) 表明，当 τ_1 以及 τ_2 一定时，η_{ex} 与换热器的传热不可逆性（E_H、E_L）、内不可逆性（η_c、η_t）及压比（π）有关。因此，对循环性能的优化可从压比的选择、换热器传热的优化等方面进行。依据式 (3.2.3) 和式 (3.2.4)，对换热器传热进行优化，需要优化高温和低温侧换热器的热导率分配。

3.2.5.1 最佳压比的选择

图 3.2.42 给出了烟效率 η_{ex} 与压比 π 的关系图，其中 $k=1.4$，$E_H=E_L=0.9$，$\eta_c=\eta_t=0.8$，$\tau_2=1$。由图可知，η_{ex} 与 π 呈类抛物线关系，即有最佳压比 $\pi_{opt,\eta_{ex}}$ 使得 η_{ex} 取得最大值 $\eta_{exmax,\pi}$，当 τ_1 增高时，$\eta_{exmax,\pi}$ 先增大后减小，η_{ex} 为零的压比值随 τ_1 的增高而增加。

图 3.2.43 给出了高温和低温侧换热器的有效度 E_H、E_L 对 $\pi_{opt,\eta_{ex}}$ 与 τ_1 关系的影响，其中 $k=1.4$，$\eta_c=\eta_t=0.8$，$\tau_2=1$。由图可知，$\pi_{opt,\eta_{ex}}$ 与 τ_1 呈单调递增关系，且随着高温和低温侧换热器的有效度的增加，$\pi_{opt,\eta_{ex}}$ 降低。

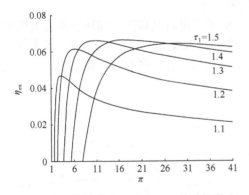

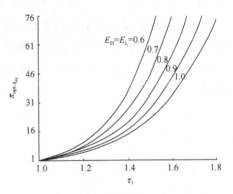

图 3.2.42　热源温比 τ_1 对 η_{ex}-π 关系的影响　　图 3.2.43　换热器有效度 E_H、E_L 对 $\pi_{opt,\eta_{ex}}$-τ_1 关系的影响

图 3.2.44 给出了不同的压缩机和膨胀机效率 η_c、η_t 对 $\pi_{opt,\eta_{ex}}$ 与 τ_1 关系的影响，其中 $k=1.4$，$E_H=E_L=0.9$，$\tau_2=1$。由图可知，随着 η_c、η_t 的增加，$\pi_{opt,\eta_{ex}}$ 降低。

图 3.2.45 给出了 τ_2 对烟效率 η_{ex} 与压比 π 关系的影响，其中 $k=1.4$，$\eta_c=\eta_t=0.8$，$E_H=E_L=0.9$，$\tau_1=1.25$。由图可知，η_{ex} 随着 τ_2 的增加而增大。

结合分析式(3.2.27)可知，τ_2 对最佳压比 $\pi_{\mathrm{opt},\eta_{\mathrm{ex}}}$ 无影响，即 $\pi_{\mathrm{opt},\eta_{\mathrm{ex}}}$ 不随 τ_2 的变化而变化。

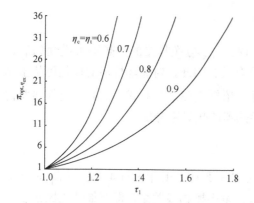

图 3.2.44　压缩机和膨胀机效率 η_{c}、η_{t} 对 $\pi_{\mathrm{opt},\eta_{\mathrm{ex}}}$-$\tau_1$ 关系的影响

图 3.2.45　高温热源与外界环境温度之比 τ_2 对 η_{ex}-π 关系的影响

图 3.2.46 给出了 η_{c}、η_{t} 下㶲效率 η_{ex} 与压比 π 的关系图，其中 $k=1.4$，$E_{\mathrm{H}}=E_{\mathrm{L}}=0.9$，$\tau_1=1.25$，$\tau_2=1$。由图可见，$\eta_{\mathrm{c}}=\eta_{\mathrm{t}}=1$ 即为内可逆循环，$\eta_{\mathrm{c}}=\eta_{\mathrm{t}}=1$ 和 $\eta_{\mathrm{c}}=\eta_{\mathrm{t}}<1$ 循环特性曲线的定性区别，也即内可逆与不可逆循环性能的区别，在 $\eta_{\mathrm{c}}=\eta_{\mathrm{t}}<1$ 时，η_{ex} 随着 η_{c} 和 η_{t} 的增大而增大。

对给定高温和低温侧换热器热导率，也即给定高温和低温侧换热器有效度的情形，图 3.2.47 给出了高温和低温侧换热器的有效度 E_{H}、E_{L} 对 η_{ex} 与 π 关系的影响，其中 $k=1.4$，$\eta_{\mathrm{c}}=\eta_{\mathrm{t}}=0.8$，$\tau_1=1.25$，$\tau_2=1$。由图可知，$\eta_{\mathrm{ex}}$ 随着 E_{H}、E_{L} 的增大而增大。

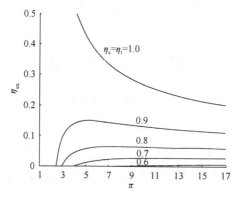
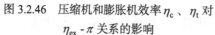
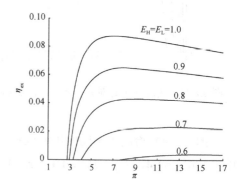

图 3.2.46　压缩机和膨胀机效率 η_{c}、η_{t} 对 η_{ex}-π 关系的影响

图 3.2.47　换热器有效度 E_{H}、E_{L} 对 η_{ex}-π 关系的影响

3.2.5.2　热导率最优分配

对于热导率可选择的情形，在 $U_H + U_L = U_T$ 一定的条件下，令换热器的热导率分配为 $u = U_L / U_T$，因此有：$U_L = uU_T$，$U_H = (1-u)U_T$。

图 3.2.48 给出了 η_{ex} 与 u 以及压比 π 的综合关系图，其中 $k = 1.4$，$C_{wf} = 0.8\mathrm{kW/K}$，$U_T = 5\mathrm{kW/K}$，$\eta_c = \eta_t = 0.8$，$\tau_1 = 1.25$，$\tau_2 = 1$。由图可知，当 u 一定时，η_{ex} 与 π 呈类抛物线关系；当 π 一定时，η_{ex} 与 u 也呈类抛物线关系，即有一最佳热导率分配 $u_{\mathrm{opt},\eta_{ex}}$ 使得 η_{ex} 取得最大值 $\eta_{ex\max,u}$。故同时有一对 $\pi_{\mathrm{opt},\eta_{ex}}$ 和 $u_{\mathrm{opt},\eta_{ex}}$，使 η_{ex} 取得双重最佳值 $\eta_{ex\max,u}$。

图 3.2.49 给出了工质热容率 C_{wf} 对 $u_{\mathrm{opt},\eta_{ex}}$ 与压比 π 关系的影响，其中 $k = 1.4$，$U_T = 5\mathrm{kW/K}$，$\eta_c = \eta_t = 0.8$，$\tau_1 = 1.25$，$\tau_2 = 1$。由图可知，随着 C_{wf} 的增加，$u_{\mathrm{opt},\eta_{ex}}$ 总是下降的，而且 π 比较小时，$u_{\mathrm{opt},\eta_{ex}}$ 随着 π 的增大递增明显，当 π 大于一定值后，$u_{\mathrm{opt},\eta_{ex}}$ 则几乎保持不变，而且 $u_{\mathrm{opt},\eta_{ex}}$ 的值始终小于 0.5。

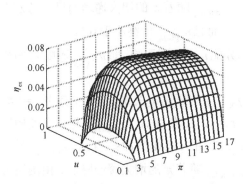

图 3.2.48　㶲效率与热导率分配及压比的综合关系

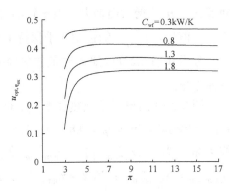

图 3.2.49　工质热容率 C_{wf} 对 $u_{\mathrm{opt},\eta_{ex}}$-$\pi$ 关系的影响

图 3.2.50 给出了热源温比 τ_1 对 $u_{\mathrm{opt},\eta_{ex}}$ 与压比 π 关系的影响，其中 $k = 1.4$，$U_T = 5\mathrm{kW/K}$，$C_{wf} = 0.8\mathrm{kW/K}$，$\eta_c = \eta_t = 0.8$，$\tau_2 = 1$。由图可知，$u_{\mathrm{opt},\eta_{ex}}$ 随着 τ_1 的增加而下降，而且当 π 较小时，$u_{\mathrm{opt},\eta_{ex}}$ 随着 π 的增大递增明显，当 π 大于一定值后，$u_{\mathrm{opt},\eta_{ex}}$ 则几乎保持不变，而且 $u_{\mathrm{opt},\eta_{ex}}$ 的值始终小于 0.5。

图 3.2.51 给出了总热导率 U_T 对 $u_{\mathrm{opt},\eta_{ex}}$ 与 π 关系的影响，其中 $k = 1.4$，$\tau_1 = 1.25$，$C_{wf} = 0.8\mathrm{kW/K}$，$\tau_2 = 1$，$\eta_c = \eta_t = 0.8$。由图可知，$u_{\mathrm{opt},\eta_{ex}}$ 随着 U_T 的增大而增大，而且当 U_T 增大到一定值后，如果再继续增大 U_T 的值，$u_{\mathrm{opt},\eta_{ex}}$ 的递增量却越来越小，而且 $u_{\mathrm{opt},\eta_{ex}}$ 始终小于 0.5。

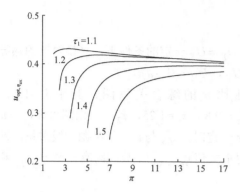

图 3.2.50　热源温比 τ_1 对 $u_{\text{opt},\eta_{\text{ex}}}$ - π 关系的
影响

图 3.2.51　总热导率 U_T 对 $u_{\text{opt},\eta_{\text{ex}}}$ - π 关系
的影响

图 3.2.52 给出了压缩机和膨胀机效率 η_{c} 和 η_{t} 对 $u_{\text{opt},\eta_{\text{ex}}}$ 与压比 π 关系的影响，其中 $k=1.4$，$\tau_1=1.25$，$\tau_2=1$，$C_{\text{wf}}=0.8\text{kW/K}$，$U_T=5\text{kW/K}$。由图可知，$u_{\text{opt},\eta_{\text{ex}}}$ 随着 η_{c}、η_{t} 的增大而增大，当 π 较小时，$u_{\text{opt},\eta_{\text{ex}}}$ 随着 π 的增大递增明显，当 π 大于一定值后，$u_{\text{opt},\eta_{\text{ex}}}$ 的值则几乎保持不变，而且 $u_{\text{opt},\eta_{\text{ex}}}$ 始终小于 0.5。

分析式 (3.2.27) 可知 τ_2 对最佳热导率分配 $u_{\text{opt},\eta_{\text{ex}}}$ 无影响，即 $u_{\text{opt},\eta_{\text{ex}}}$ 不随 τ_2 的变化而变化。

图 3.2.53 给出了工质热容率 C_{wf} 对 $\eta_{\text{exmax},u}$ 与压比 π 关系的影响，其中 $k=1.4$，$U_T=5\text{kW/K}$，$\eta_{\text{c}}=\eta_{\text{t}}=0.8$，$\tau_1=1.25$，$\tau_2=1$。由图可知，$\eta_{\text{exmax},u}$ 与 π 呈类抛物线关系，当 $\pi<\pi_{\text{opt},\eta_{\text{ex}}}$ 时，$\eta_{\text{exmax},u}$ 随着 π 的增大快速增加；当 $\pi=\pi_{\text{opt},\eta_{\text{ex}}}$ 时，$\eta_{\text{ex max},u}=\eta_{\text{ex max,max}}$；当 $\pi>\pi_{\text{opt},\eta_{\text{ex}}}$ 时，$\eta_{\text{exmax},u}$ 随着 π 的增大缓慢降低。由图还可知，$\eta_{\text{exmax},u}$ 随着 C_{wf} 的增加而降低。

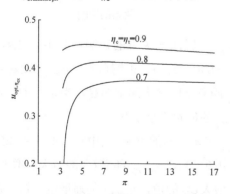
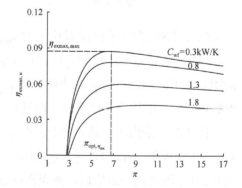

图 3.2.52　压缩机和膨胀机效率 η_{c}、η_{t} 对
$u_{\text{opt},\bar{Q}_H}$ - π 关系的影响

图 3.2.53　工质热容率 C_{wf} 对 $\eta_{\text{exmax},u}$ - π
关系的影响

图 3.2.54 给出了热源温比 τ_1 对 $\eta_{\text{exmax},u}$ 与压比 π 关系的影响，其中 $k=1.4$，$U_T=5\text{kW/K}$，$C_{\text{wf}}=0.8\text{kW/K}$，$\eta_c=\eta_t=0.8$，$\tau_2=1$。由图可知，当 τ_1 提高时，$\eta_{\text{ex max,max}}$ 先增大后减小。

图 3.2.55 给出了 $k=1.4$，$\tau_1=1.25$，$C_{\text{wf}}=0.8\text{kW/K}$，$\eta_c=\eta_t=0.8$，$U_T=5\text{kW/K}$ 时 τ_2 对 $\eta_{\text{exmax},u}$ 与压比 π 关系的影响。由图可知，$\eta_{\text{exmax},u}$ 随着 τ_2 的增大而增大。

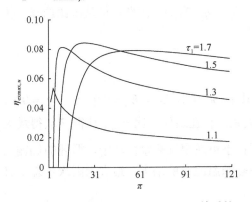

图 3.2.54　热源温比 τ_1 对 $\eta_{\text{exmax},u}$-π 关系的影响

图 3.2.55　高温热源与外界环境温度之比 τ_2 对 $\eta_{\text{exmax},u}$-π 关系的影响

图 3.2.56 给出了总热导率 U_T 对 $\eta_{\text{exmax},u}$ 与压比 π 关系的影响，其中 $k=1.4$，$\tau_1=1.25$，$C_{\text{wf}}=0.8\text{kW/K}$，$\eta_c=\eta_t=0.8$，$\tau_2=1$。由图可知，$\eta_{\text{exmax},u}$ 随着 U_T 的增大而增大，而且当 U_T 增大到一定值后，如果再继续提高 U_T，$\eta_{\text{exmax},u}$ 的递增量将越来越小。

图 3.2.57 给出了压缩机和膨胀机效率 η_c、η_t 对 $\eta_{\text{exmax},u}$ 与压比 π 关系的影响，

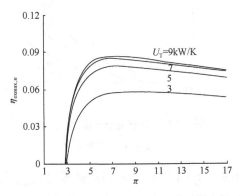

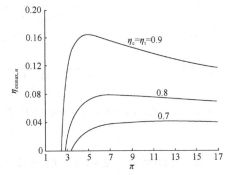

图 3.2.56　总热导率 U_T 对 $\eta_{\text{exmax},u}$-π 关系的影响

图 3.2.57　压缩机和膨胀机效率 η_c、η_t 对 $\eta_{\text{exmax},u}$-π 关系的影响

其中 $k=1.4$，$\tau_1=1.25$，$C_{wf}=0.8\,\mathrm{kW/K}$，$U_T=5\,\mathrm{kW/K}$，$\tau_2=1$。由图可知，$\eta_{\mathrm{exmax},u}$ 随着 η_c 和 η_t 的增大而增大。

3.2.6　生态学目标函数分析与优化

从式 (3.2.29) 可以看出，当 τ_1 以及 τ_2 一定时，热泵循环的 $\overline{E}$ 与压比 (π)、传热不可逆性 (E_H、E_L) 以及内不可逆性 (η_c、η_t) 有关。因此，可从压比选择、传热优化等方面对循环性能进行优化。

3.2.6.1　最佳压比的选择

图 3.2.58 给出了 $\overline{E}$ 与 π 的关系图，其中，$k=1.4$，$E_H=E_L=0.9$，$\eta_c=\eta_t=0.8$，$\tau_2=1$。由图可知，$\overline{E}$ 与 π 呈类抛物线关系，存在最佳压比 $\pi_{\mathrm{opt},\overline{E}}$ 使得 $\overline{E}$ 取得最大值 $\overline{E}_{\max,\pi}$，而且 $\overline{E}_{\max,\pi}$ 始终为负数，即在不可逆空气热泵循环中，循环的㶲输出率始终小于㶲损失率。另外，随着循环热源温比 τ_1 的增大，最大无因次生态学目标函数 $\overline{E}_{\max,\pi}$ 随之减小。

图 3.2.59 给出了高、低温侧换热器的有效度 E_H、E_L 对最佳压比 $\pi_{\mathrm{opt},\overline{E}}$ 与热源温比 τ_1 关系的影响图，其中，$k=1.4$，$\eta_c=\eta_t=0.8$，$\tau_2=1$，由图可见，$\pi_{\mathrm{opt},\overline{E}}$ 与 τ_1 呈单调递增关系，且随着 E_H、E_L 的增加，$\pi_{\mathrm{opt},\overline{E}}$ 升高。

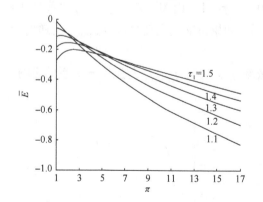
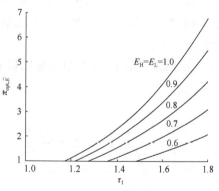

图 3.2.58　热源温比 τ_1 对 $\overline{E}$-π 关系的影响　　　图 3.2.59　换热器有效度 E_H、E_L 对 $\pi_{\mathrm{opt},\overline{E}}$-$\tau_1$ 关系的影响

图 3.2.60 给出了 $k=1.4$，$E_H=E_L=0.9$，$\tau_2=1$ 时 η_c、η_t 对最佳压比 $\pi_{\mathrm{opt},\overline{E}}$ 与热源温比 τ_1 关系的影响。由图可知，最佳压比随着 η_c、η_t 的增加而增大。

图 3.2.61 给出了 τ_2 对 $\overline{E}$ 与 π 关系的影响图，其中，$k=1.4$，$\eta_c=\eta_t=0.8$，$E_H=E_L=0.9$，$\tau_1=1.25$，由图可知，$\overline{E}$ 随着 τ_2 的增加而增大。结合分析式 (3.2.29)

可知，τ_2 对最佳压比 $\pi_{\mathrm{opt},\bar{E}}$ 无影响，即 $\pi_{\mathrm{opt},\bar{E}}$ 不随 τ_2 的变化而变化。

图 3.2.62 给出了不同 η_c、η_t 下 $\bar{E}$ 与 π 的关系图，其中，$k=1.4$，$E_H = E_L = 0.9$，$\tau_1 = 1.25$，$\tau_2 = 1$，由图可知，$\bar{E}$ 在 η_c、η_t 较小时与 π 呈单调递减关系，在 η_c、η_t 提高到一定值（如图中的 $\eta_c = \eta_t = 0.8$）以后与压比呈类抛物线关系，在一定压比条件下无因次生态学目标函数随着 η_c 和 η_t 的增大而增大。

对给定高温和低温侧换热器热导率，也即给定高温和低温侧换热器有效度的情形，图 3.2.63 给出了 $k=1.4$，$\eta_c = \eta_t = 0.8$，$\tau_1 = 1.25$，$\tau_2 = 1$ 时高、低温侧换热器的有效度 E_H、E_L 对无因次生态学目标函数 $\bar{E}$ 与压比 π 关系的影响。由图可知，无因次生态学目标函数随着高、低温侧换热器的有效度的增大而减小。

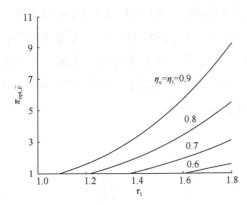

图 3.2.60　压缩机和膨胀机效率 η_c、η_t 对 $\pi_{\mathrm{opt},\bar{E}}$ - τ_1 关系的影响

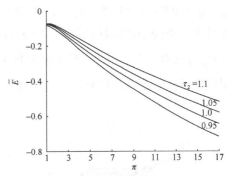

图 3.2.61　高温热源与外界环境温度之比 τ_2 对 $\bar{E}$ - π 关系的影响

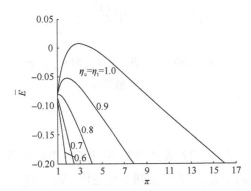

图 3.2.62　压缩机和膨胀机效率 η_c、η_t 对 $\bar{E}$ - π 关系的影响

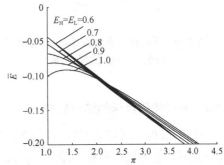

图 3.2.63　换热器有效度 E_H、E_L 对 $\bar{E}$ - π 关系的影响

3.2.6.2　热导率最优分配

对于热导率可选择的情形，在 $U_H + U_L = U_T$ 一定的条件下，令换热器的热导率分配为 $u = U_L / U_T$，因此有：$U_L = uU_T$，$U_H = (1-u)U_T$。

图 3.2.64 给出了 $\overline{E}$ 与 u 以及 π 的综合关系图，其中，$k=1.4$，$C_{wf}=0.8\text{kW/K}$，$U_T = 5\text{kW/K}$，$\eta_c = \eta_t = 0.8$，$\tau_1 = 1.25$，$\tau_2 = 1$，由图可知，当 u 一定时，$\overline{E}$ 与 π 呈类抛物线关系；当 π 一定时，$\overline{E}$ 与 u 也呈类抛物线关系，即存在一最佳热导率分配 $u_{\text{opt},\overline{E}}$ 使得 $\overline{E}$ 取得最大值 $\overline{E}_{\max,u}$。因此，同时存在一对 $\pi_{\text{opt},\overline{E}}$ 和 $u_{\text{opt},\overline{E}}$，使 $\overline{E}$ 取得双重最佳值 $\overline{E}_{\max,\max}$。

图 3.2.65 给出了 C_{wf} 对 $u_{\text{opt},\overline{E}}$ 与 π 关系的影响图，其中，$k=1.4$，$U_T = 5\text{kW/K}$，$\eta_c = \eta_t = 0.8$，$\tau_1 = 1.25$，$\tau_2 = 1$，由图可见，随着 C_{wf} 的增加，$u_{\text{opt},\overline{E}}$ 总是下降的，并且在一个较小的压比范围内 ($2 < \pi < 4$)，$u_{\text{opt},\overline{E}}$ 存在大于零的值，其他压比情况下 $u_{\text{opt},\overline{E}}$ 均等于零。因此，对于恒温热源不可逆空气热泵来说，如果利用热导率分配对循环性能进行优化时，生态学优化目标并不合适。

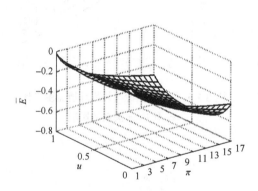
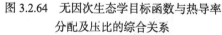
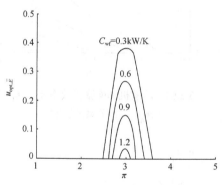

図 3.2.64　无因次生态学目标函数与热导率分配及压比的综合关系　　図 3.2.65　工质热容率 C_{wf} 对 $u_{\text{opt},\overline{E}}$-$\pi$ 关系的影响

3.2.7　五种优化目标的综合比较

式(3.2.20)、式(3.2.21)、式(3.2.23)、式(3.2.27)和式(3.2.29)表明，当 τ_1 以及 τ_2 一定时，五种优化目标，即 β、$\overline{Q}_H$、$\overline{q}_H$、η_{ex}、$\overline{E}$ 与传热不可逆性（E_H、E_L）、内不可逆性（η_c、η_t）以及压比（π）有关。因此，利用五种优化目标对循环性能进行优化时，都可以从压比的选择、换热器传热的优化等方面进行。

3.2.7.1　压比的选择

为进一步综合比较压比对五种优化目标的影响特点，图 3.2.66 给出了 $k=1.4$，$E_H=E_L=0.9$，$\eta_c=\eta_t=0.8$，$\tau_1=1.25$，$\tau_2=1$ 时供热系数 β、无因次供热率 $\overline{Q}_H$、无因次供热率密度 $\overline{q}_H$、㶲效率 η_{ex} 以及无因次生态学目标函数 $\overline{E}$ 分别与压比 π 的关系，也即给定有效度的情形。

由图 3.2.66 可知，$\overline{Q}_H$ 及 $\overline{q}_H$ 与 π 均呈单调递增关系，且相同 π 时，$\overline{Q}_H$ 总大于 $\overline{q}_H$；β 及 η_{ex} 与 π 均呈类抛物线关系，且相同 π 时，β 总大于 η_{ex}；$\overline{E}$ 与 π 在 $\eta_c=\eta_t=0.8$ 时呈类抛物线关系。所以，$\overline{Q}_H$ 及 $\overline{q}_H$ 作为优化目标时均不存在最佳压比，β 及 η_{ex} 作为优化目标时均存在最佳压比，而 $\overline{E}$ 作为优化目标时，当压缩机和膨胀机效率 η_c、η_t 比较高时（如图中的 $\eta_c=\eta_t=0.8$）存在最佳压比。

图 3.2.67 显示了压比变化时无因次供热率 $\overline{Q}_H$、无因次供热率密度 $\overline{q}_H$、㶲效率 η_{ex} 以及无因次生态学目标函数 $\overline{E}$ 分别与供热系数 β 的关系，计算中各参数取值：$k=1.4$，$\tau_1=1.25$，$\tau_2=1$，$E_H=E_L=0.9$，$\eta_c=\eta_t=0.8$。由图可知，压比变化时，$\overline{Q}_H$、$\overline{q}_H$ 及 $\overline{E}$ 与 β 均呈类抛物线关系，$\overline{Q}_H$ 及 $\overline{q}_H$ 先随着 β 的增大而缓慢增大，当 $\pi>\pi_{opt,\beta}$ 后，$\overline{Q}_H$ 及 $\overline{q}_H$ 随着 β 的减小而增大，而 $\overline{E}$ 先随着 β 的增大而减小，当压比 $\pi>\pi_{opt,\beta}$ 后，$\overline{E}$ 随着 β 的减小而减小，η_{ex} 与 β 则呈线性递增关系。另外，当循环供热率和供热率密度取得最大时，供热系数接近 1；当生态学目标函数取最大时，供热系数为 1，即 $\beta_{\overline{E}}=1$；当㶲效率取得最大时，供热系数也同时取得最大值，即 $\beta_{\eta_{ex}}=\beta_{max,\pi}$，且此时供热率和供热率密度均不为零，生态学目标函数取得较大值。因此，在通过压比的选择对循环性能进行优化时，若取供热率或供

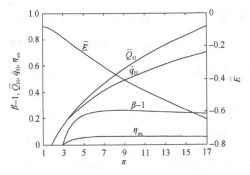

图 3.2.66　供热系数 β、无因次供热率 $\overline{Q}_H$、无因次供热率密度 $\overline{q}_H$、㶲效率 η_{ex} 以及无因次生态学目标函数 $\overline{E}$ 与压比 π 的关系

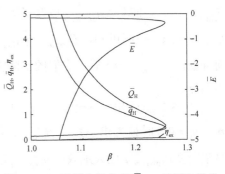

图 3.2.67　无因次供热率 $\overline{Q}_H$、无因次供热率密度 $\overline{q}_H$、㶲效率 η_{ex} 以及无因次生态学目标函数 $\overline{E}$ 与供热系数 β 的关系

热率密度或生态学目标函数为热力优化的目标，供热率或供热率密度或生态学目标函数的提高必然要以牺牲供热系数为代价，而若取㶲效率作为优化目标可同时兼顾供热率、供热系数、供热率密度及生态学目标函数，㶲效率优化目标比其他四种优化目标均更为合理。

3.2.7.2　热导率最优分配

对于热导率可选择的情形，在 $U_H + U_L = U_T$ 一定的条件下，令换热器的热导率分配为 $u = U_L / U_T$，因此有：$U_L = uU_T$，$U_H = (1-u)U_T$。

为综合比较热导率分配对五种优化目标的影响特点，图 3.2.68 给出了 $k = 1.4$，$\pi = 3$，$\tau_1 = 1.25$，$\tau_2 = 1$，$C_{wf} = 0.8\,\text{kW/K}$，$U_T = 5\,\text{kW/K}$，$\eta_c = \eta_t = 0.8$ 时供热系数 β、无因次供热率 $\overline{Q}_H$、无因次供热率密度 $\overline{q}_H$、㶲效率 η_{ex} 以及无因次生态学目标函数 $\overline{E}$ 分别与热导率分配 u 的关系。由图可知，$\overline{Q}_H$、β、$\overline{q}_H$、η_{ex} 及 $\overline{E}$ 与 u 均呈类抛物线关系。计算表明，压比一定时对应于最大无因次供热率 $\overline{Q}_{Hmax,u}$ 和最大供热系数 $\beta_{max,u}$ 以及最大㶲效率 $\eta_{exmax,u}$ 的热导率最优分配 $u_{opt,\overline{Q}_H}$、$u_{opt,\beta}$ 和 $u_{opt,\eta_{ex}}$ 相差并不大，当 π 较小时，$u_{opt,\overline{Q}_H}$、$u_{opt,\beta}$ 和 $u_{opt,\eta_{ex}}$ 随着 π 的增大明显递增，当 π 大于一定值后，$u_{opt,\overline{Q}_H}$、$u_{opt,\beta}$、$u_{opt,\eta_{ex}}$ 则几乎保持不变，而且它们的值均始终小于 0.5；对应于最大无因次供热率密度 $\overline{q}_{Hmax,u}$ 的热导率最优分配 $u_{opt,\overline{q}_H}$ 的变化范围较大，而对应于最大无因次生态学目标函数 $\overline{E}_{max,u}$ 的热导率最优分配 $u_{opt,E}$ 只在一个较小的压比范围内 $(2 < \pi < 4)$ 存在大于零的值，其他压比情况下 $u_{opt,E}$ 均等于零。

图 3.2.69 给出了 $k = 1.4$，$\pi = 3$，$\tau_1 = 1.25$，$\tau_2 = 1$，$U_T = 5\,\text{kW/K}$，$\eta_c = \eta_t = 0.8$ 时最大供热系数 $\beta_{max,u}$、最大无因次供热率 $\overline{Q}_{Hmax,u}$、最大无因次供热率密度 $\overline{q}_{Hmax,u}$、最大㶲效率 $\eta_{exmax,u}$ 以及最大无因次生态学目标函数 $\overline{E}_{max,u}$ 与工质热容率 C_{wf} 的关系。由图可知，$\beta_{max,u}$、$\overline{Q}_{Hmax,u}$、$\overline{q}_{Hmax,u}$ 以及 $\eta_{exmax,u}$ 均随着 C_{wf} 的增加而降低，且 $C_{wf} > 0.5$ 后，它们的下降幅度明显变大。$\overline{E}_{max,u}$ 随着 C_{wf} 的增加变化不明显。

图 3.2.70 给出了 $k = 1.4$，$\pi = 20$，$C_{wf} = 0.8\,\text{kW/K}$，$\tau_2 = 1$，$U_T = 5\,\text{kW/K}$，$\eta_c = \eta_t = 0.8$ 时最大供热系数 $\beta_{max,u}$、最大无因次供热率 $\overline{Q}_{Hmax,u}$、最大无因次供热率密度 $\overline{q}_{Hmax,u}$、最大㶲效率 $\eta_{exmax,u}$ 以及最大无因次生态学目标函数 $\overline{E}_{max,u}$ 与热源温比 τ_1 的关系。由图可知，$\beta_{max,u}$、$\overline{Q}_{Hmax,u}$ 和 $\overline{q}_{Hmax,u}$ 均随着 τ_1 的增加而降低，$\eta_{exmax,u}$ 随着 τ_1 的增加先增加后减小，$\overline{E}_{max,u}$ 随着 τ_1 的增加而增大。

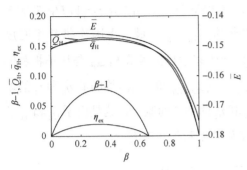

图 3.2.68　供热系数 β、无因次供热率 $\overline{Q}_H$、无因次供热率密度 $\overline{q}_H$、㶲效率 η_{ex} 以及无因次生态学目标函数 $\overline{E}$ 与热导率分配 u 的关系

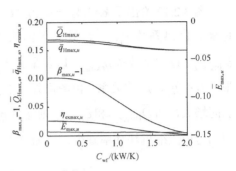

图 3.2.69　最大供热系数 $\beta_{max,u}$、最大无因次供热率 $\overline{Q}_{Hmax,u}$、最大无因次供热率密度 $\overline{q}_{Hmax,u}$、最大㶲效率 $\eta_{exmax,u}$ 及最大无因次生态学目标函数 $\overline{E}_{max,u}$ 与工质热容率 C_{wf} 的关系

图 3.2.71 给出了最大供热系数 $\beta_{max,u}$、最大无因次供热率 $\overline{Q}_{Hmax,u}$、最大无因次供热率密度 $\overline{q}_{Hmax,u}$、最大㶲效率 $\eta_{exmax,u}$ 以及最大无因次生态学目标函数 $\overline{E}_{max,u}$ 与总热导率 U_T 的关系图，其中，$k=1.4$，$\pi=20$，$C_{wf}=0.8\text{kW/K}$，$\tau_1=1.25$，$\tau_2=1$，$\eta_c=\eta_t=0.8$，由图可见，当 U_T 较小时，$\beta_{max,u}$、$\overline{Q}_{Hmax,u}$、$\overline{q}_{Hmax,u}$ 和 $\eta_{exmax,u}$ 均随 U_T 的增加而明显增大，但当 U_T 增大到一定值后，如果再继续增大 U_T，$\beta_{max,u}$、$\overline{Q}_{Hmax,u}$、$\overline{q}_{Hmax,u}$ 和 $\eta_{exmax,u}$ 的递增量将越来越小；$\overline{E}_{max,u}$ 与 U_T 呈类抛物线关系。

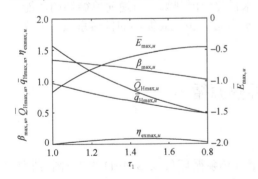

图 3.2.70　最大供热系数 $\beta_{max,u}$、最大无因次供热率 $\overline{Q}_{Hmax,u}$、最大无因次供热率密度 $\overline{q}_{Hmax,u}$、最大㶲效率 $\eta_{exmax,u}$ 以及最大无因次生态学目标函数 $\overline{E}_{max,u}$ 与热源温比 τ_1 的关系

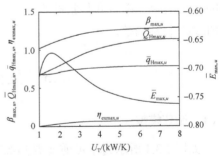

图 3.2.71　最大供热系数 $\beta_{max,u}$、最大无因次供热率 $\overline{Q}_{Hmax,u}$、最大无因次供热率密度 $\overline{q}_{Hmax,u}$、最大㶲效率 $\eta_{exmax,u}$ 以及最大无因次生态学目标函数 $\overline{E}_{max,u}$ 与总热导率 U_T 的关系

图 3.2.72 给出了 $k=1.4$，$\pi=20$，$C_{wf}=0.8\text{kW/K}$，$\tau_1=1.25$，$\tau_2=1$，$U_T=5\text{kW/K}$ 时最大供热系数 $\beta_{\text{max},u}$、最大无因次供热率 $\overline{Q}_{\text{Hmax},u}$、最大无因次供热率密度 $\overline{q}_{\text{Hmax},u}$、最大㶲效率 $\eta_{\text{exmax},u}$ 以及最大无因次生态学目标函数 $\overline{E}_{\text{max},u}$ 与压缩机和膨胀机效率 η_c、η_t 的关系。由图可知，$\beta_{\text{max},u}$、$\eta_{\text{exmax},u}$ 和 $\overline{E}_{\text{max},u}$ 均随着 η_c 和 η_t 的增加而增大，而 $\overline{Q}_{\text{Hmax},u}$ 和 $\overline{q}_{\text{Hmax},u}$ 则随着 η_c 和 η_t 的增加而减少，这是由于 η_c 和 η_t 的增加造成压缩机耗功率减少，从而减少了供热率和供热率密度。

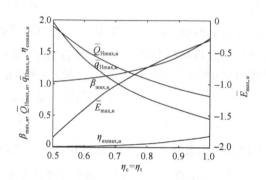

图 3.2.72　最大供热系数 $\beta_{\text{max},u}$、最大无因次供热率 $\overline{Q}_{\text{Hmax},u}$、最大无因次供热率密度 $\overline{q}_{\text{Hmax},u}$、最大㶲效率 $\eta_{\text{exmax},u}$ 以及最大无因次生态学目标函数 $\overline{E}_{\text{max},u}$ 与压缩机和膨胀机效率 η_c 及 η_t 的关系

综上所述，与恒温热源内可逆简单循环一样，通过提高换热器的总热导率或者选择热容率相对较小的气体作为工质来优化恒温热源不可逆简单循环的性能，同时通过提高压缩机和膨胀机效率 η_c、η_t 可进一步提高循环的供热系数、㶲效率和生态学目标函数。

3.3　变温热源循环

3.3.1　循环模型

如图 3.3.1 所示为不可逆变温热源空气热泵循环（1-2-3-4-1）的 T-s 图，图中，1-2 表示工质从低温热源的吸热过程，2-3 表示工质在压缩机中的不可逆压缩过程，3-4 表示工质向高温热源的放热过程，4-1 表示工质在膨胀机中的不可逆膨胀过程，2-3$_s$ 和 4-1$_s$ 分别表示与 2-3 和 4-1 相对应的工质的等熵压缩和等熵膨胀过程。

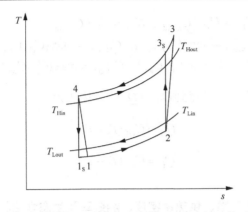

图 3.3.1　变温热源不可逆简单空气热泵循环模型

设高、低温侧的换热器均为逆流式换热器，两换热器的热导率(传热面积 F 与传热系数 K 的乘积)分别为 U_H、U_L；同时，假设高、低温热源热容率(定压比热与质量流率之积)分别为 C_H、C_L；对于高温侧换热器，被加热流体的进、出温度分别为 T_{Hin}、T_{Hout}，对于低温侧换热器，加热流体的进、出温度分别为 T_{Lin}、T_{Lout}；空气工质被视为理想气体，其热容率(定压比热与质量流率之积)为 C_{wf}。

高、低温侧换热器相应的供热率 Q_H 和吸热率 Q_L 分别为

$$Q_H = U_H[(T_3 - T_{Hout}) - (T_4 - T_{Hin})] / \ln[(T_3 - T_{Hout}) / (T_4 - T_{Hin})]$$
$$= C_H(T_{Hout} - T_{Hin}) = C_{Hmin} E_{H1}(T_3 - T_{Hin}) \tag{3.3.1}$$

$$Q_L = U_L[(T_{Lin} - T_2) - (T_{Lout} - T_1)] / \ln[(T_{Lin} - T_2) / (T_{Lout} - T_1)]$$
$$= C_L(T_{Lin} - T_{Lout}) = C_{Lmin} E_{L1}(T_{Lin} - T_1) \tag{3.3.2}$$

式中，E_{H1} 和 E_{L1} 分别为高温和低温侧换热器(被加热流体和加热流体均为变温)的有效度，即有

$$E_{H1} = \{1 - \exp[-N_{H1}(1 - C_{Hmin} / C_{Hmax})]\}$$
$$/ \{1 - (C_{Hmin} / C_{Hmax}) \exp[-N_{H1}(1 - C_{Hmin} / C_{Hmax})]\}$$
$$E_{L1} = \{1 - \exp[-N_{L1}(1 - C_{Lmin} / C_{Lmax})]\}$$
$$/ \{1 - (C_{Lmin} / C_{Lmax}) \exp[-N_{L1}(1 - C_{Lmin} / C_{Lmax})]\} \tag{3.3.3}$$

式中，C_{Hmin} 和 C_{Hmax} 分别为 C_H 和 C_{wf} 中的较小和较大者，C_{Lmin} 和 C_{Lmax} 分别为 C_L 和 C_{wf} 中的较小和较大者，N_{H1} 和 N_{L1} 是基于最小热容率定义的传热单元数，即有

$$N_{H1} = U_H / C_{H\min}, \quad N_{L1} = U_L / C_{L\min}$$
$$C_{H\min} = \min\{C_H, C_{wf}\}, \quad C_{H\max} = \max\{C_H, C_{wf}\}$$
$$C_{L\min} = \min\{C_L, C_{wf}\}, \quad C_{L\max} = \max\{C_L, C_{wf}\} \tag{3.3.4}$$

由工质的热力性质也可得到 Q_H 和 Q_L 的表达式为

$$Q_H = C_{wf}(T_3 - T_4) \tag{3.3.5}$$

$$Q_L = C_{wf}(T_2 - T_1) \tag{3.3.6}$$

3.3.2　供热率、供热系数、供热率密度、㶲效率及生态学目标函数解析关系

由式(3.3.1)、式(3.3.2)、式(3.3.5)和式(3.3.6)可得

$$T_2 = (1 - C_{L\min}E_{L1} / C_{wf})T_1 + C_{L\min}E_{L1}T_{L\text{in}} / C_{wf} \tag{3.3.7}$$

$$T_4 = (1 - C_{H\min}E_{H1} / C_{wf})T_3 + C_{H\min}E_{H1}T_{H\text{in}} / C_{wf} \tag{3.3.8}$$

循环的内不可逆性用压缩机和膨胀机效率 η_c、η_t 来表征[158]为

$$\eta_c = (T_{3s} - T_2) / (T_3 - T_2) \tag{3.3.9}$$

$$\eta_t = (T_4 - T_1) / (T_4 - T_{1s}) \tag{3.3.10}$$

由式(3.3.9)和式(3.3.10)可得

$$T_{1s} = [T_1 - (1 - \eta_t)T_4] / \eta_t \tag{3.3.11}$$

$$T_{3s} = \eta_c T_3 + (1 - \eta_t)T_2 \tag{3.3.12}$$

对内可逆循环有 $T_2 T_4 = T_{1s} T_{3s}$，定义压缩机内的工质等熵温比为

$$x = T_{3s} / T_2 = (P_3 / P_2)^m = \pi^m, x \geqslant 1 \tag{3.2.13}$$

式中，$m = (k-1)/k$，k 是工质的绝热指数；π 是压缩机的压比；P 是压力。由式(3.3.7)、式(3.3.8)和式(3.3.11)~式(3.3.13)可得

$$T_2 = \eta_c T_3 / (x + \eta_c - 1) \tag{3.3.14}$$

$$T_4 = T_1 / (\eta_t x^{-1} - \eta_t + 1) \tag{3.3.15}$$

联立式(3.3.1)、式(3.3.2)、式(3.3.5)、式(3.3.14)和式(3.3.15)可得出 T_1、T_3 的表达式为

$$
T_1 = \frac{\begin{aligned}&C_{\mathrm{wf}}\eta_{\mathrm{c}}C_{\mathrm{Hmin}}E_{\mathrm{H1}}T_{\mathrm{Hin}}(\eta_{\mathrm{t}}x^{-1}-\eta_{\mathrm{t}}+1)+C_{\mathrm{Lmin}}E_{\mathrm{L1}}T_{\mathrm{Lin}}(C_{\mathrm{wf}}\\&\quad-C_{\mathrm{Hmin}}E_{\mathrm{H1}})(x+\eta_{\mathrm{c}}-1)(\eta_{\mathrm{t}}x^{-1}-\eta_{\mathrm{t}}+1)\end{aligned}}{C_{\mathrm{wf}}^2\eta_{\mathrm{c}}-(C_{\mathrm{wf}}-C_{\mathrm{Hmin}}E_{\mathrm{H1}})(C_{\mathrm{wf}}-C_{\mathrm{Lmin}}E_{\mathrm{L1}})(x+\eta_{\mathrm{c}}-1)(\eta_{\mathrm{t}}x^{-1}-\eta_{\mathrm{t}}+1)}
$$

$$(3.3.16)$$

$$
T_3 = \frac{(x+\eta_{\mathrm{c}}-1)[C_{\mathrm{wf}}C_{\mathrm{Lmin}}E_{\mathrm{L1}}T_{\mathrm{Lin}}+C_{\mathrm{Hmin}}E_{\mathrm{H1}}T_{\mathrm{Hin}}(C_{\mathrm{wf}}-C_{\mathrm{Lmin}}E_{\mathrm{L1}})(\eta_{\mathrm{t}}x^{-1}-\eta_{\mathrm{t}}+1)]}{C_{\mathrm{wf}}^2\eta_{\mathrm{c}}-(C_{\mathrm{wf}}-C_{\mathrm{Hmin}}E_{\mathrm{H1}})(C_{\mathrm{wf}}-C_{\mathrm{Lmin}}E_{\mathrm{L1}})(x+\eta_{\mathrm{c}}-1)(\eta_{\mathrm{t}}x^{-1}-\eta_{\mathrm{t}}+1)}
$$

$$(3.3.17)$$

联立式 (3.3.1)、式 (3.3.2)、式 (3.3.16) 和式 (3.3.17) 可进一步求得 T_{Hout}、T_{Lout} 以及循环的供热率 Q_{H} 和供热系数 β 为

$$
T_{\mathrm{Hout}} = T_{\mathrm{Hin}} + \frac{\begin{aligned}&C_{\mathrm{wf}}C_{\mathrm{Hmin}}E_{\mathrm{H1}}\{C_{\mathrm{Lmin}}E_{\mathrm{L1}}T_{\mathrm{Lin}}(x+\eta_{\mathrm{c}}-1)-[\eta_{\mathrm{c}}C_{\mathrm{wf}}-(\eta_{\mathrm{t}}x^{-1}\\&\quad-\eta_{\mathrm{t}}+1)(C_{\mathrm{wf}}-C_{\mathrm{Lmin}}E_{\mathrm{L1}})(x+\eta_{\mathrm{c}}-1)]T_{\mathrm{Hin}}\}\end{aligned}}{\begin{aligned}&C_{\mathrm{H}}[C_{\mathrm{wf}}^2\eta_{\mathrm{c}}-(C_{\mathrm{wf}}-C_{\mathrm{Hmin}}E_{\mathrm{H1}})(C_{\mathrm{wf}}-C_{\mathrm{Lmin}}E_{\mathrm{L1}})(x\\&\quad+\eta_{\mathrm{c}}-1)(\eta_{\mathrm{t}}x^{-1}-\eta_{\mathrm{t}}+1)]\end{aligned}}
$$

$$(3.3.18)$$

$$
T_{\mathrm{Lout}} = T_{\mathrm{Lin}} - \frac{\begin{aligned}&C_{\mathrm{wf}}C_{\mathrm{Lmin}}E_{\mathrm{L1}}\{[\eta_{\mathrm{c}}C_{\mathrm{wf}}-(\eta_{\mathrm{t}}x^{-1}-\eta_{\mathrm{t}}+1)(C_{\mathrm{wf}}-C_{\mathrm{Hmin}}E_{\mathrm{H1}})(x\\&\quad+\eta_{\mathrm{c}}-1)]T_{\mathrm{Lin}}-\eta_{\mathrm{c}}C_{\mathrm{Hmin}}E_{\mathrm{H1}}T_{\mathrm{Hin}}(\eta_{\mathrm{t}}x^{-1}-\eta_{\mathrm{t}}+1)\}\end{aligned}}{\begin{aligned}&C_{\mathrm{L}}[C_{\mathrm{wf}}^2\eta_{\mathrm{c}}-(C_{\mathrm{wf}}-C_{\mathrm{Hmin}}E_{\mathrm{H1}})(C_{\mathrm{wf}}-C_{\mathrm{Lmin}}E_{\mathrm{L1}})(x\\&\quad+\eta_{\mathrm{c}}-1)(\eta_{\mathrm{t}}x^{-1}-\eta_{\mathrm{t}}+1)]\end{aligned}}
$$

$$(3.3.19)$$

$$
Q_{\mathrm{H}} = \frac{\begin{aligned}&C_{\mathrm{Hmin}}E_{\mathrm{H1}}C_{\mathrm{wf}}\{(x+\eta_{\mathrm{c}}-1)[C_{\mathrm{Lmin}}E_{\mathrm{L1}}T_{\mathrm{Lin}}+T_{\mathrm{Hin}}(C_{\mathrm{wf}}\\&\quad-C_{\mathrm{Lmin}}E_{\mathrm{L1}})(\eta_{\mathrm{t}}x^{-1}-\eta_{\mathrm{t}}+1)]-T_{\mathrm{Hin}}C_{\mathrm{wf}}\eta_{\mathrm{c}}\}\end{aligned}}{C_{\mathrm{wf}}^2\eta_{\mathrm{c}}-(C_{\mathrm{wf}}-C_{\mathrm{Hmin}}E_{\mathrm{H1}})(C_{\mathrm{wf}}-C_{\mathrm{Lmin}}E_{\mathrm{L1}})(x+\eta_{\mathrm{c}}-1)(\eta_{\mathrm{t}}x^{-1}-\eta_{\mathrm{t}}+1)}
$$

$$(3.3.20)$$

$$
1-\beta^{-1} = \frac{\begin{aligned}&C_{\mathrm{Lmin}}E_{\mathrm{L1}}\{[\eta_{\mathrm{c}}C_{\mathrm{wf}}-(\eta_{\mathrm{t}}x^{-1}-\eta_{\mathrm{t}}+1)(C_{\mathrm{wf}}-C_{\mathrm{Hmin}}E_{\mathrm{H1}})(x\\&\quad+\eta_{\mathrm{c}}-1)]T_{\mathrm{Lin}}-\eta_{\mathrm{c}}C_{\mathrm{Hmin}}E_{\mathrm{H1}}T_{\mathrm{Hin}}(\eta_{\mathrm{t}}x^{-1}-\eta_{\mathrm{t}}+1)\}\end{aligned}}{\begin{aligned}&C_{\mathrm{Hmin}}E_{\mathrm{H1}}\{(x+\eta_{\mathrm{c}}-1)[C_{\mathrm{Lmin}}E_{\mathrm{L1}}T_{\mathrm{Lin}}+T_{\mathrm{Hin}}(C_{\mathrm{wf}}\\&\quad-C_{\mathrm{Lmin}}E_{\mathrm{L1}})(\eta_{\mathrm{t}}x^{-1}-\eta_{\mathrm{t}}+1)]-T_{\mathrm{Hin}}C_{\mathrm{wf}}\eta_{\mathrm{c}}\}\end{aligned}}
$$

$$(3.3.21)$$

式 (3.3.21) 又可写成

$$
1-\beta^{-1}=\frac{\begin{array}{c}C_{\mathrm{Lmin}}E_{\mathrm{L1}}[\eta_{\mathrm{c}}C_{\mathrm{wf}}-(\eta_{\mathrm{t}}\pi^{-m}-\eta_{\mathrm{t}}+1)(C_{\mathrm{wf}}-C_{\mathrm{Hmin}}E_{\mathrm{H1}})(\pi^{m}\\+\eta_{\mathrm{c}}-1)-\eta_{\mathrm{c}}C_{\mathrm{Hmin}}E_{\mathrm{H1}}\tau_{3}(\eta_{\mathrm{t}}\pi^{-m}-\eta_{\mathrm{t}}+1)]\end{array}}{\begin{array}{c}C_{\mathrm{Hmin}}E_{\mathrm{H1}}\{(\pi^{m}+\eta_{\mathrm{c}}-1)[C_{\mathrm{Lmin}}E_{\mathrm{L1}}+\tau_{3}(C_{\mathrm{wf}}\\-C_{\mathrm{Lmin}}E_{\mathrm{L1}})(\eta_{\mathrm{t}}\pi^{-m}-\eta_{\mathrm{t}}+1)]-\tau_{3}C_{\mathrm{wf}}\eta_{\mathrm{c}}\}\end{array}} \tag{3.3.22}
$$

式中，$\tau_{3}=T_{\mathrm{Hin}}/T_{\mathrm{Lin}}$ 为高、低温热源的进口温比。

定义无因次供热率 $\bar{Q}_{\mathrm{H}}=Q_{\mathrm{H}}/(C_{\mathrm{H}}T_{\mathrm{Hin}})$，即

$$
\bar{Q}_{\mathrm{H}}=\frac{\begin{array}{c}C_{\mathrm{Hmin}}E_{\mathrm{H1}}C_{\mathrm{wf}}\{(\pi^{m}+\eta_{\mathrm{c}}-1)[C_{\mathrm{Lmin}}E_{\mathrm{L1}}/\tau_{3}+(C_{\mathrm{wf}}\\-C_{\mathrm{Lmin}}E_{\mathrm{L1}})(\eta_{\mathrm{t}}\pi^{-m}-\eta_{\mathrm{t}}+1)]-C_{\mathrm{wf}}\eta_{\mathrm{c}}\}\end{array}}{C_{\mathrm{wf}}^{2}C_{\mathrm{H}}\eta_{\mathrm{c}}-C_{\mathrm{H}}(C_{\mathrm{wf}}-C_{\mathrm{Hmin}}E_{\mathrm{H1}})(C_{\mathrm{wf}}-C_{\mathrm{Lmin}}E_{\mathrm{L1}})(\pi^{m}+\eta_{\mathrm{c}}-1)(\eta_{\mathrm{t}}\pi^{-m}-\eta_{\mathrm{t}}+1)} \tag{3.3.23}
$$

供热率密度定义为[129]：$q_{\mathrm{H}}=Q_{\mathrm{H}}/v_{2}$，其中，$v_{2}$ 为循环中工质的最大比容值，图 3.3.1 中的 2 点为最大比容点，则无因次供热率密度为

$$
\bar{q}_{\mathrm{H}}=\frac{q_{\mathrm{H}}}{(C_{\mathrm{H}}T_{\mathrm{Hin}}/v_{1})}=\bar{Q}_{\mathrm{H}}v_{1}/v_{2} \tag{3.3.24}
$$

对于定压过程，$v_{1}/v_{2}=T_{1}/T_{2}$，由式 (3.3.14)、式 (3.3.16) 和式 (3.3.23) 可得到无因次供热率密度表达式为

$$
\bar{q}_{\mathrm{H}}=\frac{\begin{array}{c}C_{\mathrm{Hmin}}E_{\mathrm{H1}}C_{\mathrm{wf}}\{(\pi^{m}+\eta_{\mathrm{c}}-1)[C_{\mathrm{Lmin}}E_{\mathrm{L1}}/\tau_{3}+(C_{\mathrm{wf}}-C_{\mathrm{Lmin}}E_{\mathrm{L1}})(\eta_{\mathrm{t}}\pi^{-m}-\eta_{\mathrm{t}}+1)]\\-C_{\mathrm{wf}}\eta_{\mathrm{c}}\}[C_{\mathrm{wf}}\eta_{\mathrm{c}}C_{\mathrm{Hmin}}E_{\mathrm{H1}}\tau_{3}(\eta_{\mathrm{t}}\pi^{-m}-\eta_{\mathrm{t}}+1)+C_{\mathrm{Lmin}}E_{\mathrm{L1}}(C_{\mathrm{wf}}\\-C_{\mathrm{Hmin}}E_{\mathrm{H1}})(\pi^{m}+\eta_{\mathrm{c}}-1)(\eta_{\mathrm{t}}\pi^{-m}-\eta_{\mathrm{t}}+1)]\end{array}}{\begin{array}{c}\eta_{\mathrm{c}}[C_{\mathrm{wf}}^{2}C_{\mathrm{H}}\eta_{\mathrm{c}}-C_{\mathrm{H}}(C_{\mathrm{wf}}-C_{\mathrm{Hmin}}E_{\mathrm{H1}})(C_{\mathrm{wf}}-C_{\mathrm{Lmin}}E_{\mathrm{L1}})(\pi^{m}+\eta_{\mathrm{c}}-1)(\eta_{\mathrm{t}}\pi^{-m}-\eta_{\mathrm{t}}\\+1)][C_{\mathrm{wf}}C_{\mathrm{Lmin}}E_{\mathrm{L1}}+C_{\mathrm{Hmin}}E_{\mathrm{H1}}\tau_{3}(C_{\mathrm{wf}}-C_{\mathrm{Lmin}}E_{\mathrm{L1}})(\eta_{\mathrm{t}}\pi^{-m}-\eta_{\mathrm{t}}+1)]\end{array}} \tag{3.3.25}
$$

根据式 (1.2.2) 及式 (1.2.3) 可分别得到循环的㶲输入率和㶲输出率为

$$
E_{\mathrm{in}}=Q_{\mathrm{H}}-Q_{\mathrm{L}} \tag{3.3.26}
$$

$$
E_{\mathrm{out}}=\int_{T_{\mathrm{Hin}}}^{T_{\mathrm{Hout}}}C_{\mathrm{H}}(1-T_{0}/T)\mathrm{d}T-\int_{T_{\mathrm{Lin}}}^{T_{\mathrm{Lout}}}C_{\mathrm{L}}(T_{0}/T-1)\mathrm{d}T=Q_{\mathrm{H}}-Q_{\mathrm{L}}-T_{0}\sigma \tag{3.3.27}
$$

式中，σ 为循环的熵产率，$\sigma = C_H \ln(T_{\text{Hout}}/T_{\text{Hin}}) + C_L \ln(T_{\text{Lout}}/T_{\text{Lin}})$。

根据㶲效率的定义式 (1.2.5) 及式 (3.3.1)、式 (3.3.2)、式 (3.3.7)、式 (3.3.8)、式 (3.3.26) 和式 (3.3.27) 即可得到该循环的㶲效率为

$$\eta_{\text{ex}} = 1 - \frac{[C_{\text{wf}}^2\eta_c - (C_{\text{wf}} - C_{\text{Hmin}}E_{\text{H1}})(C_{\text{wf}} - C_{\text{Lmin}}E_{\text{L1}})(x + \eta_c - 1)(\eta_t x^{-1} - \eta_t + 1)]T_0\sigma}{\begin{array}{l} C_{\text{wf}}C_{\text{Lmin}}E_{\text{L1}}\{C_{\text{wf}}[(x + \eta_c - 1)(\eta_t x^{-1} - \eta_t + 1) - \eta_c] - C_{\text{Hmin}}E_{\text{H1}}(x \\ + \eta_c - 1)(\eta_t x^{-1} - \eta_t)\}T_{\text{Lin}} + C_{\text{wf}}C_{\text{Hmin}}E_{\text{H1}}\{C_{\text{wf}}[(x + \eta_c - 1)(\eta_t x^{-1} \\ - \eta_t + 1) - \eta_c] - C_{\text{Lmin}}E_{\text{L1}}(x - 1)(\eta_t x^{-1} - \eta_t + 1)\}T_{\text{Hin}} \end{array}}$$

$$(3.3.28)$$

式中，

$$\sigma = C_H \ln\{1 + \frac{\begin{array}{l} C_{\text{wf}}C_{\text{Hmin}}E_{\text{H1}}[C_{\text{Lmin}}E_{\text{L1}}(x + \eta_c - 1)/\tau_3 - \eta_c C_{\text{wf}} \\ + (\eta_t x^{-1} - \eta_t + 1)(C_{\text{wf}} - C_{\text{Lmin}}E_{\text{L1}})(x + \eta_c - 1)] \end{array}}{\begin{array}{l} C_H[C_{\text{wf}}^2\eta_c - (C_{\text{wf}} - C_{\text{Hmin}}E_{\text{H1}})(C_{\text{wf}} - C_{\text{Lmin}}E_{\text{L1}})(x \\ + \eta_c - 1)(\eta_t x^{-1} - \eta_t + 1)] \end{array}}\}$$
$$+ C_L \ln\{1 - \frac{\begin{array}{l} C_{\text{wf}}C_{\text{Lmin}}E_{\text{L1}}\{\eta_c C_{\text{wf}} - (\eta_t x^{-1} - \eta_t + 1)(C_{\text{wf}} - C_{\text{Hmin}}E_{\text{H1}})(x \\ + \eta_c - 1) - \eta_c C_{\text{Hmin}}E_{\text{H1}}\tau_3(\eta_t x^{-1} - \eta_t + 1)\} \end{array}}{\begin{array}{l} C_L[C_{\text{wf}}^2\eta_c - (C_{\text{wf}} - C_{\text{Hmin}}E_{\text{H1}})(C_{\text{wf}} - C_{\text{Lmin}}E_{\text{L1}})(x \\ + \eta_c - 1)(\eta_t x^{-1} - \eta_t + 1)] \end{array}}\}$$

为便于比较分析，㶲效率又可写成

$$\eta_{\text{ex}} = 1 - \frac{[C_{\text{wf}}^2\eta_c - (C_{\text{wf}} - C_{\text{Hmin}}E_{\text{H1}})(C_{\text{wf}} - C_{\text{Lmin}}E_{\text{L1}})(\pi^m + \eta_c - 1)(\eta_t \pi^{-m} - \eta_t + 1)]\sigma}{\begin{array}{l} C_{\text{wf}}C_{\text{Lmin}}E_{\text{L1}}\tau_4\{C_{\text{wf}}[(\pi^m + \eta_c - 1)(\eta_t \pi^{-m} - \eta_t + 1) - \eta_c] - C_{\text{Hmin}}E_{\text{H1}}(\pi^m \\ + \eta_c - 1)(\eta_t \pi^{-m} - \eta_t)\}/\tau_3 + C_{\text{wf}}C_{\text{Hmin}}E_{\text{H1}}\tau_4\{C_{\text{wf}}[(\pi^m + \eta_c - 1)(\eta_t \pi^{-m} \\ - \eta_t + 1) - \eta_c] - C_{\text{Lmin}}E_{\text{L1}}(\pi^m - 1)(\eta_t \pi^{-m} - \eta_t + 1)\} \end{array}}$$

$$(3.3.29)$$

式中，$\tau_4 = T_{\text{Hin}}/T_0$ 为高温热源进口温度与外界环境温度之比。

联立式 (1.2.8)、式 (3.3.1)、式 (3.3.2)、式 (3.3.16)、式 (3.3.17)、式 (3.3.26) 以及式 (3.3.27) 可得该循环的生态学目标函数为

$$
\begin{aligned}
E = &\frac{\begin{aligned}&C_{wf}C_{Lmin}E_{L1}\{C_{wf}[(x+\eta_c-1)(\eta_t x^{-1}-\eta_t+1)-\eta_c]-C_{Hmin}E_{H1}(x\\&+\eta_c-1)(\eta_t x^{-1}-\eta_t)\}T_{Lin}+C_{wf}C_{Hmin}E_{H1}\{C_{wf}[(x+\eta_c-1)(\eta_t x^{-1}\\&-\eta_t+1)-\eta_c]-C_{Lmin}E_{L1}(x-1)(\eta_t x^{-1}-\eta_t+1)\}T_{Hin}\end{aligned}}{\begin{aligned}&C_{wf}^2\eta_c-(C_{wf}-C_{Hmin}E_{H1})(C_{wf}-C_{Lmin}E_{L1})(x+\eta_c\\&-1)(\eta_t x^{-1}-\eta_t+1)\end{aligned}}\\&-2T_0\sigma
\end{aligned}
$$

$$\tag{3.3.30}$$

为便于分析，将生态学目标函数写成无因次的形式为

$$
\overline{E}=E/(C_H T_{Hin})
$$

$$
\begin{aligned}
= &\frac{\begin{aligned}&C_{wf}C_{Lmin}E_{L1}\{C_{wf}[(\pi^m+\eta_c-1)(\eta_t\pi^{-m}-\eta_t+1)-\eta_c]-C_{Hmin}E_{H1}(\pi^m\\&+\eta_c-1)(\eta_t\pi^{-m}-\eta_t)\}/\tau_3+C_{wf}C_{Hmin}E_{H1}\{C_{wf}[(\pi^m+\eta_c-1)(\eta_t\pi^{-m}\\&-\eta_t+1)-\eta_c]-C_{Lmin}E_{L1}(\pi^m-1)(\eta_t\pi^{-m}-\eta_t+1)\}\end{aligned}}{\begin{aligned}&C_H[C_{wf}^2\eta_c-(C_{wf}-C_{Hmin}E_{H1})(C_{wf}-C_{Lmin}E_{L1})(\pi^m+\eta_c\\&-1)(\eta_t\pi^{-m}-\eta_t+1)]\end{aligned}}\\&-\frac{2\sigma}{\tau_4 C_H}
\end{aligned}
$$

$$\tag{3.3.31}$$

当 $C_L=C_H\to\infty$ 时，$C_{Lmin}=C_{Hmin}=C_{wf}$，该循环成为不可逆恒温热源循环，此时式(3.3.22)、式(3.3.23)、式(3.3.25)、式(3.3.29)和式(3.3.31)分别成为式(3.2.20)、式(3.2.21)、式(3.2.23)、式(3.3.27)和式(3.3.29)。而当压缩机和膨胀机中实现理想压缩和膨胀过程时，$\eta_c=\eta_t=1$，式(3.3.22)、式(3.3.23)、式(3.3.25)、式(3.3.29)和式(3.3.31)分别成为式(2.3.14)、式(2.3.16)、式(2.3.18)、式(2.3.22)和式(2.3.24)所示变温热源内可逆循环的结果。

3.3.3　供热率、供热系数分析与优化

式(3.3.22)和式(3.3.23)表明，当 τ_3 一定时，β 及 $\overline{Q}_H$ 与压比（π）、传热的不可逆性（E_{H1}、E_{L1}）、内不可逆性（η_c、η_t）以及工质和热源的热容率（C_{wf}、C_H、C_L）有关，因此，对循环性能的优化可从压比的选择、换热器传热的优化、工质和热源间热容率的匹配等方面进行。

3.3.3.1　最佳压比的选择

图 3.3.2 和图 3.3.3 分别给出了 $k=1.4$，$\eta_c=\eta_t=0.8$，$E_{H1}=E_{L1}=0.9$，$C_{wf}=0.8\,\mathrm{kW/K}$，$C_L=C_H=1.0\,\mathrm{kW/K}$ 时供热系数 β、无因次供热率 $\overline{Q}_H$ 与压比 π

的关系。由图可知，β 与 π 呈类抛物线关系，存在 $\pi_{\mathrm{opt},\beta}$ 使供热系数取得最大值 $\beta_{\max,\pi}$，而 $\bar{Q}_{\mathrm{H}}$ 与 π 呈单调递增关系，因此，β 与 $\bar{Q}_{\mathrm{H}}$ 呈抛物线关系。

从图 3.3.2 和图 3.3.3 还可看出，当 τ_3 提高时，β 和 $\beta_{\max,\pi}$ 及 $\bar{Q}_{\mathrm{H}}$ 均随之减小，并且供热系数为 1 和无因次供热率为零的压比值随热源温比 τ_3 的提高而增加。

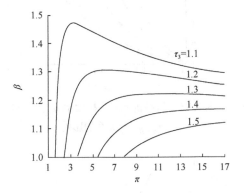

图 3.3.2　热源温比 τ_3 对 β-π 关系的影响　　　图 3.3.3　热源温比 τ_3 对 $\bar{Q}_{\mathrm{H}}$-π 关系的
　　　　　　　　　　　　　　　　　　　　　　　　　　　　　影响

图 3.3.4 给出了 E_{H1}、E_{L1} 对 $\pi_{\mathrm{opt},\beta}$ 与 τ_3 关系的影响图，其中，$k=1.4$，$\eta_{\mathrm{c}}=\eta_{\mathrm{t}}=0.8$，$C_{\mathrm{wf}}=0.8\mathrm{kW/K}$，$C_{\mathrm{L}}=C_{\mathrm{H}}=1.0\mathrm{kW/K}$，由图可见，$\pi_{\mathrm{opt},\beta}$ 与 τ_3 呈单调递增关系，且随着 E_{H1}、E_{L1} 的增加，$\pi_{\mathrm{opt},\beta}$ 降低。图 3.3.5 给出了 $k=1.4$，$E_{\mathrm{H1}}=E_{\mathrm{L1}}=0.9$，$C_{\mathrm{wf}}=0.8\mathrm{kW/K}$，$C_{\mathrm{L}}=C_{\mathrm{H}}=1.0\mathrm{kW/K}$ 时不同的压缩机和膨胀机效率 η_{c}、η_{t} 对最佳压比 $\pi_{\mathrm{opt},\beta}$ 与热源温比 τ_3 关系的影响。由图可知，随着压缩机和膨胀机效率的增加，最佳压比降低。

图 3.3.6 和图 3.3.7 分别给出了不同 η_{c}、η_{t} 下 $\bar{Q}_{\mathrm{H}}$、β 与 π 的关系图，其中，$k=1.4$，$E_{\mathrm{H1}}=E_{\mathrm{L1}}=0.9$，$\tau_3=1.25$，$C_{\mathrm{wf}}=0.8\mathrm{kW/K}$，$C_{\mathrm{L}}=C_{\mathrm{H}}=1.0\mathrm{kW/K}$ 时。由图 3.3.6 可知，$\bar{Q}_{\mathrm{H}}$ 随着 η_{c} 和 η_{t} 的增大而降低。图 3.3.7 中，$\eta_{\mathrm{c}}=\eta_{\mathrm{t}}=1$ 和 $\eta_{\mathrm{c}}=\eta_{\mathrm{t}}<1$ 分别对应内可逆循环与不可逆循环，从图 3.3.7 可以看出两种循环特性的区别，在 $\eta_{\mathrm{c}}=\eta_{\mathrm{t}}<1$ 时，随着 η_{c} 和 η_{t} 的增大，供热系数及 $\beta_{\max,\pi}$ 均增大。

对给定高、低温侧换热器热导率，也即给定有效度的情形，图 3.3.8 和图 3.3.9 分别给出了 E_{H1}、E_{L1} 对 $\bar{Q}_{\mathrm{H}}$、β 与 π 关系的影响图，其中 $k=1.4$，$\eta_{\mathrm{c}}=\eta_{\mathrm{t}}=0.8$，$\tau_3=1.25$，$C_{\mathrm{wf}}=0.8\mathrm{kW/K}$，$C_{\mathrm{L}}=C_{\mathrm{H}}=1.0\mathrm{kW/K}$，由图可见，$\bar{Q}_{\mathrm{H}}$、$\beta$ 均与 E_{H1}、E_{L1} 呈单调递增关系。

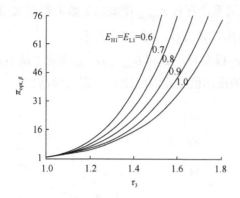

图 3.3.4　换热器有效度 E_{H1}、E_{L1} 对 $\pi_{opt,\beta}$ - τ_3 关系的影响

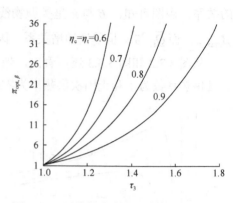

图 3.3.5　压缩机和膨胀机效率 η_c、η_t 对 $\pi_{opt,\beta}$ - τ_3 关系的影响

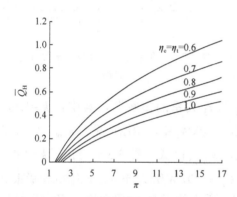

图 3.3.6　压缩机和膨胀机效率 η_c、η_t 对 $\bar{Q}_H$ - π 关系的影响

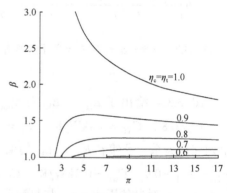

图 3.3.7　压缩机和膨胀机效率 η_c、η_t 对 β - π 关系的影响

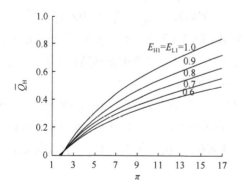

图 3.3.8　换热器有效度 E_{H1}、E_{L1} 对 $\bar{Q}_H$ - π 关系的影响

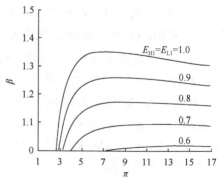

图 3.3.9　换热器有效度 E_{H1}、E_{L1} 对 β - π 关系的影响

3.3.3.2　热导率最优分配

对于热导率可选择的情形，在 $U_H + U_L = U_T$ 一定的条件下，令热导率分配 $u = U_L / U_T$，因此有：$U_L = uU_T$，$U_H = (1-u)U_T$。

图 3.3.10 和图 3.3.11 分别给出了 $\bar{Q}_H$、β 与 u 以及 π 的综合关系图，其中 $k = 1.4$，$\tau_3 = 1.25$，$C_{wf} = 0.8 \text{kW/K}$，$C_L = C_H = 1.0 \text{kW/K}$，$U_T = 5 \text{kW/K}$，$\eta_c = \eta_t = 0.8$。由图可知，当 u 一定时，$\bar{Q}_H$ 与 π 呈单调递增关系，而 β 与 π 呈类抛物线关系；而当 π 一定时，$\bar{Q}_H$ 和 β 与 u 均呈类抛物线关系，这意味着，分别存在一最佳热导率分配 $u_{opt,\bar{Q}_H}$、$u_{opt,\beta}$ 使得 $\bar{Q}_H$ 和 β 取得最大值 $\bar{Q}_{Hmax,u}$ 和 $\beta_{max,u}$。因此，同时存在一对 $\pi_{opt,\beta}$ 和 $u_{opt,\beta}$，使 β 取得双重最佳值 $\beta_{max,max}$。

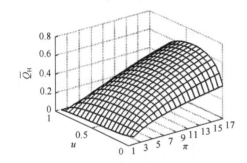 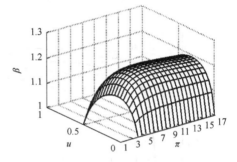

图 3.3.10　无因次供热率与热导率分配及压比 　图 3.3.11　供热系数与热导率分配及压比
的综合关系 　的综合关系

图 3.3.12 和图 3.3.13 分别给出了 C_{wf} 对 $u_{opt,\bar{Q}_H}$、$u_{opt,\beta}$ 与 π 关系的影响图，其中 $k = 1.4$，$U_T = 5 \text{kW/K}$，$\eta_c = \eta_t = 0.8$，$\tau_3 = 1.25$，$C_L = C_H = 1.0 \text{kW/K}$。由图可知，随着 C_{wf} 的增加，$u_{opt,\bar{Q}_H}$、$u_{opt,\beta}$ 均是下降的，而且当 π 较小时，$u_{opt,\bar{Q}_H}$、$u_{opt,\beta}$ 随着 π 的增大均递增明显，但是当 π 大于一定值后，$u_{opt,\bar{Q}_H}$、$u_{opt,\beta}$ 则几乎保持不变，并且 $u_{opt,\bar{Q}_H}$、$u_{opt,\beta}$ 的值始终小于 0.5。

图 3.3.14 和图 3.3.15 分别给出了 τ_3 对 $u_{opt,\bar{Q}_H}$、$u_{opt,\beta}$ 与 π 关系的影响图，其中 $k = 1.4$，$U_T = 5 \text{kW/K}$，$\eta_c = \eta_t = 0.8$，$C_{wf} = 0.8 \text{kW/K}$，$C_L = C_H = 1.0 \text{kW/K}$。由图可知，随着 τ_3 的增加，$u_{opt,\bar{Q}_H}$、$u_{opt,\beta}$ 均是下降的，而且当 π 较小时，$u_{opt,\bar{Q}_H}$、$u_{opt,\beta}$ 随着 π 的增大均递增明显，但是当 π 大于一定值后，$u_{opt,\bar{Q}_H}$、$u_{opt,\beta}$ 则几乎保持不变，并且 $u_{opt,\bar{Q}_H}$、$u_{opt,\beta}$ 的值始终小于 0.5。

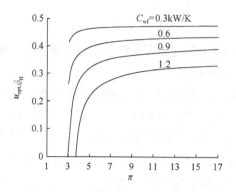

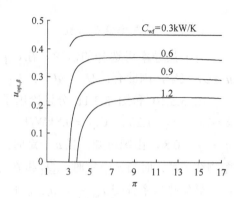

图 3.3.12　工质热容率 C_{wf} 对 $u_{opt,\bar{Q}_H}$ - π
　　　　关系的影响

图 3.3.13　工质热容率 C_{wf} 对 $u_{opt,\beta}$ - π
　　　　关系的影响

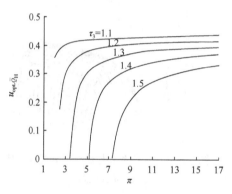

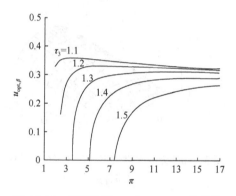

图 3.3.14　热源温比 τ_3 对 $u_{opt,\bar{Q}_H}$ - π 关系的
　　　　影响

图 3.3.15　热源温比 τ_3 对 $u_{opt,\beta}$ - π 关系的
　　　　影响

　　图 3.3.16 和图 3.3.17 分别给出了 $k=1.4$，$\tau_3=1.25$，$C_{wf}=0.8\text{kW/K}$，$C_L=C_H=1.0\text{kW/K}$，$\eta_c=\eta_t=0.8$ 时，U_T 对 $u_{opt,\bar{Q}_H}$、$u_{opt,\beta}$ 与 π 关系的影响。由图可见，$u_{opt,\bar{Q}_H}$、$u_{opt,\beta}$ 均随着总热导率的增大而增大，而且当 U_T 提高到一定值后再继续提高 U_T，它们的递增量均越来越小，它们的值始终小于 0.5。

　　图 3.3.18 和图 3.3.19 分别给出了 $k=1.4$，$\tau_3=1.25$，$C_{wf}=0.8\text{kW/K}$，$C_L=C_H=1.0\text{kW/K}$，$U_T=5\text{kW/K}$ 时压缩机和膨胀机效率 η_c、η_t 对最佳热导率分配 $u_{opt,\bar{Q}_H}$、$u_{opt,\beta}$ 与压比 π 关系的影响。由图可知，最佳热导率分配值 $u_{opt,\bar{Q}_H}$、$u_{opt,\beta}$ 均随着压缩机和膨胀机效率的增大而增大，图 3.3.18 中，$\eta_c=\eta_t=1$ 即为内可逆循环，此时，$u_{opt,\bar{Q}_H}$ 恒为 0.5，而 β 与 u 无关。由图还可看出，当 π 较小时，$u_{opt,\bar{Q}_H}$、$u_{opt,\beta}$ 随着 π 的增大均递增明显，当 π 大于一定值后，$u_{opt,\bar{Q}_H}$、$u_{opt,\beta}$ 则

几乎保持不变，并且 $u_{\mathrm{opt},\bar{Q}_H}$、$u_{\mathrm{opt},\beta}$ 的值始终小于 0.5。

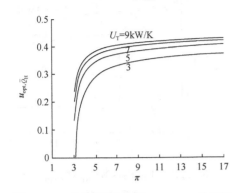

图 3.3.16　总热导率 U_T 对 $u_{\mathrm{opt},\bar{Q}_H}$-$\pi$ 关系的
影响

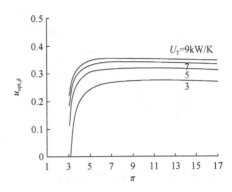

图 3.3.17　总热导率 U_T 对 $u_{\mathrm{opt},\beta}$-π 关系的
影响

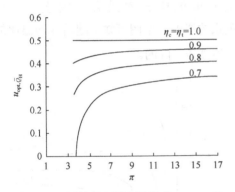

图 3.3.18　压缩机和膨胀机效率 η_c、η_t 对
$u_{\mathrm{opt},\bar{Q}_H}$-$\pi$ 关系的影响

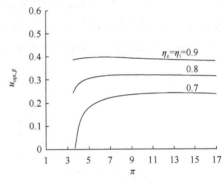

图 3.3.19　压缩机和膨胀机效率 η_c、η_t 对
$u_{\mathrm{opt},\beta}$-π 关系的影响

　　图 3.3.20 和图 3.3.21 分别给出了 $k=1.4$，$U_T=5\mathrm{kW/K}$，$\eta_c=\eta_t=0.99$，$\tau_3=1.25$，$C_L=C_H=1.0\mathrm{kW/K}$ 时工质热容率 C_{wf} 对 $\bar{Q}_{H\max,u}$、$\beta_{\max,u}$ 与 π 关系的影响。由图可见，$\bar{Q}_{H\max,u}$ 随着 π 的增大而增大，在一定 π 条件下，随着 C_{wf} 的增大，$\bar{Q}_{H\max,u}$ 是先增大后减小，因此可以通过选择不同热容率的工质来进一步优化循环的性能。而最大供热系数 $\beta_{\max,u}$ 与压比呈类抛物线关系，当 $\pi<\pi_{\mathrm{opt},\beta}$ 时，$\beta_{\max,u}$ 随着压比的增大快速增加；当 $\pi=\pi_{\mathrm{opt},\beta}$ 时，$\beta_{\max,u}=\beta_{\max,\max}$；当 $\pi>\pi_{\mathrm{opt},\beta}$ 时，$\beta_{\max,u}$ 随着压比的增大缓慢降低。由图还可知，随着工质热容率的增加，最大供热系数下降。

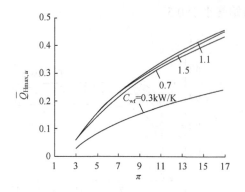

图 3.3.20　工质热容率 C_{wf} 对 $\bar{Q}_{Hmax,u}$ - π　　　　图 3.3.21　工质热容率 C_{wf} 对 $\beta_{max,u}$ - π
　　　　　关系的影响　　　　　　　　　　　　　　关系的影响

图 3.3.22 和图 3.3.23 分别给出了 $k=1.4$，$U_T=5\text{kW/K}$，$\eta_c=\eta_t=0.8$，$C_{wf}=0.8\text{kW/K}$，$C_L=C_H=1.0\text{kW/K}$ 时热源温比 τ_3 对最大无因次供热率 $\bar{Q}_{Hmax,u}$、最大供热系数 $\beta_{max,u}$ 与压比 π 关系的影响。由图可知，随着热源温比的增加，最大无因次供热率和最大供热系数都总是下降的。

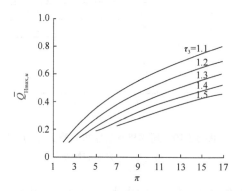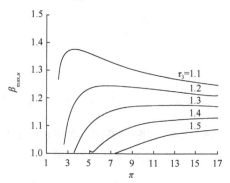

图 3.3.22　热源温比 τ_3 对 $\bar{Q}_{Hmax,u}$ - π 关系　　　图 3.3.23　热源温比 τ_3 对 $\beta_{max,u}$ - π 关系
　　　　　的影响　　　　　　　　　　　　　　　　的影响

图 3.3.24 和图 3.3.25 分别给出了 $k=1.4$，$\tau_3=1.25$，$C_{wf}=0.8\text{kW/K}$，$C_L=C_H=1.0\text{kW/K}$，$\eta_c=\eta_t=0.8$ 时总热导率 U_T 对最大无因次供热率 $\bar{Q}_{Hmax,u}$、最大供热系数 $\beta_{max,u}$ 与压比 π 关系的影响。由图可知，$\bar{Q}_{Hmax,u}$ 和 $\beta_{max,u}$ 均随着 U_T 的增大而增大，而且当 U_T 增大到一定值后，如果再继续提高 U_T，$\bar{Q}_{Hmax,u}$ 和 $\beta_{max,u}$ 的递增量均越来越小。

图 3.3.26 和图 3.3.27 分别给出了 $k=1.4$，$\tau_3=1.25$，$C_{wf}=0.8\text{kW/K}$，$C_L=C_H=1.0\text{kW/K}$，$U_T=5\text{kW/K}$ 时压缩机和膨胀机效率 η_c、η_t 对最大无因次

供热率 $\bar{Q}_{\mathrm{Hmax},u}$、最大供热系数 $\beta_{\mathrm{max},u}$ 与压比 π 关系的影响。图 3.3.26 中，$\eta_{\mathrm{c}} = \eta_{\mathrm{t}} = 1$ 为内可逆循环，此时，β 与 u 无关，故图 3.3.27 中，没有 $\eta_{\mathrm{c}} = \eta_{\mathrm{t}} = 1$ 时的曲线。由图可知，$\bar{Q}_{\mathrm{Hmax},u}$ 随着 η_{c}、η_{t} 的增大而减小，$\beta_{\mathrm{max},u}$ 随着 η_{c}、η_{t} 的增大而增大。

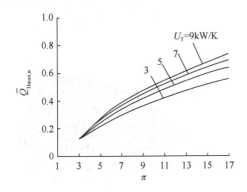

图 3.3.24　总热导率 U_{T} 对 $\bar{Q}_{\mathrm{Hmax},u}$-$\pi$ 关系的影响　　　图 3.3.25　总热导率 U_{T} 对 $\beta_{\mathrm{max},u}$-π 关系的影响

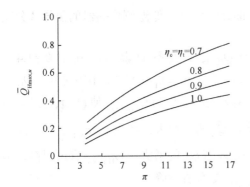
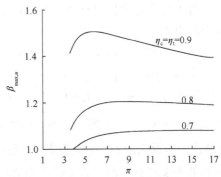

图 3.3.26　压缩机和膨胀机效率 η_{c}、η_{t} 对 $\bar{Q}_{\mathrm{Hmax},u}$-$\pi$ 关系的影响　　　图 3.3.27　压缩机和膨胀机效率 η_{c}、η_{t} 对 $\beta_{\mathrm{max},u}$-π 关系的影响

3.3.3.3　工质与热源间的热容率最优匹配

从图 3.3.20 中可看出，循环工质的热容率值 C_{wf} 对最大无因次供热率 $\bar{Q}_{\mathrm{Hmax},u}$ 有非常重要的影响。在 $C_{\mathrm{L}}/C_{\mathrm{H}}$ 一定的条件下，工质和热源间热容率匹配为：$c = C_{\mathrm{wf}}/C_{\mathrm{H}}$。

图 3.3.28 给出了无因次供热率 $\bar{Q}_{\mathrm{H}}$ 与压比 π 以及 c 的综合关系图，其中 $k=1.4$，$C_{\mathrm{L}} = 1.0\mathrm{kW/K}$，$C_{\mathrm{L}}/C_{\mathrm{H}}=1$，$u=0.5$，$\tau_3 = 1.25$，$U_{\mathrm{T}} = 5\mathrm{kW/K}$，$\eta_{\mathrm{c}} = \eta_{\mathrm{t}} = 0.99$。

图 3.3.29 给出了无因次供热率 $\bar{Q}_H$ 与热导率分配 u 以及 c 的综合关系，其中 $k=1.4$，$C_L=1.0\text{kW/K}$，$C_L/C_H=1$，$\pi=5$，$\tau_3=1.25$，$U_T=5\text{kW/K}$，$\eta_c=\eta_t=0.99$。由图可知，当 c 一定时，$\bar{Q}_H$ 与 u 呈类抛物线关系，当 u 一定时，在 η_c、η_t 一定取值范围内，$\bar{Q}_H$ 与 c 也呈类抛物线关系，故同时有一对 $u_{\text{opt},\bar{Q}_H}$ 和 $c_{\text{opt},\bar{Q}_H}$，使 $\bar{Q}_H$ 取得双重最佳值 $\bar{Q}_{H\text{max,max}}$。

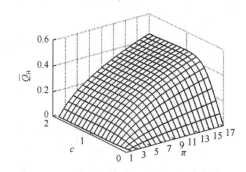
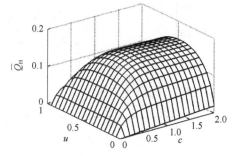

图 3.3.28　无因次供热率与压比以及热源与工　　图 3.3.29　无因次供热率与热导率分配以
质热容率匹配综合关系　　　　　　　及热源与工质热容率匹配综合关系

为了与其他优化目标进行比较，下面计算中高、低温侧换热器的热导率分配取为 $u=0.5$。

图 3.3.30 给出了总热导率 U_T 对 $\bar{Q}_H$ 与 c 关系的影响，其中 $k=1.4$，$C_L=1.0\text{kW/K}$，$C_L/C_H=1$，$\pi=5$，$\tau_3=1.25$，$\eta_c=\eta_t=0.99$。由图可知，$\bar{Q}_H$ 与 c 呈类抛物线关系，存在最佳的工质和热源间热容率匹配 $c_{\text{opt},\bar{Q}_H}$ 使 $\bar{Q}_H$ 取得最大值 $\bar{Q}_{H\text{max},c}$，当 $c \leqslant c_{\text{opt},\bar{Q}_H}$ 时，随着 c 的增大，$\bar{Q}_H$ 明显增大，而当 $c > c_{\text{opt},\bar{Q}_H}$ 时，随着 c 的进一步增大，$\bar{Q}_H$ 有少量减小，另外，随着 U_T 的增大，$\bar{Q}_{H\text{max},c}$ 有所提高，但递增量越来越小，相应的最优匹配值 $c_{\text{opt},\bar{Q}_H}$ 却有所下降。

图 3.3.31 给出了 $k=1.4$，$C_L=1.0\text{kW/K}$，$C_L/C_H=1$，$\pi=5$，$U_T=5\text{kW/K}$，$\tau_3=1.25$ 时，不同的 η_c、η_t 下，无因次供热率 $\bar{Q}_H$ 与 c 的关系。由图可知，当 η_c、η_t 小于一定值时（如图中的 $\eta_c=\eta_t\leqslant0.96$ 时），$\bar{Q}_H$ 随 c 单调递增，这是由于 $\bar{Q}_H$ 随着 η_c 和 η_t 的减小而增大，此时，η_c 和 η_t 对 $\bar{Q}_H$ 的影响大于 c 对 $\bar{Q}_H$ 的影响；当 $\eta_c=\eta_t=1.0$ 时，不可逆循环成为内可逆循环，且此时当 $C_L/C_H=1$ 时，$c_{\text{opt},\bar{Q}_H}=1$，这与 2.3.3.2 节中所述相符。

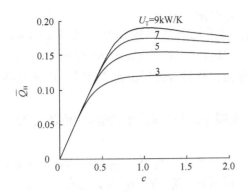

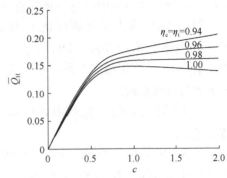

图 3.3.30　总热导率 $\bar{Q}_H$ 对 $\bar{Q}_H$ - c 关系的影响　　图 3.3.31　压缩机和膨胀机效率 η_c、η_t 对 $\bar{Q}_H$ - c 关系的影响

图 3.3.32 给出了高温和低温热源热容率之比 C_L/C_H 对 $\bar{Q}_H$ 与 c 关系的影响，其中 $k=1.4$，$C_L=1.0\mathrm{kW/K}$，$U_T=5\mathrm{kW/K}$，$\pi=5$，$\tau_3=1.25$，$\eta_c=\eta_t=0.99$。由图可知，在 C_L/C_H 取一定值的情况下，当 $C_L/C_H\leqslant1$ 时，$c_{\mathrm{opt},\bar{Q}_H}\leqslant1$，而当 $C_L/C_H>1$ 时，$c_{\mathrm{opt},\bar{Q}_H}>1$；随着 C_L/C_H 的增大，$\bar{Q}_{\mathrm{Hmax},c}$ 和 $c_{\mathrm{opt},\bar{Q}_H}$ 单调递增。

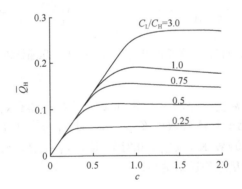

图 3.3.32　热源热容率之比 C_L/C_H 对 $\bar{Q}_H$ - c 关系的影响

3.3.4　供热率密度分析与优化

3.3.4.1　各参数的影响分析

式(3.3.25)表明，当 τ_3 一定时，$\bar{q}_H$ 与传热不可逆性（E_{H1}、E_{L1}）、内不可逆性（η_c、η_t）、压比（π）以及工质和热源的热容率（C_{wf}、C_H、C_L）有关。因此，利用供热率密度对循环性能进行优化时，可以从压比的选择、换热器传热的优化、工质和热源间热容率的匹配等方面进行。依据式(3.3.3)和式(3.3.4)，对换热器传

热进行优化，需要考虑优化换热器的热导率分配。

图 3.3.33 给出了热源温比 τ_3 对 $\overline{q}_H$ 与压比 π 关系的影响，其中 $k=1.4$，$\eta_c=\eta_t=0.8$，$E_{H1}=E_{L1}=0.9$，$C_{wf}=0.8\text{kW/K}$，$C_L=C_H=1.0\text{kW/K}$。由图可知，$\overline{q}_H$ 与 π 呈单调递增关系，在以 $\overline{q}_H$ 作为优化目标进行压比选择时，应该兼顾供热率与供热系数。

图 3.3.33 还表明，$\overline{q}_H$ 随着 τ_3 的增大而减小，并且 $\overline{q}_H$ 为零的压比值随 τ_3 的提高而增加。

图 3.3.34 给出了不同的压缩机和膨胀机效率 η_c、η_t 下，$\overline{q}_H$ 与压比 π 的关系，其中 $k=1.4$，$E_{H1}=E_{L1}=0.9$，$\tau_3=1.25$。由图可知，$\overline{q}_H$ 随着 η_c 和 η_t 的增大而降低。

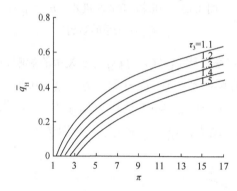 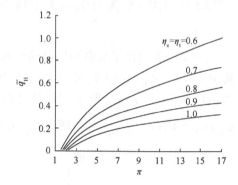

图 3.3.33　热源温比 τ_3 对 $\overline{q}_H$-π 关系的影响　　图 3.3.34　压缩机和膨胀机效率 η_c、η_t 对 $\overline{q}_H$-π 关系的影响

对给定高温和低温侧换热器热导率，也即给定换热器有效度的情形，图 3.3.35 给出了高温和低温侧换热器有效度 E_{H1}、E_{L1} 对 $\overline{q}_H$ 与压比 π 关系的影响，其中 $k=1.4$，$C_L=C_H=1.0\text{kW/K}$，$C_{wf}=0.8\text{kW/K}$，$\tau_3=1.25$，$\eta_c=\eta_t=0.8$。由图可知，$\overline{q}_H$ 与 E_{H1} 和 E_{L1} 呈单调递增关系。

3.3.4.2　热导率最优分配

对于热导率可选择的情形，在 $U_H+U_L=U_T$ 一定的条件下，令换热器的热导率分配为 $u=U_L/U_T$，因此有：$U_L=uU_T$，$U_H=(1-u)U_T$。

图 3.3.36 给出了 $k=1.4$，$\tau_3=1.25$，$C_L=C_H=1.0\text{kW/K}$，$C_{wf}=0.8\text{kW/K}$，$U_T=5\text{kW/K}$，$\eta_c=\eta_t=0.8$ 时 $\overline{q}_H$ 与 u 以及压比 π 的综合关系。图 3.3.37 给出了 $\overline{q}_H$ 与压比 π 间的关系图，其中 $k=1.4$，$C_L=C_H=1.0\text{kW/K}$，$C_{wf}=0.8\text{kW/K}$，$\tau_3=1.25$，$U_T=5\text{kW/K}$，$\eta_c=\eta_t=0.8$。由图可知，$\overline{q}_H$ 随压比升高而增大，而对热导率分配 u 存在极值。

图 3.3.38 给出了不同压比 π 下的 $\overline{q}_H$ 与热导率分配 u 间的关系图，其中 $k=1.4$，

$C_L = C_H = 1.0\text{kW/K}$，$C_{wf} = 0.8\text{kW/K}$，$\tau_3 = 1.25$，$U_T = 5\text{kW/K}$，$\eta_c = \eta_t = 0.8$。由图可知，$\overline{q}_H$ 与热导率分配呈类抛物线关系，这意味着，每一确定的压比都对应着一个最佳热导率分配值 $u_{\text{opt},\overline{q}_H}$，使得 $\overline{q}_H$ 取得最大值 $\overline{q}_{\text{Hmax},u}$，当 π 变化时，便可得到 $u_{\text{opt},\overline{q}_H}$ 与压比的关系。

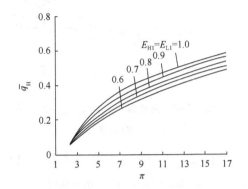

图 3.3.35　换热器有效度 E_{H1}、E_{L1} 对 $\overline{q}_H$ - π 关系的影响

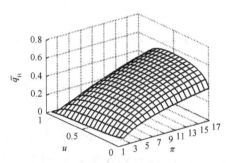

图 3.3.36　无因次供热率密度与热导率分配及压比的综合关系

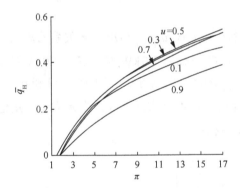

图 3.3.37　热导率分配 u 对 $\overline{q}_H$ - π 关系的影响

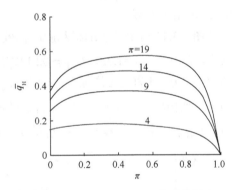

图 3.3.38　压比 π 对 $\overline{q}_H$ - π 关系的影响

图 3.3.39 给出了不同工质热容率 C_{wf} 下的 $u_{\text{opt},\overline{q}_H}$ 与压比 π 间的关系图，其中 $k = 1.4$，$U_T = 20\text{kW/K}$，$C_L = C_H = 1.0\text{kW/K}$，$\tau_3 = 1.25$，$\eta_c = \eta_t = 0.95$，该图说明，$u_{\text{opt},\overline{q}_H}$ 随着压比的增加而增加，当 π 较小时，$u_{\text{opt},\overline{q}_H}$ 随着 C_{wf} 的增大而无规律变化，当 π 超过一定值后，$u_{\text{opt},\overline{q}_H}$ 转变为随着 C_{wf} 的增大而下降。

图 3.3.40 给出了不同热源温比 τ_3 下的 $u_{\text{opt},\overline{q}_H}$ 与压比 π 间的关系图，其中 $k = 1.4$，$C_{wf} = 0.8\text{kW/K}$，$C_L = C_H = 1.0\text{kW/K}$，$U_T = 20\text{kW/K}$，$\eta_c = \eta_t = 0.95$，该图说明，当 τ_3 增加时，$u_{\text{opt},\overline{q}_H}$ 下降。

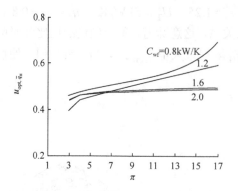

图 3.3.39　工质热容率 C_{wf} 对 $u_{opt,\bar{q}_H}$ - π 关系
的影响　　　　　　　　　图 3.3.40　热源温比 τ_3 对 $u_{opt,\bar{q}_H}$ - π 关系
的影响

图 3.3.41 给出了不同总热导率 U_T 下的 $u_{opt,\bar{q}_H}$ 与压比 π 间的关系图，其中 $k=1.4$，$C_{wf}=0.5\text{kW/K}$，$\tau_3=1.25$，$C_L=C_H=1.0\text{kW/K}$，$\eta_c=\eta_t=0.95$。该图说明，当 π 较小时，$u_{opt,\bar{q}_H}$ 随 U_T 增大而增大，而且当 U_T 增大到一定值后，如果再继续增大 U_T，$u_{opt,\bar{q}_H}$ 的递增量越来越小，当 π 大于一定值后，$u_{opt,\bar{q}_H}$ 则转变为随 U_T 的增大而减小。

图 3.3.42 给出了压缩机和膨胀机效率 η_c、η_t 对 $u_{opt,\bar{q}_H}$ 与压比 π 关系的影响，其中，$k=1.4$，$\tau_3=1.25$，$C_{wf}=0.5\text{kW/K}$，$C_L=C_H=1.0\text{kW/K}$，$U_T=20\text{kW/K}$，图中 $\eta_c=\eta_t=1$ 为内可逆循环，此时，$u_{opt,\bar{q}_H}\geqslant0.5$，由图可知，对于 $\eta_c<1$ 和 $\eta_t<1$ 的不可逆循环，当 π 较小时，$u_{opt,\bar{q}_H}$ 随着 η_c、η_t 的增大而增大，当 π 大于一定值后，$u_{opt,\bar{q}_H}$ 则转变为随着 η_c、η_t 的增大而减小。

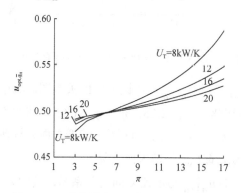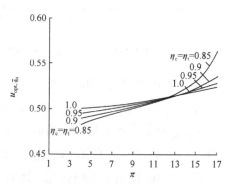

图 3.3.41　总热导率 U_T 对 $u_{opt,\bar{q}_H}$ - π 关系的
影响　　　　　　　　　图 3.3.42　压缩机和膨胀机效率 η_c、η_t 对
$u_{opt,\bar{q}_H}$ - π 关系的影响

图 3.3.43 给出了不同工质热容率 C_{wf} 下的 $\bar{q}_{Hmax,u}$ 与压比 π 的关系图，其中

$k=1.4$，$U_T=20\text{kW/K}$，$\tau_3=1.25$，$C_L=C_H=1.0\text{kW/K}$，$\eta_c=\eta_t=0.99$。由图可知，在一定 π 条件下，随着 C_{wf} 的增大，$\overline{q}_{Hmax,u}$ 是先增大后减小，因此可以通过选择不同热容率的工质来进一步优化供热率密度，这与供热率优化时的情形相似。

图 3.3.44 给出了不同 τ_3 下的 $\overline{q}_{Hmax,u}$ 与压比 π 的关系图，其中 $k=1.4$，$C_L=C_H=1.0\text{kW/K}$，$C_{wf}=0.8\text{kW/K}$，$U_T=20\text{kW/K}$，$\eta_c=\eta_t=0.95$。该图说明，$\overline{q}_{Hmax,u}$ 随着 τ_3 的增大而减小。

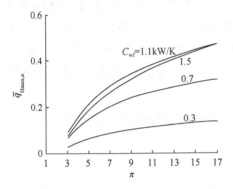

图 3.3.43　工质热容率 C_{wf} 对 $\overline{q}_{Hmax,u}$ - π 关系的影响　　图 3.3.44　热源温比 τ_3 对 $\overline{q}_{Hmax,u}$ - π 关系的影响

图 3.3.45 给出了总热导率 U_T 对 $\overline{q}_{Hmax,u}$ 与压比 π 关系的影响，其中 $k=1.4$，$C_{wf}=0.8\text{kW/K}$，$\tau_3=1.25$，$C_L=C_H=1.0\text{kW/K}$，$\eta_c=\eta_t=0.95$。由图可知，$\overline{q}_{Hmax,u}$ 随着 U_T 的增大而减小，但其变化不大。

图 3.3.46 给出了压缩机和膨胀机效率 η_c、η_t 对 $\overline{q}_{Hmax,u}$ 与压比 π 关系的影响，其中 $k=1.4$，$\tau_1=1.25$，$C_{wf}=0.5\text{kW/K}$，$U_T=20\text{kW/K}$，图中，$\eta_c=\eta_t=1$ 为内可逆循环，由图可知，$\overline{q}_{Hmax,u}$ 随着 η_c 和 η_t 的增大而减小。

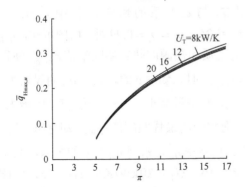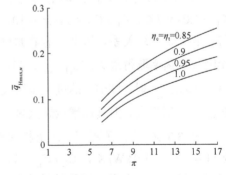

图 3.3.45　总热导率 U_T 对 $\overline{q}_{Hmax,u}$ - π 关系的影响　　图 3.3.46　压缩机和膨胀机效率 η_c、η_t 对 $\overline{q}_{Hmax,u}$ - π 关系的影响

3.3.4.3　工质与热源间的热容率最优匹配

从图 3.3.43 中可看出，循环工质的热容率值 C_{wf} 对 $\bar{q}_{Hmax,u}$ 有重要的影响。在 C_L / C_H 一定的条件下，工质和热源间热容率匹配为：$c = C_{wf}/C_H$。

图 3.3.47 给出了 $k=1.4$，$C_L = 1.0$kW/K，$C_L/C_H=1$，$u=0.5$，$\tau_3=1.25$，$U_T = 20$kW/K，$\eta_c = \eta_t = 0.95$ 时 $\bar{q}_H$ 与压比 π 以及 c 的综合关系图，图 3.3.48 给出了无因次供热率密度 $\bar{q}_H$ 与 u 以及 c 的综合关系图，其中 $k=1.4$，$C_L = 1.0$kW/K，$C_L/C_H=1$，$\pi=5$，$\tau_3=1.25$，$U_T = 20$kW/K，$\eta_c = \eta_t = 0.95$。由图可知，当 c 一定时，$\bar{q}_H$ 与 u 呈类抛物线关系，当 u 一定时，在 η_c、η_t 一定取值范围内，$\bar{q}_H$ 与 c 也呈类抛物线关系，因此，同时有一对 $u_{opt,\bar{q}_H}$ 和 $c_{opt,\bar{q}_H}$，使 $\bar{q}_H$ 取得双重最佳值 $\bar{q}_{Hmax,max}$。

为了与其他优化目标进行比较，下面计算中高温和低温侧换热器的热导率分配均取为 $u=0.5$。

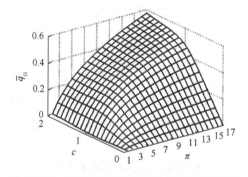
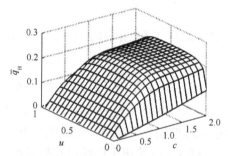

图 3.3.47　无因次供热率密度与压比以及热源
与工质热容率匹配综合关系

图 3.3.48　无因次供热率密度与热导率分
配以及热源与工质热容率匹配综合关系

图 3.3.49 给出了总热导率 U_T 对 $\bar{q}_H$ 与 c 关系的影响，其中 $k=1.4$，$C_L = 1.0$kW/K，$C_L/C_H=1$，$\pi=10$，$\tau_3=1.25$，$\eta_c = \eta_t = 0.99$ 时。由图可知，$\bar{q}_H$ 与 c 呈类抛物线关系，因此，存在最佳的工质和热源间热容率匹配值 $c_{opt,\bar{q}_H}$ 使得无因次供热率取得最大值 $\bar{q}_{Hmax,c}$，当 $c \leqslant c_{opt,\bar{q}_H}$ 时，随着 c 的增大，$\bar{q}_H$ 明显增大，而当 $c > c_{opt,\bar{q}_H}$ 时，随着 c 的进一步增大，$\bar{q}_H$ 有少量减小；另外，随着 U_T 的增大，$\bar{q}_{Hmax,c}$ 有所提高，但其递增量越来越小，而相应的最优匹配值 $c_{opt,\bar{q}_H}$ 却有所下降。

图 3.3.50 给出了不同的压缩机和膨胀机效率 η_c、η_t 下 $\bar{q}_H$ 与 c 的关系，其中 $k=1.4$，$C_L = 1.0$kW/K，$C_L/C_H=1$，$\pi=10$，$U_T = 20$kW/K，$\tau_3=1.25$，由图可知，在 η_c、η_t 小于一定值时(如图中的 $\eta_c = \eta_t \leqslant 0.96$)时，$\bar{q}_H$ 随 c 单调递增，这是由于 $\bar{q}_H$ 随着 η_c 和 η_t 的减小而增大，此时，η_c 和 η_t 对 $\bar{q}_H$ 的影响大于 c 对 $\bar{q}_H$ 的

影响；在 η_c、η_t 大于一定值时，$\overline{q}_H$ 存在最大值，相应的最优匹配值 $c_{\mathrm{opt},\overline{q}_H}$ 随 η_c、η_t 的增加而减小；当 $\eta_c = \eta_t = 1.0$ 时，不可逆循环成为内可逆循环，且此时当 $C_L / C_H = 1$ 时，$c_{\mathrm{opt},\overline{q}_H} \geqslant 1$，这与 2.3.4.2 节中所述相符。

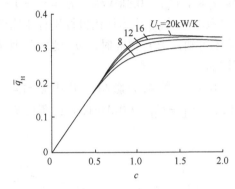
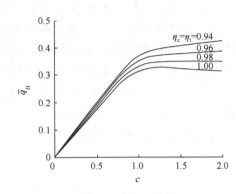

图 3.3.49　总热导率 U_T 对 $\overline{q}_H$-c 关系的影响　　图 3.3.50　压缩机和膨胀机效率 η_c、η_t 对 $\overline{q}_H$-c 关系的影响

　　图 3.3.51 给出了高、低温热源热容率之比 C_L / C_H 对 $\overline{q}_H$ 与 c 关系的影响，其中 $k=1.4$，$C_L = 1.0\mathrm{kW/K}$，$U_T = 20\mathrm{kW/K}$，$\pi = 10$，$\tau_3 = 1.25$，$\eta_c = \eta_t = 0.99$。由图可知，随着 C_L / C_H 的增大，$\overline{q}_{\mathrm{Hmax},c}$ 和 $c_{\mathrm{opt},\overline{q}_H}$ 单调递增。

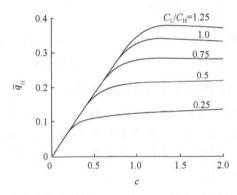

图 3.3.51　热源热容率之比 C_L / C_H 对 $\overline{q}_H$-c 关系的影响

3.3.5　㶲效率分析与优化

3.3.5.1　各参数的影响分析

式 (3.3.29) 表明，当 τ_3 以及 τ_4 一定时，η_{ex} 与传热不可逆性（E_{H1}、E_{L1}）、内不可逆性（η_c、η_t）、压比（π）以及工质和热源的热容率（C_{wf}、C_H、C_L）有关。

因此，利用五种优化目标对循环性能进行优化时，都可以从压比的选择、换热器传热的优化、工质和热源间热容率的匹配等方面进行。

图 3.3.52 给出了高、低温热源的进口温比 τ_3 对 η_{ex} 与压比 π 关系的影响，其中 $k=1.4$，$E_{H1}=E_{L1}=0.9$，$C_L=C_H=1.0\mathrm{kW/K}$，$C_{wf}=0.8\mathrm{kW/K}$，$\eta_c=\eta_t=0.8$，$\tau_4=1$。从该图可知，η_{ex} 与 π 呈单调递增关系，在以 η_{ex} 作为优化目标进行压比选择时，应兼顾供热率与供热系数。从该图还可知，当 τ_3 提高时，η_{ex} 随之单调减小，并且 η_{ex} 为零的压比值随 τ_3 的提高而增加。

图 3.3.53 给出了 τ_4 对㶲效率 η_{ex} 与压比 π 关系的影响，其中 $k=1.4$，$E_{H1}=E_{L1}=0.9$，$C_{wf}=0.8\mathrm{kW/K}$，$\tau_3=1.25$，$C_L=C_H=1.0\mathrm{kW/K}$。由图可知，当 τ_4 提高时，η_{ex} 随之单调增加。

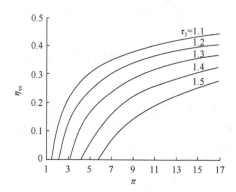

图 3.3.52　热源进口温度之比 τ_3 对 η_{ex}-π 　　图 3.3.53　高温热源进口温度与外界环境
　　　　　关系的影响　　　　　　　　　　　温度之比 τ_4 对 η_{ex}-π 关系的影响

图 3.3.54 给出了不同的压缩机和膨胀机效率 η_c、η_t 下 η_{ex} 与压比 π 的关系图，其中 $k=1.4$，$E_{H1}=E_{L1}=0.9$，$\tau_3=1.25$，$\tau_4=1$，$C_{wf}=0.8\mathrm{kW/K}$，$C_L=C_H=1.0\mathrm{kW/K}$。由图可知，$\eta_c=\eta_t=1$ 即为内可逆循环，$\eta_c=\eta_t=1$ 和 $\eta_c=\eta_t<1$ 循环特性曲线的定性区别，也即内可逆与不可逆循环性能的区别，在 $\eta_c=\eta_t<1$ 时，η_{ex} 随着 η_c 和 η_t 的增大而增大。

对给定高温和低温侧换热器热导率，也即给定高温和低温侧换热器有效度的情形，图 3.3.55 给出了 E_{H1}、E_{L1} 对㶲效率 η_{ex} 与压比 π 关系的影响，其中 $k=1.4$，$C_{wf}=0.8\mathrm{kW/K}$，$\tau_3=1.25$，$C_L=C_H=1.0\mathrm{kW/K}$，$\tau_4=1$，$\eta_c=\eta_t=0.8$。从该图可知，当压比一定时，增大 E_{H1}、E_{L1}，循环的 η_{ex} 单调增加。

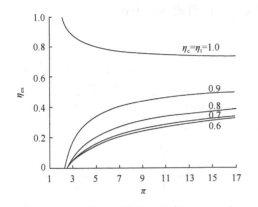

图 3.3.54　压缩机和膨胀机效率 η_{c}、η_{t} 对 η_{ex} - π 关系的影响

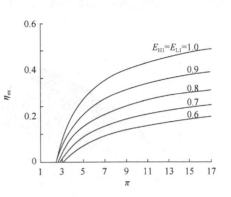

图 3.3.55　换热器有效度 E_{H1}、E_{L1} 对 η_{ex} - π 关系的影响

3.3.5.2　热导率最优分配

对于热导率可选择的情形，在 $U_{\mathrm{H}} + U_{\mathrm{L}} = U_{\mathrm{T}}$ 一定的条件下，令换热器的热导率分配为 $u = U_{\mathrm{L}} / U_{\mathrm{T}}$，因此有：$U_{\mathrm{L}} = u U_{\mathrm{T}}$，$U_{\mathrm{H}} = (1-u)U_{\mathrm{T}}$。由式 (3.3.3)、式 (3.3.4) 以及式 (3.3.29) 可知，当 τ_3、τ_4、C_{H}、C_{L} 以及 C_{wf} 确定时，循环的㶲效率 η_{ex} 与 u 和压比 π 等有关。

图 3.3.56 给出了㶲效率 η_{ex} 与 u 及压比 π 的综合关系图，其中 $k = 1.4$，$C_{\mathrm{L}} = C_{\mathrm{H}} = 1.0\mathrm{kW/K}$，$C_{\mathrm{wf}} = 0.8\mathrm{kW/K}$，$\tau_3 = 1.25$，$\tau_4 = 1$，$U_{\mathrm{T}} = 5\mathrm{kW/K}$，$\eta_{\mathrm{c}} = \eta_{\mathrm{t}} = 0.8$。由图可知，当 π 一定时，η_{ex} 与 u 呈类抛物线关系，即有一个最佳热导率分配使 η_{ex} 取得最大值。

图 3.3.57 给出了工质热容率 C_{wf} 对 $u_{\mathrm{opt},\eta_{\mathrm{ex}}}$ 与压比 π 关系的影响，其中 $k = 1.4$，$U_{\mathrm{T}} = 5\mathrm{kW/K}$，$\eta_{\mathrm{c}} = \eta_{\mathrm{t}} = 0.95$，$\tau_3 = 1.25$，$\tau_4 = 1$，$C_{\mathrm{L}} = C_{\mathrm{H}} = 1.0\mathrm{kW/K}$。由图可知，随着 C_{wf} 的增加，$u_{\mathrm{opt},\eta_{\mathrm{ex}}}$ 总是下降的，而且当 π 较小时，$u_{\mathrm{opt},\eta_{\mathrm{ex}}}$ 随着 π 的增大递增明显，当 π 大于一定值后，$u_{\mathrm{opt},\eta_{\mathrm{ex}}}$ 则几乎保持不变，而且 $u_{\mathrm{opt},\eta_{\mathrm{ex}}}$ 的值始终小于 0.5。

图 3.3.58 给出了热源温比 τ_3 对 $u_{\mathrm{opt},\eta_{\mathrm{ex}}}$ 与压比 π 关系的影响，其中 $k = 1.4$，$U_{\mathrm{T}} = 5\mathrm{kW/K}$，$C_{\mathrm{wf}} = 0.8\mathrm{kW/K}$，$C_{\mathrm{L}} = C_{\mathrm{H}} = 1.0\mathrm{kW/K}$，$\eta_{\mathrm{c}} = \eta_{\mathrm{t}} = 0.95$，$\tau_4 = 1$。由图可知，$u_{\mathrm{opt},\eta_{\mathrm{ex}}}$ 随着 τ_3 的增加而下降，而且当 π 较小时，$u_{\mathrm{opt},\eta_{\mathrm{ex}}}$ 随着 π 的增大递增明显，当 π 大于一定值后，$u_{\mathrm{opt},\eta_{\mathrm{ex}}}$ 则几乎保持不变，而且 $u_{\mathrm{opt},\eta_{\mathrm{ex}}}$ 的值始终小于 0.5。

图 3.3.59 给出了总热导率 U_{T} 对 $u_{\mathrm{opt},\eta_{\mathrm{ex}}}$ 与压比 π 关系的影响，其中 $k = 1.4$，$\tau_3 = 1.25$，$C_{\mathrm{wf}} = 0.8\mathrm{kW/K}$，$C_{\mathrm{L}} = C_{\mathrm{H}} = 1.0\mathrm{kW/K}$，$\tau_4 = 1$，$\eta_{\mathrm{c}} = \eta_{\mathrm{t}} = 0.95$。由图可知，$u_{\mathrm{opt},\eta_{\mathrm{ex}}}$ 随着 U_{T} 的增大而增大，而且当 U_{T} 增大到一定值后，如果再继续提高 U_{T}

值，$u_{\mathrm{opt},\eta_{\mathrm{ex}}}$ 的递增量却越来越小，而且 $u_{\mathrm{opt},\eta_{\mathrm{ex}}}$ 的值始终小于 0.5。

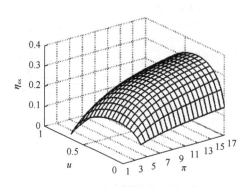

图 3.3.56　㶲效率与热导率分配及压比的综合关系

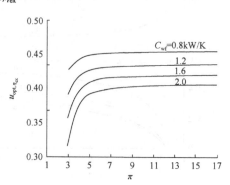

图 3.3.57　工质热容率 C_{wf} 对 $u_{\mathrm{opt},\eta_{\mathrm{ex}}}$ - π 关系的影响

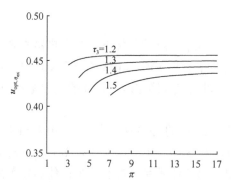

图 3.3.58　热源温比 τ_3 对 $u_{\mathrm{opt},\eta_{\mathrm{ex}}}$ - π 关系的影响

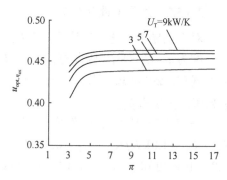

图 3.3.59　总热导率 U_{T} 对 $u_{\mathrm{opt},\eta_{\mathrm{ex}}}$ - π 关系的影响

　　图 3.3.60 给出了压缩机和膨胀机效率 η_{c}、η_{t} 对 $u_{\mathrm{opt},\eta_{\mathrm{ex}}}$ 与压比 π 关系的影响，其中 $k=1.4$，$\tau_3=1.25$，$\tau_4=1$，$C_{\mathrm{wf}}=0.8\mathrm{kW/K}$，$C_{\mathrm{L}}=C_{\mathrm{H}}=1.0\mathrm{kW/K}$，$U_{\mathrm{T}}=5\mathrm{kW/K}$。由图可知，$u_{\mathrm{opt},\eta_{\mathrm{ex}}}$ 随着 η_{c}、η_{t} 的增大而增大，当 π 较小时，$u_{\mathrm{opt},\eta_{\mathrm{ex}}}$ 随着 π 的增大递增明显，当 π 大于一定值后，$u_{\mathrm{opt},\eta_{\mathrm{ex}}}$ 的值却几乎保持不变，而且 $u_{\mathrm{opt},\eta_{\mathrm{ex}}}$ 的值始终小于 0.5。

　　分析式 (3.3.29) 可知，τ_4 对最佳热导率分配 $u_{\mathrm{opt},\eta_{\mathrm{ex}}}$ 无影响，即 $u_{\mathrm{opt},\eta_{\mathrm{ex}}}$ 不随 τ_4 的变化而变化。

　　图 3.3.61 给出了工质热容率 C_{wf} 对 $\eta_{\mathrm{exmax},u}$ 与压比 π 关系的影响，其中 $k=1.4$，$U_{\mathrm{T}}=5\mathrm{kW/K}$，$\eta_{\mathrm{c}}=\eta_{\mathrm{t}}=0.95$，$\tau_3=1.25$，$\tau_4=1$，$C_{\mathrm{L}}=C_{\mathrm{H}}=1.0\mathrm{kW/K}$。由图可知，在一定 π 条件下，随着 C_{wf} 的增大，$\eta_{\mathrm{exmax},u}$ 先增大后减小。

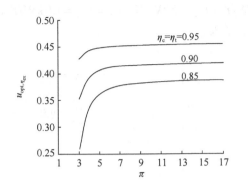

图 3.3.60　压缩机和膨胀机效率 η_c、η_t 对 $u_{opt,\eta_{ex}}$-π 关系的影响

图 3.3.61　工质热容率 C_{wf} 对 $\eta_{exmax,u}$-π 关系的影响

图 3.3.62 给出了热源温比 τ_3 对 $\eta_{exmax,u}$ 与压比 π 关系的影响，其中 $k=1.4$，$U_T=5kW/K$，$C_{wf}=0.8kW/K$，$C_L=C_H=1.0kW/K$，$\eta_c=\eta_t=0.95$，$\tau_4=1$。由图可知，$\eta_{exmax,u}$ 随着 τ_3 的提高而减小。

图 3.3.63 给出了 τ_4 对最大㶲效率 $\eta_{exmax,u}$ 与压比 π 关系的影响，其中 $k=1.4$，$U_T=5kW/K$，$C_{wf}=0.8kW/K$，$C_L=C_H=1.0kW/K$，$\eta_c=\eta_t=0.95$，$\tau_3=1.25$。由图可知，$\eta_{exmax,u}$ 随着 τ_4 的增大而增大。

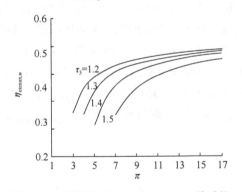

图 3.3.62　热源温比 τ_3 对 $\eta_{exmax,u}$-π 关系的影响

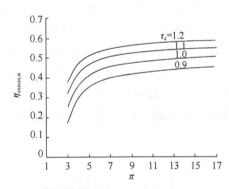

图 3.3.63　高温热源与外界环境温度之比 τ_4 对 $\eta_{exmax,u}$-π 关系的影响

图 3.3.64 给出了热导率 U_T 对 $\eta_{exmax,u}$ 与压比 π 关系的影响，其中 $k=1.4$，$\tau_3=1.25$，$\tau_4=1$，$C_{wf}=0.8kW/K$，$\eta_c=\eta_t=0.95$，$C_L=C_H=1.0kW/K$。由图可知，$\eta_{exmax,u}$ 随着 U_T 的增大而增大，且当 U_T 增大到一定值后，如果再继续提高 U_T，$\eta_{exmax,u}$ 的递增量越来越小。

图 3.3.65 给出了压缩机和膨胀机效率 η_c、η_t 对 $\eta_{exmax,u}$ 与压比 π 关系的影响，

其中 $k=1.4$，$\tau_3=1.25$，$\tau_4=1$，$C_{wf}=0.8\text{kW/K}$，$U_T=5\text{kW/K}$，$C_L=C_H=1.0\text{kW/K}$。由图可知，$\eta_{\text{exmax},u}$ 随着 η_c、η_t 的增大而增大。

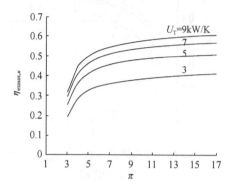

图 3.3.64　总热导率 U_T 对 $\eta_{\text{exmax},u}$-π 关系的影响　　图 3.3.65　压缩机和膨胀机效率 η_c、η_t 对 $\eta_{\text{exmax},u}$-π 关系的影响

3.3.5.3　工质与热源间的热容率最优匹配

从图 3.3.61 中可知，热容率值 C_{wf} 对 $\eta_{\text{exmax},u}$ 有着重要的影响。在 C_L/C_H 一定的条件下，工质和热源间热容率匹配为：$c=C_{wf}/C_H$。

图 3.3.66 给出了 $k=1.4$，$C_L=1.0\text{kW/K}$，$C_L/C_H=1$，$u=0.5$，$\tau_3=1.25$，$\tau_4=1$，$U_T=5\text{kW/K}$，$\eta_c=\eta_t=0.8$ 时㶲效率 η_{ex} 与压比 π 以及 c 的综合关系图，图 3.3.67 给出了㶲效率 η_{ex} 与 u 以及 c 的综合关系，其中 $k=1.4$，$C_L=1.0\text{kW/K}$，$C_L/C_H=1$，$\tau_4=1$，$\tau_3=1.25$，$\pi=5$，$U_T=5\text{kW/K}$，$\eta_c=\eta_t=0.8$。由图可知，当 c 一定时，η_{ex} 与 u 呈类抛物线关系，当 u 一定时，在 η_c、η_t 的一定取值范围内，η_{ex} 与 c 也呈类抛物线关系，故同时有一对 $u_{opt,\eta_{ex}}$ 和 $c_{opt,\eta_{ex}}$，使 η_{ex} 取得双重最佳值 $\eta_{\text{exmax,max}}$。

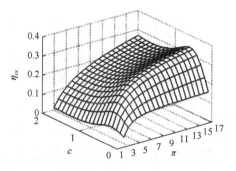
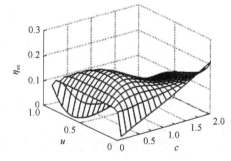

图 3.3.66　㶲效率与压比以及热源与工质热容率匹配综合关系　　图 3.3.67　㶲效率与热导率分配以及热源与工质热容率匹配综合关系

为了与其他优化目标进行比较，下面计算中高温和低温侧换热器的热导率分配取为：$u=0.5$。

图 3.3.68 给出了总热导率 U_T 对 η_{ex} 与 c 关系的影响，其中 $k=1.4$，$C_L=1.0\text{kW/K}$，$C_L/C_H=1$，$\pi=5$，$\tau_3=1.25$，$\tau_4=1$，$\eta_c=\eta_t=0.8$。由图可知，η_{ex} 除受 c 变化的影响外，还会受到 η_c、η_t 取值的影响，当 $\eta_c=\eta_t=0.8$ 时，η_{ex} 随着 c 的变化分两阶段，第一阶段：η_{ex} 随着 c 的增大先增大后减小，这是因为在此阶段中，c 的变化是由 η_{ex} 与 c 呈类抛物线关系所决定的，此时有最佳的工质和热源间热容率匹配 $c_{opt,\eta_{ex}}$ 使㶲效率 η_{ex} 取得最大值 $\eta_{exmax,c}$，且随着 U_T 的增大，$\eta_{exmax,c}$ 有所提高，但 $\eta_{exmax,c}$ 递增量却越来越小，相应的 $c_{opt,\eta_{ex}}$ 也有所提高，但 $c_{opt,\eta_{ex}}$ 的值始终小于 1；第二阶段：η_{ex} 随着 c 的继续增大而增大，这是因为在此阶段中，$\eta_c=\eta_t=0.8$ 对 η_{ex} 的影响作用超过了 c 变化对 η_{ex} 的影响，$\eta_c=\eta_t=0.8$ 使 η_{ex} 随着 c 的继续增大而增大。

图 3.3.69 给出了不同 η_c、η_t 下㶲效率 η_{ex} 与 c 的关系图，其中 $k=1.4$，$C_L=1.0\text{kW/K}$，$C_L/C_H=1$，$\pi=5$，$U_T=5\text{kW/K}$，$\tau_3=1.25$，$\tau_4=1$。由图可知，当 $\eta_c=\eta_t\geqslant0.6$，$\eta_{ex}$ 随着 c 的变化分两阶段，同图 3.3.68 相似，第一阶段：η_{ex} 与 c 呈类抛物线关系，此时有 $c_{opt,\eta_{ex}}$ 使 η_{ex} 取得最大值 $\eta_{exmax,c}$，且随 η_c 和 η_t 的增大，$\eta_{exmax,c}$ 及相应的 $c_{opt,\eta_{ex}}$ 均随之增加，但 $c_{opt,\eta_{ex}}$ 始终小于 1，第二阶段：η_{ex} 随着 c 的继续增大而增大；在 $\eta_c=\eta_t\leqslant0.5$ 时，η_{ex} 随着 c 单调递增，这是由于 $\eta_c=\eta_t\leqslant0.5$ 对 η_{ex} 的影响作用超过了 c 变化对 η_{ex} 的影响，而使 η_{ex} 没有出现随着 c 的增加而减小的阶段，故 η_{ex} 随着 c 的增大一直在增大；当 $\eta_c=\eta_t=1.0$ 时，不可逆循环成为内可逆循环，$c_{opt,\eta_{ex}}=1$，这与 2.3.5.2 节中所述相符。

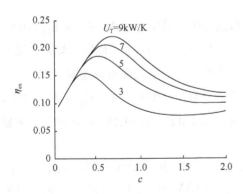

图 3.3.68　总热导率 U_T 对 η_{ex}-c 关系的影响

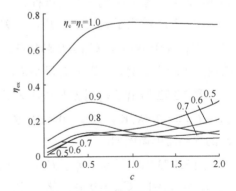

图 3.3.69　压缩机和膨胀机效率 η_c、η_t 对 η_{ex}-c 关系的影响

图 3.3.70 给出了 C_L/C_H 对 η_{ex} 与 c 的影响，其中 $k=1.4$，$C_L=1.0\text{kW/K}$，

$U_T = 5\text{kW/K}$，$\pi = 5$，$\tau_3 = 1.25$，$\tau_4 = 1$，$\eta_c = \eta_t = 0.8$。由图可知，η_{ex} 随着 c 的变化分两阶段，第一阶段：η_{ex} 与 c 呈类抛物线关系，此时有 $c_{\text{opt},\eta_{ex}}$ 使 η_{ex} 取得最大值 $\eta_{\text{exmax},c}$，且随着 C_L / C_H 的增大，$\eta_{\text{exmax},c}$ 和相应的 $c_{\text{opt},\eta_{ex}}$ 均单调递增，而且 $c_{\text{opt},\eta_{ex}}$ 始终小于 1；第二阶段：η_{ex} 随着 c 的继续增大而增大。

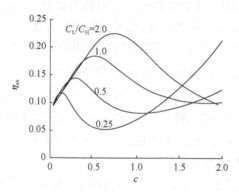

图 3.3.70　热源热容率之比 C_L / C_H 对 η_{ex} - c 关系的影响

3.3.6　生态学目标函数分析与优化

3.3.6.1　各参数的影响分析

式(3.3.31)表明，当 τ_3 以及 τ_4 一定时，$\overline{E}$ 与传热不可逆性（E_{H1}、E_{L1}）、压比（π）以及工质和热源的热容率（C_{wf}、C_H、C_L）有关。因此，利用无因次生态学目标函数对循环性能进行优化时，可以从压比的选择、换热器传热的优化、工质和热源间热容率的匹配等方面进行。

图 3.3.71 给出了 τ_3 对 $\overline{E}$ 与压比 π 关系的影响，其中 $k=1.4$，$E_{H1} = E_{L1} = 0.9$，$C_L = C_H = 1.0\text{kW/K}$，$C_{wf} = 0.8\text{kW/K}$，$\tau_4 = 1$，$\eta_c = \eta_t = 0.8$。由图可知，$\overline{E}$ 随 π 的增大先减小后增大，即 $\overline{E}$ 有最小值，且 $\overline{E}$ 随着 τ_3 的增大而单调递减。

图 3.3.72 给出了 τ_4 对 $\overline{E}$ 与压比 π 关系的影响，其中 $k=1.4$，$E_{H1} = E_{L1} = 0.9$，$C_L = C_H = 1.0\text{kW/K}$，$C_{wf} = 0.8\text{kW/K}$，$\eta_c = \eta_t = 0.8$，$\tau_3 = 1.25$。由图可知，$\overline{E}$ 随 τ_4 的提高而单调增加。

图 3.3.73 给出了 η_c、η_t 下 $\overline{E}$ 与压比 π 的关系图，其中 $k=1.4$，$E_{H1} = E_{L1} = 0.9$，$\tau_3 = 1.25$，$\tau_4 = 1$，$C_{wf} = 0.8\text{kW/K}$，$C_L = C_H = 1.0\text{kW/K}$。由图可知，$\eta_c = \eta_t = 1$ 即为内可逆循环，$\eta_c = \eta_t = 1$ 和 $\eta_c = \eta_t < 1$ 循环特性曲线的定性区别，也即内可逆与不可逆循环性能的区别，在 $\eta_c = \eta_t < 1$ 时，$\overline{E}$ 随着 η_c 和 η_t 的增大而增大，$\overline{E}$ 对 π 存在最小值，这是与内可逆空气热泵循环最大的区别。

对给定高温和低温侧换热器热导率，也即给定高温和低温侧换热器有效度的情形，图 3.3.74 给出了 $\overline{E}$ 与压比 π 的关系图，其中 $k=1.4$，$C_{\mathrm{wf}}=0.8\mathrm{kW/K}$，$\tau_3=1.25$，$C_{\mathrm{L}}=C_{\mathrm{H}}=1.0\mathrm{kW/K}$，$\tau_4=1$，$\eta_{\mathrm{c}}=\eta_{\mathrm{t}}=0.8$。由图可知，$\overline{E}$ 随着 E_{H1}、E_{L1} 的增大而单调递增。

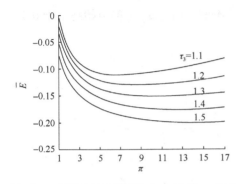

图 3.3.71　热源进口温度之比 τ_3 对 $\overline{E}$-π 关系的影响

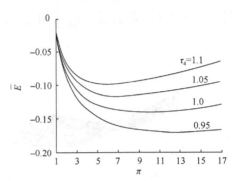

图 3.3.72　高温热源进口温度与外界环境温度之比 τ_4 对 $\overline{E}$-π 关系的影响

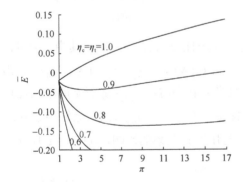

图 3.3.73　压缩机和膨胀机效率 η_{c}、η_{t} 对 $\overline{E}$-π 关系的影响

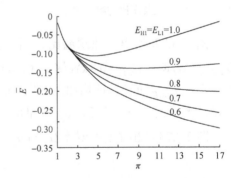

图 3.3.74　换热器有效度 E_{H1}、E_{L1} 对 $\overline{E}$-π 关系的影响

3.3.6.2　热导率最优分配

对于热导率可选择的情形，在 $U_{\mathrm{H}}+U_{\mathrm{L}}=U_{\mathrm{T}}$ 一定的条件下，令换热器的热导率分配为 $u=U_{\mathrm{L}}/U_{\mathrm{T}}$，因此有：$U_{\mathrm{L}}=uU_{\mathrm{T}}$，$U_{\mathrm{H}}=(1-u)U_{\mathrm{T}}$。由式(3.3.3)、式(3.3.4)以及式(3.3.31)可知，当 τ_3、τ_4、C_{H}、C_{L} 以及 C_{wf} 确定时，$\overline{E}$ 与 u 等有关。

图 3.3.75 给出了 $\overline{E}$ 与 u 及压比 π 的综合关系图，其中 $k=1.4$，$C_{\mathrm{L}}=C_{\mathrm{H}}=1.0\mathrm{kW/K}$，$C_{\mathrm{wf}}=0.8\mathrm{kW/K}$，$\tau_3=1.25$，$\tau_4=1$，$\eta_{\mathrm{c}}=\eta_{\mathrm{t}}=0.8$，$U_{\mathrm{T}}=5\mathrm{kW/K}$。由图可知，当 π 一定时，有一最佳热导率分配 $u_{\mathrm{opt},\overline{E}}$ 使得 $\overline{E}$ 取得最

大值 $\bar{E}_{\max,u}$。

图 3.3.76 给出了工质热容率 C_{wf} 对 $u_{\mathrm{opt},\bar{E}}$ 与压比 π 关系的影响，其中 $k=1.4$，$U_T=5\mathrm{kW/K}$，$\eta_c=\eta_t=0.8$，$\tau_3=1.25$，$\tau_4=1$，$C_L=C_H=1.0\mathrm{kW/K}$。由图可知，随着 $\bar{E}$ 的增加，$u_{\mathrm{opt},\bar{E}}$ 总是下降的，而且当 π 较小时，$u_{\mathrm{opt},\bar{E}}$ 随着 π 的增大递增明显，当 π 大于一定值后，$u_{\mathrm{opt},\bar{E}}$ 则几乎保持不变，而且 $u_{\mathrm{opt},\bar{E}}$ 的值始终小于 0.5。

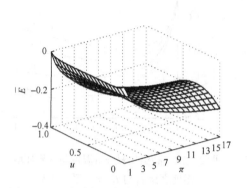

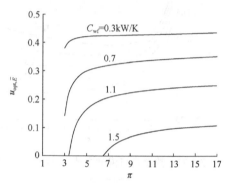

图 3.3.75　无因次生态学目标函数与热导率分　　图 3.3.76　工质热容率 C_{wf} 对 $u_{\mathrm{opt},\bar{E}}$-π 关
配及压比的综合关系　　　　　　　　　系的影响

图 3.3.77 给出了热源温比 τ_3 对 $u_{\mathrm{opt},\bar{E}}$ 与压比 π 关系的影响，其中 $k=1.4$，$U_T=5\mathrm{kW/K}$，$C_{wf}=0.8\mathrm{kW/K}$，$C_L=C_H=1.0\mathrm{kW/K}$，$\eta_c=\eta_t=0.9$，$\tau_4=1$。由图可知，$u_{\mathrm{opt},\bar{E}}$ 随着 τ_3 的增加而下降，而且当 π 较小时，$u_{\mathrm{opt},\bar{E}}$ 随着 π 的增大递增明显，当 π 大于一定值后，$u_{\mathrm{opt},\bar{E}}$ 却几乎保持不变，而且 $u_{\mathrm{opt},\bar{E}}$ 的值始终小于 0.5。

图 3.3.78 给出了总热导率 U_T 对 $u_{\mathrm{opt},\bar{E}}$ 与压比 π 关系的影响，其中 $k=1.4$，$\tau_3=$

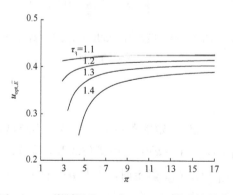

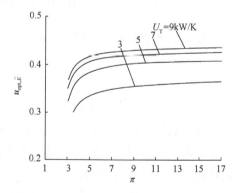

图 3.3.77　热源温比 τ_3 对 $u_{\mathrm{opt},\bar{E}}$-π 关系的影响　　图 3.3.78　总热导率 U_T 对 $u_{\mathrm{opt},\bar{E}}$-π 关系的
影响

1.25，$C_{wf}=0.8\text{kW/K}$，$C_L=C_H=1.0\text{kW/K}$，$\tau_4=1$，$\eta_c=\eta_t=0.9$。由图可知，$u_{\text{opt},\bar{E}}$ 随着 U_T 的增大而增大，而且当 U_T 增大到一定值后，如果再继续增大 U_T 的值，$u_{\text{opt},\bar{E}}$ 的递增量却越来越小，而且 $u_{\text{opt},\bar{E}}$ 的值始终小于 0.5。

图 3.3.79 给出了 η_c、η_t 对 $u_{\text{opt},\bar{E}}$ 与压比 π 关系的影响，其中 $k=1.4$，$\tau_3=1.25$，$\tau_4=1$，$C_{wf}=0.8\text{kW/K}$，$C_L=C_H=1.0\text{kW/K}$，$U_T=5\text{kW/K}$。由图可知，$u_{\text{opt},\bar{E}}$ 随着 η_c、η_t 的增大而增大，当 π 较小时，$u_{\text{opt},\bar{E}}$ 随着 π 的增大递增明显，当 π 大于一定值后，$u_{\text{opt},\bar{E}}$ 的值却几乎保持不变，而且 $u_{\text{opt},\bar{E}}$ 的值始终小于 0.5。

分析式(3.3.31)可知，τ_4 对 $u_{\text{opt},\eta_{\text{ex}}}$ 无影响，即 $u_{\text{opt},\bar{E}}$ 不随 τ_4 的变化而变化。

图 3.3.80 给出了 C_{wf} 对 $\bar{E}_{\max,u}$ 与压比 π 关系的影响，其中 $k=1.4$，$U_T=5\text{kW/K}$，$\eta_c=\eta_t=0.99$，$\tau_3=1.25$，$\tau_4=1$，$C_L=C_H=1.0\text{kW/K}$。由图可知，$\bar{E}_{\max,u}$ 随着 C_{wf} 的增大先增大后减小。

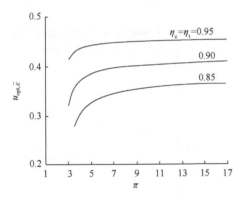

图 3.3.79　压缩机和膨胀机效率 η_c、η_t 对 $u_{\text{opt},\bar{E}}$-π 关系的影响

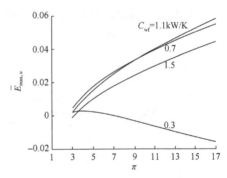

图 3.3.80　工质热容率 C_{wf} 对 $\bar{E}_{\max,u}$-π 关系的影响

图 3.3.81 给出了热源温比 τ_3 对 $\bar{E}_{\max,u}$ 与压比 π 关系的影响，其中 $k=1.4$，$U_T=5\text{kW/K}$，$C_{wf}=0.8\text{kW/K}$，$C_L=C_H=1.0\text{kW/K}$，$\eta_c=\eta_t=0.9$，$\tau_4=1$。由图可知，$\bar{E}_{\max,u}$ 随着 τ_3 的提高而减小。

图 3.3.82 给出了 τ_4 对 $\bar{E}_{\max,u}$ 与压比 π 关系的影响，其中 $k=1.4$，$U_T=5\text{kW/K}$，$C_{wf}=0.8\text{kW/K}$，$C_L=C_H=1.0\text{kW/K}$，$\eta_c=\eta_t=0.8$，$\tau_3=1.25$。由图可知，$\bar{E}_{\max,u}$ 随着 τ_4 的增大而增大。

图 3.3.83 给出了总热导率 U_T 对 $\bar{E}_{\max,u}$ 与压比 π 关系的影响，其中 $k=1.4$，$\tau_3=1.25$，$\tau_4=1$，$C_{wf}=0.8\text{kW/K}$，$\eta_c=\eta_t=0.8$，$C_L=C_H=1.0\text{kW/K}$。由图可知，$\bar{E}_{\max,u}$ 随着 U_T 的增大而增大，而且当 U_T 增大到一定值后，如果再继续提高

U_T，$\bar{E}_{\max,u}$ 的递增量越来越小。

图 3.3.84 给出了 $k=1.4$，$\tau_3=1.25$，$\tau_4=1$，$C_{wf}=0.8\text{kW/K}$，$U_T=5\text{kW/K}$，$C_L=C_H=1.0\text{kW/K}$ 时压缩机和膨胀机效率 η_c、η_t 对最大无因次生态学目标函数 $\bar{E}_{\max,u}$ 与压比 π 关系的影响。由图可知，$\bar{E}_{\max,u}$ 随着 η_c 和 η_t 的增大而增大。

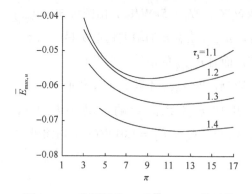 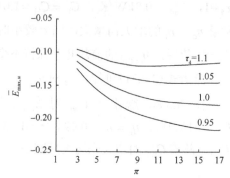

图 3.3.81　热源温比 τ_3 对 $\bar{E}_{\max,u}$-π 关系的影响

图 3.3.82　高温热源与外界环境温度之比 τ_4 对 $\bar{E}_{\max,u}$-π 关系的影响

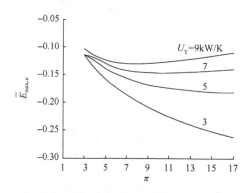 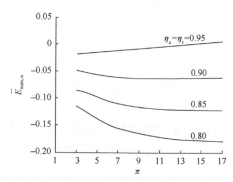

图 3.3.83　总热导率 U_T 对 $\bar{E}_{\max,u}$-π 关系的影响

图 3.3.84　压缩机和膨胀机效率 η_c、η_t 对 $\bar{E}_{\max,u}$-π 关系的影响

3.3.6.3　工质与热源间的热容率最优匹配

从图 3.3.80 中可知，循环工质的热容率值 C_{wf} 对 $\bar{E}_{\max,u}$ 有着重要的影响。在高、低温热源热容率之比 C_L/C_H 一定的条件下，定义工质和热源间热容率匹配 $c=C_{wf}/C_H$，下面由数值计算分析工质和热源间热容率匹配 c 对无因次生态学目标函数的影响。

图 3.3.85 给出了 $k=1.4$，$C_L=1.0\text{kW/K}$，$C_L/C_H=1$，$u=0.5$，$\tau_3=1.25$，$\tau_4=1$，

$U_{\mathrm{T}}=5\mathrm{kW/K}$ ， $\eta_{\mathrm{c}}=\eta_{\mathrm{t}}=0.99$ 时无因次生态学目标函数 $\bar{E}$ 与压比 π 以及工质和热源间热容率匹配 c 的综合关系图，图 3.3.86 给出了 $\bar{E}$ 与 u 以及 c 的综合关系图，其中 k=1.4， $C_{\mathrm{L}}=1.0\mathrm{kW/K}$ ， $C_{\mathrm{L}}/C_{\mathrm{H}}=1$ ， $\tau_4=1$ ， $\tau_3=1.25$ ， $\pi=5$ ， $U_{\mathrm{T}}=5\mathrm{kW/K}$ ， $\eta_{\mathrm{c}}=\eta_{\mathrm{t}}=0.99$ 。由图可见，当 c 一定时， $\bar{E}$ 与 u 呈类抛物线关系，当 u 一定时，在 η_{c} 、 η_{t} 一定的取值范围内， $\bar{E}$ 与 c 也呈类抛物线关系，故同时存在一对最佳的热导率分配值和最佳的工质和热源间热容率匹配，使无因次生态学目标函数取得双重最佳值 $\bar{E}_{\mathrm{max,max}}$ 。

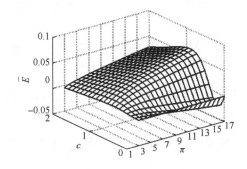

图 3.3.85　无因次生态学目标函数与压比以及热源与工质热容率匹配综合关系　　图 3.3.86　无因次生态学目标函数与热导率分配以及热源与工质热容率匹配综合关系

　　为了与其他优化目标进行比较，下面计算中高、低温侧换热器的热导率分配取为 u=0.5。

　　图 3.3.87 给出了 k=1.4， $C_{\mathrm{L}}=1.0\mathrm{kW/K}$ ， $C_{\mathrm{L}}/C_{\mathrm{H}}=1$ ， $\pi=5$ ， $\tau_3=1.25$ ， $\tau_4=1$ ， $\eta_{\mathrm{c}}=\eta_{\mathrm{t}}=0.99$ 时，总热导率 U_{T} 对无因次生态学目标函数 $\bar{E}$ 与工质和热源间热容率匹配 c 关系的影响。由图可知， $\bar{E}$ 随着 c 的增大先减小后增大，接着又减小，存在最佳的工质和热源间热容率匹配 $c_{\mathrm{opt},\bar{E}}$ 使无因次生态学目标函数 $\bar{E}$ 取得最大值 $\bar{E}_{\mathrm{max},c}$ ；另外，随着总热导率 U_{T} 的增大， $\bar{E}_{\mathrm{max},c}$ 有所提高，但递增量越来越小，相应的最优匹配值 $c_{\mathrm{opt},\bar{E}}$ 也有所提高。

　　图 3.3.88 给出了 k=1.4， $C_{\mathrm{L}}=1.0\mathrm{kW/K}$ ， $C_{\mathrm{L}}/C_{\mathrm{H}}=1$ ， $\pi=5$ ， $U_{\mathrm{T}}=5\mathrm{kW/K}$ ， $\tau_3=1.25$ ， $\tau_4=1$ 时，不同的压缩机和膨胀机效率 η_{c} 、 η_{t} 下无因次生态学目标函数 $\bar{E}$ 与工质和热源间热容率匹配 c 的关系。由图可知，在 η_{c} 、 η_{t} 较小（如图中的 $\eta_{\mathrm{c}}=\eta_{\mathrm{t}}=0.94$ ）时，不存在最大值；当 $\eta_{\mathrm{c}}=\eta_{\mathrm{t}}>0.94$ ，随 η_{c} 和 η_{t} 的增大， $\bar{E}_{\mathrm{max},c}$ 及相应的 $c_{\mathrm{opt},\bar{E}}$ 均随之增加，当 $\eta_{\mathrm{c}}=\eta_{\mathrm{t}}=1.0$ 时，不可逆循环成为内可逆循环， $c_{\mathrm{opt},\bar{E}}=1$ ，这与 3.3.6.2 节中所述相符。

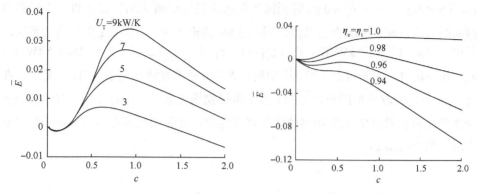

图 3.3.87　总热导率 U_T 对 $\bar{E}$-c 关系的影响　　图 3.3.88　压缩机和膨胀机效率 η_c、η_t 对 $\bar{E}$-c 关系的影响

图 3.3.89 给出了 $k=1.4$，$C_L=1.0\text{kW/K}$，$U_T=5\text{kW/K}$，$\pi=5$，$\tau_3=1.25$，$\tau_4=1$，$\eta_c=\eta_t=0.99$ 时，高、低温热源热容率之比 C_L/C_H 对无因次生态学目标函数 $\bar{E}$ 与工质和热源间热容率匹配关系 c 的影响。随着 C_L/C_H 的增大，$\bar{E}_{\max,c}$ 和相应的 $c_{\text{opt},\bar{E}}$ 均单调递增。

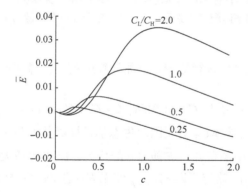

图 3.3.89　热源热容率之比 C_L/C_H 对 $\bar{E}$-c 关系的影响

3.3.7　五种优化目标的综合比较

式 (3.3.22)、式 (3.3.23)、式 (3.3.25)、式 (3.3.29) 和式 (3.3.31) 表明，当 τ_3 以及 τ_4 一定时，五种优化目标，即 β、$\bar{Q}_H$、$\bar{q}_H$、η_{ex}、$\bar{E}$ 与传热不可逆性 ($\bar{E}_{H1}$、$\bar{E}_{L1}$)、内不可逆性 (η_c、η_t)、压比 (π) 以及工质和热源的热容率 (C_{wf}、C_H、C_L) 有关。因此，利用五种优化目标对循环性能进行优化时，都可以从压比的选择、换热器传热的优化、工质和热源间热容率的匹配等方面进行。

3.3.7.1　压比的选择

为进一步综合比较压比对五种优化目标的影响特点，图 3.3.90 给出了 $k=1.4$，$E_{H1}=E_{L1}=0.9$，$C_L=C_H=1.0\text{kW/K}$，$C_{wf}=0.8\text{kW/K}$，$\tau_3=1.25$，$\tau_4=1$，$\eta_c=\eta_t=0.8$ 时供热系数 β、无因次供热率 $\overline{Q}_H$、无因次供热率密度 $\overline{q}_H$、㶲效率 η_{ex} 以及无因次生态学目标函数 $\overline{E}$ 分别与压比 π 的关系，也即给定有效度的情形。由图可知，β 与 π 呈类抛物线关系；$\overline{Q}_H$、$\overline{q}_H$ 及 η_{ex} 与 π 均呈单调递增关系，且相同 π 时，总有 $\overline{Q}_H>\overline{q}_H>\eta_{ex}$；$\overline{E}$ 与 π 呈先递减后递增关系，即 $\overline{E}$ 对 π 存在最小值。所以，$\overline{Q}_H$、$\overline{q}_H$、η_{ex} 及 $\overline{E}$ 作为优化目标时均不存在最佳压比，只有 β 作为优化目标时存在最佳压比。

图 3.3.91 显示了压比变化时无因次供热率 $\overline{Q}_H$、无因次供热率密度 $\overline{q}_H$、㶲效率 η_{ex} 以及无因次生态学目标函数 $\overline{E}$ 分别与供热系数 β 的关系，计算中各参数取值：$k=1.4$，$E_{H1}=E_{L1}=0.9$，$C_L=C_H=1.0\text{kW/K}$，$C_{wf}=0.8\text{kW/K}$，$\tau_3=1.25$，$\tau_4=1$，$\eta_c=\eta_t=0.8$。由图可知，压比变化时，$\overline{Q}_H$、$\overline{q}_H$、η_{ex} 及 $\overline{E}$ 与 β 均呈类抛物线关系，$\overline{Q}_H$、$\overline{q}_H$ 及 η_{ex} 先随着 β 的增大而缓慢增大，当压比 $\pi>\pi_{opt,\beta}$ 后，$\overline{Q}_H$、$\overline{q}_H$ 及 η_{ex} 随着 β 的减小而增大，而 $\overline{E}$ 先随着 β 的增大而缓慢减小，当压比 $\pi>\pi_{opt,\beta}$ 后，$\overline{E}$ 随着 β 的减小而增大。另外，当 $\overline{Q}_H$、$\overline{q}_H$、η_{ex} 及 $\overline{E}$ 取得最大时，β 均接近 1。因此，在通过压比的选择对循环性能进行优化时，$\overline{Q}_H$、$\overline{q}_H$、η_{ex} 及 $\overline{E}$ 的优化均要以牺牲供热系数 β 为代价，压比 π 可在稍大于 $\pi_{opt,\beta}$ 的范围内选择。

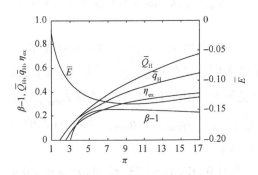

图 3.3.90　供热系数 β、无因次供热率 $\overline{Q}_H$、无因次供热率密度 $\overline{q}_H$、㶲效率 η_{ex} 以及无因次生态学目标函数 $\overline{E}$ 与压比 π 的关系

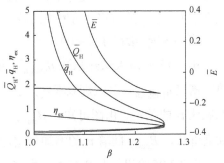

图 3.3.91　无因次供热率 $\overline{Q}_H$、无因次供热率密度 $\overline{q}_H$、㶲效率 η_{ex} 以及无因次生态学目标函数 $\overline{E}$ 与供热系数 β 的关系

3.3.7.2 热导率最优分配

对于热导率可选择的情形，在 $U_H + U_L = U_T$ 一定的条件下，令热导率分配 $u = U_L / U_T$，因此有：$U_L = uU_T$，$U_H = (1-u)U_T$。

为综合比较热导率分配对五种优化目标的影响特点，图 3.3.92 给出了 $k = 1.4$，$C_L = C_H = 1.0\mathrm{kW/K}$，$C_{wf} = 0.8\mathrm{kW/K}$，$\tau_3 = 1.25$，$\tau_4 = 1$，$\pi = 3$，$U_T = 5\mathrm{kW/K}$，$\eta_c = \eta_t = 0.9$ 时供热系数 β、无因次供热率 $\overline{Q}_H$、无因次供热率密度 $\overline{q}_H$、㶲效率 η_{ex} 以及无因次生态学目标函数 $\overline{E}$ 分别与热导率分配 u 的关系。由图可知，$\overline{Q}_H$、β、$\overline{q}_H$、η_{ex} 及 $\overline{E}$ 与 u 均呈类抛物线关系。计算表明，压比一定时，对应于最大无因次供热率 $\overline{Q}_{Hmax,u}$、最大供热系数 $\beta_{max,u}$、最大㶲效率 $\eta_{exmax,u}$ 和最大无因次生态学目标函数 $\overline{E}_{max,u}$ 的 $u_{opt,\overline{Q}_H}$、$u_{opt,\beta}$、$u_{opt,\eta_{ex}}$ 和 $u_{opt,\overline{E}}$ 相差并不大，并且当 π 较小时，随着 π 的增大明显递增，当 π 大于一定值后，$u_{opt,\overline{Q}_H}$、$u_{opt,\beta}$、$u_{opt,\eta_{ex}}$ 和 $u_{opt,\overline{E}}$ 则几乎保持不变，并且 $u_{opt,\overline{Q}_H}$、$u_{opt,\beta}$、$u_{opt,\eta_{ex}}$ 和 $u_{opt,\overline{E}}$ 的值均始终小于 0.5，而对应于最大无因次供热率密度 $\overline{q}_{Hmax,u}$ 的热导率最优分配 $u_{opt,\overline{q}_H}$ 的变化范围较大。

图 3.3.93 给出了 $k = 1.4$，$\pi = 5$，$\tau_3 = 1.25$，$\tau_4 = 1$，$U_T = 5\mathrm{kW/K}$，$\eta_c = \eta_t = 0.99$ 时最大供热系数 $\beta_{max,u} - 1$、最大无因次供热率 $\overline{Q}_{Hmax,u}$、最大无因次供热率密度 $\overline{q}_{Hmax,u}$、最大㶲效率 $\eta_{exmax,u}$ 以及最大无因次生态学目标函数 $\overline{E}_{max,u}$ 与工质热容率 C_{wf} 的关系。由图可知，在较大的压缩机和膨胀机效率 η_c、η_t 取值范围内（前面分析知 $\eta_c = \eta_t \geqslant 0.96$），$\overline{Q}_{Hmax,u}$、$\overline{q}_{Hmax,u}$、$\eta_{exmax,u}$ 及 $\overline{E}_{max,u}$ 与 C_{wf} 均呈类抛物线关系，而 $\beta_{max,u}$ 随着 C_{wf} 的增加而减小。

图 3.3.94 给出了 $k = 1.4$，$\pi = 5$，$C_{wf} = 0.8\mathrm{kW/K}$，$\tau_4 = 1$，$U_T = 3\mathrm{kW/K}$，$\eta_c = \eta_t = 0.8$ 时最大供热系数 $\beta_{max,u}$、最大无因次供热率 $\overline{Q}_{Hmax,u}$、最大无因次供热率密度 $\overline{q}_{Hmax,u}$、最大㶲效率 $\eta_{exmax,u}$ 以及最大无因次生态学目标函数 $\overline{E}_{max,u}$ 与热源温比 τ_3 的关系。由图可知，$\beta_{max,u}$、$\overline{Q}_{Hmax,u}$、$\overline{q}_{Hmax,u}$ 和 $\eta_{exmax,u}$ 均随着 τ_3 的增加而降低，$\overline{E}_{max,u}$ 随着 τ_3 的增加先增加后减小。

图 3.3.95 给出了 $k = 1.4$，$\pi = 5$，$C_{wf} = 0.8\mathrm{kW/K}$，$\tau_3 = 1.25$，$\tau_4 = 1$，$\eta_c = \eta_t = 0.9$ 时最大供热系数 $\beta_{max,u}$、最大无因次供热率 $\overline{Q}_{Hmax,u}$、最大无因次供热率密度 $\overline{q}_{Hmax,u}$、最大㶲效率 $\eta_{exmax,u}$ 以及最大无因次生态学目标函数 $\overline{E}_{max,u}$ 与总热导率 U_T 的关系。由图可知，当 U_T 比较小时，$\beta_{max,u}$、$\overline{Q}_{Hmax,u}$、$\eta_{exmax,u}$ 和 $\overline{E}_{max,u}$ 均随着 U_T 的增加而明显增大，但是，当 U_T 增大到一定值后，如果再继续提高 U_T，

$\beta_{\mathrm{max},u}$、$\overline{Q}_{\mathrm{Hmax},u}$、$\eta_{\mathrm{exmax},u}$ 和 $\overline{E}_{\mathrm{max},u}$ 的递增量将越来越小；$\overline{q}_{\mathrm{Hmax},u}$ 随着 U_{T} 的增加而单调递减。

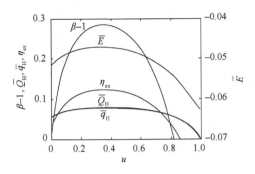

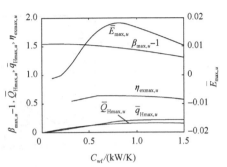

图 3.3.92　供热系数 β、无因次供热率 $\overline{Q}_{\mathrm{H}}$、无因次供热率密度 $\overline{q}_{\mathrm{H}}$、㶲效率 η_{ex} 以及无因次生态学目标函数 $\overline{E}$ 与热导率分配 u 的关系

图 3.3.93　最大供热系数 $\beta_{\mathrm{max},u}$、最大无因次供热率 $\overline{Q}_{\mathrm{Hmax},u}$、最大无因次供热率密度 $\overline{q}_{\mathrm{Hmax},u}$、最大㶲效率 $\eta_{\mathrm{exmax},u}$ 及最大无因次生态学目标函数 $\overline{E}_{\mathrm{max},u}$ 与工质热容率 C_{wf} 的关系

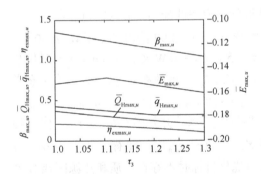

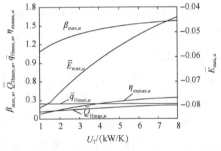

图 3.3.94　最大供热系数 $\beta_{\mathrm{max},u}$、最大无因次供热率 $\overline{Q}_{\mathrm{Hmax},u}$、最大无因次供热率密度 $\overline{q}_{\mathrm{Hmax},u}$、最大㶲效率 $\eta_{\mathrm{exmax},u}$ 以及最大无因次生态学目标函数 $\overline{E}_{\mathrm{max},u}$ 与热源温比 τ_3 的关系

图 3.3.95　最大供热系数 $\beta_{\mathrm{max},u}$、最大无因次供热率 $\overline{Q}_{\mathrm{Hmax},u}$、最大无因次供热率密度 $\overline{q}_{\mathrm{Hmax},u}$、最大㶲效率 $\eta_{\mathrm{exmax},u}$ 以及最大无因次生态学目标函数 $\overline{E}_{\mathrm{max},u}$ 与总热导率 U_{T} 的关系

图 3.3.96 给出了 $k=1.4$，$\pi=5$，$C_{\mathrm{wf}}=0.8\mathrm{kW/K}$，$\tau_3=1.25$，$\tau_4=1$，$U_{\mathrm{T}}=5\mathrm{kW/K}$ 时最大供热系数 $\beta_{\mathrm{max},u}$、最大无因次供热率 $\overline{Q}_{\mathrm{Hmax},u}$、最大无因次供热率密度 $\overline{q}_{\mathrm{Hmax},u}$、最大㶲效率 $\eta_{\mathrm{exmax},u}$ 以及最大无因次生态学目标函数 $\overline{E}_{\mathrm{max},u}$ 与压缩机和膨胀机效率 η_{c}、η_{t} 的关系。由图可知，$\beta_{\mathrm{max},u}$、$\eta_{\mathrm{exmax},u}$ 和 $\overline{E}_{\mathrm{max},u}$ 均随着 η_{c} 和 η_{t} 的增加而

增大，而 $\overline{Q}_{Hmax,u}$ 和 $\overline{q}_{Hmax,u}$ 则随着 η_c 和 η_t 的增加而减少，这是由于 η_c 和 η_t 的增加造成压缩机耗功率减少，从而减少了供热率和供热率密度。

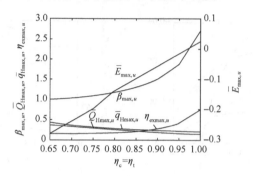

图 3.3.96　最大供热系数 $\beta_{max,u}$、最大无因次供热率 $\overline{Q}_{Hmax,u}$、最大无因次供热率密度 $\overline{q}_{Hmax,u}$、最大㶲效率 $\eta_{exmax,u}$ 以及最大无因次生态学目标函数 $\overline{E}_{max,u}$ 与压缩机和膨胀机效率 η_c 及 η_t 的关系

3.3.7.3　工质与热源间的热容率最优匹配

在 C_L/C_H 一定的条件下，工质和热源间热容率匹配为：$c = C_{wf}/C_H$。

为综合比较 c 对五种优化目标的影响特点，图 3.3.97 给出了 $k=1.4$，$u=0.5$，$C_L = C_H = 1.0$kW/K，$\tau_3 = 1.25$，$\tau_4 = 1$，$\pi = 5$，$U_T = 5$kW/K、$\eta_c = \eta_t = 0.99$ 时供热系数 β、无因次供热率 $\overline{Q}_H$、无因次供热率密度 $\overline{q}_H$、㶲效率 η_{ex} 以及无因次生态学目标函数 $\overline{E}$ 分别与工质和热源间热容率匹配 c 的关系。由图可知，β 与 c 呈单调递减关系；$\overline{Q}_H$、$\overline{q}_H$、η_{ex} 和 $\overline{E}$ 与 c 均呈类抛物线关系，并且当 c 处于 $0\text{-}c_{opt}$ 内，随着 c 的增大，$\overline{Q}_H$、$\overline{q}_H$、η_{ex} 和 $\overline{E}$ 均明显增大；当 $c > c_{opt}$ 时，随着 c 的进一步增大，$\overline{Q}_H$、$\overline{q}_H$、η_{ex} 和 $\overline{E}$ 均下降。所以，β 作为优化目标时不存在工质和热源间热容率

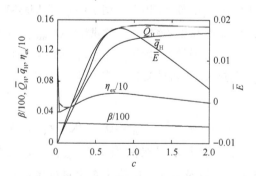

图 3.3.97　供热系数 β、无因次供热率 $\overline{Q}_H$、无因次供热率密度 $\overline{q}_H$、㶲效率 η_{ex} 以及无因次生态学目标函数 $\overline{E}$ 与工质和热源间热容率匹配 c 的关系

最优匹配，而 $\bar{Q}_H$、$\bar{q}_H$、η_{ex} 和 $\bar{E}$ 作为优化目标时存在工质和热源间热容率最优匹配值。随着热源热容率之比 C_L/C_H 的增大，$c_{opt,\bar{Q}_H}$、$c_{opt,\bar{q}_H}$、$c_{opt,\eta_{ex}}$、$c_{opt,\bar{E}}$ 值均单调递增，并且 $c_{opt,\eta_{ex}}$ 始终小于 1。

3.4　小　　结

引入空气压缩机和涡轮膨胀机的不可逆压缩和膨胀损失后，供热率与供热系数呈类抛物线关系，不同于内可逆循环中的双曲线关系，反映了实际不可逆空气热泵的根本特征。

在通过压比的选择对循环性能进行优化时，对恒温热源不可逆空气热泵循环来说，优化目标 η_{ex} 比 $\bar{Q}_H$、β、$\bar{q}_H$ 及 $\bar{E}$ 优化目标均更为合理；对变温热源不可逆简单空气热泵循环而言，优化目标 $\bar{Q}_H$、$\bar{q}_H$、η_{ex} 及 $\bar{E}$ 以牺牲 β 为代价，压比应在稍大于 $\pi_{opt,\beta}$ 的范围内选择。

通过高、低温侧换热器热导率分配的优化以及工质和热源间的热容率匹配关系的协调，可以得到各最大目标值及其相应的供热系数。

第4章 回热式空气热泵循环分析与优化

4.1 引　　言

文献[13]和文献[159]~[161]用有限时间热力学的方法分析了实际回热式空气热泵循环供热率和供热系数特性,分析时计入了空气压缩机和涡轮膨胀机中的压缩和膨胀损失、管路系统中的压力损失等不可逆损失,导出了恒温及变温条件下循环的供热率、供热系数与压比等主要参数间的解析关系式,并给出了数值算例说明外不可逆性(热阻)和各种内不可逆性对循环特性的影响。本章将用有限时间热力学的方法进一步讨论回热式不可逆循环的性能特性,分析中计入实际工程循环的所有内、外不可逆性,经典循环分析和各种条件下有限时间分析的结果均为本章所得结果的特例。

4.2　恒温热源循环

4.2.1　循环模型

图4.2.1所示为恒温热源回热式空气热泵循环(1-2-3-4-1)的 T-s 图,其中2-3表示工质在压缩机中的不可逆压缩过程,3-6表示工质向高温热源的放热过程,6-4表示工质在回热器中的放热过程,4-1表示工质在膨胀机中的不可逆膨胀过程,1-5表示工质从低温热源的吸热过程,5-2表示工质在回热器中的吸热过程。

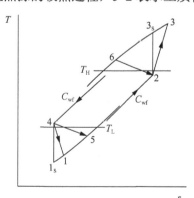

图4.2.1　恒温热源回热式空气热泵循环模型

2-3$_s$ 和 4-1$_s$ 分别表示与 2-3 和 4-1 相应的工质的等熵压缩和膨胀过程。设高温、低温侧换热器以及回热器的热导率分别为 U_H、U_L、U_R；空气工质被视为理想气体，其热容率(定压比热与质量流率之积)为 C_{wf}。

分别以压力恢复系数 D_1、D_2 来表示工质在流动过程中的低、高压部分的压力损失，即有

$$D_1 = P_2 / P_1 , \quad D_2 = P_4 / P_3 \tag{4.2.1}$$

循环的内不可逆性用压缩机和膨胀机效率 η_c、η_t 来表征[158]，有

$$\eta_c = (T_{3s} - T_2) / (T_3 - T_2), \quad \eta_t = (T_4 - T_1) / (T_4 - T_{1s}) \tag{4.2.2}$$

高温和低温侧换热器的供热率 Q_H 和吸热率 Q_L 以及回热器中的换热率 Q_R 分别为

$$Q_H = U_H[(T_3 - T_H) - (T_6 - T_H)] / \ln[(T_3 - T_H) / (T_6 - T_H)] = C_{wf} E_H (T_3 - T_H) \tag{4.2.3}$$

$$Q_L = U_L[(T_L - T_5) - (T_L - T_1)] / \ln[(T_L - T_5) / (T_L - T_1)] = C_{wf} E_L (T_L - T_1) \tag{4.2.4}$$

$$Q_R = C_{wf} E_R (T_6 - T_5) \tag{4.2.5}$$

式中，E_H、E_L 及 E_R 为高温和低温侧换热器以及回热器的有效度，即有

$$E_H = 1 - \exp(-N_H), \quad E_L = 1 - \exp(-N_L), \quad E_R = N_R / (1 + N_R) \tag{4.2.6}$$

式中，N_H、N_L 和 N_R 是高温和低温侧换热器和回热器的传热单元数，定义为

$$N_H = U_H / C_{wf} , \quad N_L = U_L / C_{wf} , \quad N_R = U_R / C_{wf} \tag{4.2.7}$$

由工质的热力性质也可得到 Q_H、Q_L 和 Q_R 的表达式为

$$Q_H = C_{wf} (T_3 - T_6) \tag{4.2.8}$$

$$Q_L = C_{wf} (T_5 - T_1) \tag{4.2.9}$$

$$Q_R = C_{wf} (T_6 - T_4) = C_{wf} (T_2 - T_5) \tag{4.2.10}$$

4.2.2　供热率、供热系数、供热率密度、㶲效率及生态学目标函数解析关系

定义压缩机内的工质等熵温比为

$$x = T_{3s} / T_2 = (P_3 / P_2)^m = \pi^m , \quad x \geqslant 1 \tag{4.2.11}$$

式中，$m = (k-1)/k$，k 是工质的绝热指数；π 是压缩机的压比；P 是压力。令 $D = D_1 D_2$，可得 $T_4 / T_{1s} = (P_4 / P_1)^m = D^m x$。则联立式 (4.2.2)～式 (4.2.5)、式 (4.2.8)～式 (4.2.10) 和式 (4.2.11) 可依次求得 T_1、T_2、T_3 及相应的供热率 Q_H 和供热系数 β[13, 160] 分别为

$$T_1 = \frac{\begin{array}{l}(D^{-m}x^{-1}\eta_t - \eta_t + 1)\{[E_R\eta_c + (x + \eta_c - 1)(1 - 2E_R) \\ \times (1 - E_H)]E_L T_L + (1 - E_R)E_H T_H \eta_c\}\end{array}}{\begin{array}{l}\eta_c - (x + \eta_c - 1)(1 - E_H)E_R - (D^{-m}x^{-1}\eta_t - \eta_t + 1) \\ \times (1 - E_L)[E_R\eta_c + (x + \eta_c - 1)(1 - 2E_R)(1 - E_H)]\end{array}} \tag{4.2.12}$$

$$T_2 = \frac{\begin{array}{l}E_H E_R \eta_c T_H + (1 - E_R)E_L\eta_c T_L + (1 - 2E_R)(D^{-m}x^{-1}\eta_t \\ -\eta_t + 1)(1 - E_L)E_H\eta_c T_H\end{array}}{\begin{array}{l}\eta_c - (x + \eta_c - 1)(1 - E_H)E_R - (D^{-m}x^{-1}\eta_t - \eta_t \\ +1)(1 - E_L)[E_R\eta_c + (x + \eta_c - 1)(1 - E_H)(1 - 2E_R)]\end{array}} \tag{4.2.13}$$

$$T_3 = \frac{\begin{array}{l}(x + \eta_c - 1)[(1 - E_R)E_L T_L + E_R E_H T_H + (D^{-m}x^{-1}\eta_t \\ -\eta_t + 1)(1 - 2E_R)(1 - E_L)E_H T_H]\end{array}}{\begin{array}{l}\eta_c - (x + \eta_c - 1)(1 - E_H)E_R - (D^{-m}x^{-1}\eta_t - \eta_t + 1) \\ \times (1 - E_L)[E_R\eta_c + (x + \eta_c - 1)(1 - 2E_R)(1 - E_H)]\end{array}} \tag{4.2.14}$$

$$Q_H = \frac{\begin{array}{l}C_{wf}E_H\{(\pi^m + \eta_c - 1)(1 - E_R)E_L T_L - \{\eta_c - (\pi^m + \eta_c - 1)E_R \\ -(D^{-m}\pi^{-m}\eta_t - \eta_t + 1)(1 - E_L)[E_R\eta_c + (\pi^m + \eta_c - 1)(1 - 2E_R)]\}T_H\}\end{array}}{\begin{array}{l}\{\eta_c - (\pi^m + \eta_c - 1)(1 - E_H)E_R - (D^{-m}\pi^{-m}\eta_t \\ -\eta_t + 1)(1 - E_L)[E_R\eta_c + (\pi^m + \eta_c - 1)(1 - 2E_R)(1 - E_H)]\}\end{array}} \tag{4.2.15}$$

$$1 - \beta^{-1} = \frac{\begin{array}{l}E_L\{\{\eta_c[1 - E_R(D^{-m}\pi^{-m}\eta_t - \eta_t + 1)] - (\pi^m \\ +\eta_c - 1)(1 - E_H)[E_R + (1 - 2E_R)(D^{-m}\pi^{-m}\eta_t \\ -\eta_t + 1)]\}T_L - (1 - E_R)(D^{-m}\pi^{-m}\eta_t - \eta_t + 1)T_H E_H\eta_c\}\end{array}}{\begin{array}{l}E_H\{(\pi^m + \eta_c - 1)(1 - E_R)E_L T_L - \{\eta_c - (\pi^m + \eta_c - 1)E_R \\ -(D^{-m}\pi^{-m}\eta_t - \eta_t + 1)(1 - E_L)[E_R\eta_c + (\pi^m + \eta_c - 1)(1 - 2E_R)]\}T_H\}\end{array}} \tag{4.2.16}$$

式 (4.2.16) 又可写成

$$1-\beta^{-1} = \frac{\begin{aligned}&E_{\mathrm{L}}\{\{\eta_{\mathrm{c}}[1-E_{\mathrm{R}}(D^{-m}\pi^{-m}\eta_{\mathrm{t}}-\eta_{\mathrm{t}}+1)]-(\pi^{m}\\&+\eta_{\mathrm{c}}-1)(1-E_{\mathrm{H}})[E_{\mathrm{R}}+(1-2E_{\mathrm{R}})(D^{-m}\pi^{-m}\eta_{\mathrm{t}}\\&-\eta_{\mathrm{t}}+1)]\}-(1-E_{\mathrm{R}})(D^{-m}\pi^{-m}\eta_{\mathrm{t}}-\eta_{\mathrm{t}}+1)\tau_{1}E_{\mathrm{H}}\eta_{\mathrm{c}}\}\end{aligned}}{\begin{aligned}&E_{\mathrm{H}}\{(\pi^{m}+\eta_{\mathrm{c}}-1)(1-E_{\mathrm{R}})E_{\mathrm{L}}-\{\eta_{\mathrm{c}}-(\pi^{m}+\eta_{\mathrm{c}}-1)E_{\mathrm{R}}\\&-(D^{-m}\pi^{-m}\eta_{\mathrm{t}}-\eta_{\mathrm{t}}+1)(1-E_{\mathrm{L}})[E_{\mathrm{R}}\eta_{\mathrm{c}}+(\pi^{m}+\eta_{\mathrm{c}}-1)(1-2E_{\mathrm{R}})]\}\tau_{1}\}\end{aligned}} \tag{4.2.17}$$

式中，$\tau_{1}=T_{\mathrm{H}}/T_{\mathrm{L}}$ 为高、低温热源温比。

定义无因次供热率 $\bar{Q}_{\mathrm{H}}=Q_{\mathrm{H}}/(C_{\mathrm{wf}}T_{\mathrm{H}})$，即

$$\bar{Q}_{\mathrm{H}} = \frac{\begin{aligned}&E_{\mathrm{H}}\{(\pi^{m}+\eta_{\mathrm{c}}-1)(1-E_{\mathrm{R}})E_{\mathrm{L}}/\tau_{1}-\{\eta_{\mathrm{c}}-(\pi^{m}+\eta_{\mathrm{c}}-1)E_{\mathrm{R}}\\&-(D^{-m}\pi^{-m}\eta_{\mathrm{t}}-\eta_{\mathrm{t}}+1)(1-E_{\mathrm{L}})[E_{\mathrm{R}}\eta_{\mathrm{c}}+(\pi^{m}+\eta_{\mathrm{c}}-1)(1-2E_{\mathrm{R}})]\}\}\end{aligned}}{\begin{aligned}&\{\eta_{\mathrm{c}}-(\pi^{m}+\eta_{\mathrm{c}}-1)(1-E_{\mathrm{H}})E_{\mathrm{R}}-(D^{-m}\pi^{-m}\eta_{\mathrm{t}}\\&-\eta_{\mathrm{t}}+1)(1-E_{\mathrm{L}})[E_{\mathrm{R}}\eta_{\mathrm{c}}+(\pi^{m}+\eta_{\mathrm{c}}-1)(1-2E_{\mathrm{R}})(1-E_{\mathrm{H}})]\}\end{aligned}} \tag{4.2.18}$$

供热率密度定义为[129]：$q_{\mathrm{H}}=Q_{\mathrm{H}}/v_{2}$，其中，$v_{2}$ 为循环中工质的最大比容值，图 4.2.1 中的 2 点为最大比容点，则无因次供热率密度为

$$\bar{q}_{\mathrm{H}} = \frac{q_{\mathrm{H}}}{(C_{\mathrm{wf}}T_{\mathrm{H}}D_{1}/v_{1})} = \bar{Q}_{\mathrm{H}}v_{1}/(D_{1}v_{2}) \tag{4.2.19}$$

由于 $v_{1}/v_{2}=D_{1}T_{1}/T_{2}$，由式 (4.2.12)、式 (4.2.13) 和式 (4.2.18) 可得到无因次供热率密度表达式为

$$\bar{q}_{H} = \frac{\begin{aligned}&E_{\mathrm{H}}\{(\pi^{m}+\eta_{\mathrm{c}}-1)(1-E_{\mathrm{R}})E_{\mathrm{L}}/\tau_{1}-\{\eta_{\mathrm{c}}-(\pi^{m}+\eta_{\mathrm{c}}-1)E_{\mathrm{R}}\\&-(D^{-m}\pi^{-m}\eta_{\mathrm{t}}-\eta_{\mathrm{t}}+1)(1-E_{\mathrm{L}})[E_{\mathrm{R}}\eta_{\mathrm{c}}+(\pi^{m}+\eta_{\mathrm{c}}-1)(1\\&-2E_{\mathrm{R}})]\}\}(D^{-m}\pi^{-m}\eta_{\mathrm{t}}-\eta_{\mathrm{t}}+1)\{[E_{\mathrm{R}}\eta_{\mathrm{c}}+(\pi^{m}+\eta_{\mathrm{c}}-1)(1\\&-2E_{\mathrm{R}})(1-E_{\mathrm{H}})]E_{\mathrm{L}}+(1-E_{\mathrm{R}})E_{\mathrm{H}}\tau_{1}\eta_{\mathrm{c}}\}\end{aligned}}{\begin{aligned}&\{\eta_{\mathrm{c}}-(\pi^{m}+\eta_{\mathrm{c}}-1)(1-E_{\mathrm{H}})E_{\mathrm{R}}-(D^{-m}\pi^{-m}\eta_{\mathrm{t}}-\eta_{\mathrm{t}}+1)(1\\&-E_{\mathrm{L}})[E_{\mathrm{R}}\eta_{\mathrm{c}}+(\pi^{m}+\eta_{\mathrm{c}}-1)(1-2E_{\mathrm{R}})(1-E_{\mathrm{H}})]\}[E_{\mathrm{H}}E_{\mathrm{R}}\eta_{\mathrm{c}}\tau_{1}\\&+(1-E_{\mathrm{R}})E_{\mathrm{L}}\eta_{\mathrm{c}}+(1-2E_{\mathrm{R}})(D^{-m}\pi^{-m}\eta_{\mathrm{t}}-\eta_{\mathrm{t}}+1)(1-E_{\mathrm{L}})E_{\mathrm{H}}\eta_{\mathrm{c}}\tau_{1}]\end{aligned}} \tag{4.2.20}$$

根据式 (1.2.2) 及式 (1.2.3) 可分别得到循环的㶲输入率和㶲输出率为

$$E_{\mathrm{in}} = Q_{\mathrm{H}} - Q_{\mathrm{L}} \tag{4.2.21}$$

$$E_{\mathrm{out}} = (1-T_{0}/T_{\mathrm{H}})Q_{\mathrm{H}} - (1-T_{0}/T_{\mathrm{L}})Q_{\mathrm{L}} \tag{4.2.22}$$

联立式 (1.2.5)、式 (4.2.3)、式 (4.2.4)、式 (4.2.12)、式 (4.2.14)、式 (4.2.21)

以及式(4.2.22)即可得到该循环的㶲效率为

$$
\eta_{\mathrm{ex}} = \frac{\begin{aligned}&E_{\mathrm{L}}(T_0/T_{\mathrm{L}}-1)\{\eta_{\mathrm{c}}-(\pi^m+\eta_{\mathrm{c}}-1)(1-E_{\mathrm{H}})E_{\mathrm{R}}]T_{\mathrm{L}}-(D^{-m}\pi^{-m}\eta_{\mathrm{t}}-\eta_{\mathrm{t}}\\&+1)\{[E_{\mathrm{R}}\eta_{\mathrm{c}}+(\pi^m+\eta_{\mathrm{c}}-1)(1-E_{\mathrm{H}})(1-2E_{\mathrm{R}})]T_{\mathrm{L}}+(1-E_{\mathrm{R}})E_{\mathrm{H}}T_{\mathrm{H}}\eta_{\mathrm{c}}\}\}\\&-E_{\mathrm{H}}(T_0/T_{\mathrm{H}}-1)\{(\pi^m+\eta_{\mathrm{c}}-1)(1-E_{\mathrm{R}})E_{\mathrm{L}}T_{\mathrm{L}}+[(\pi^m+\eta_{\mathrm{c}}-1)E_{\mathrm{R}}-\eta_{\mathrm{c}}]T_{\mathrm{H}}\\&+(D^{-m}\pi^{-m}\eta_{\mathrm{t}}-\eta_{\mathrm{t}}+1)(1-E_{\mathrm{L}})[(\pi^m+\eta_{\mathrm{c}}-1)(1-2E_{\mathrm{R}})+E_{\mathrm{R}}\eta_{\mathrm{c}}]T_{\mathrm{H}}\}\end{aligned}}{\begin{aligned}&\{(\pi^m+\eta_{\mathrm{c}}-1)[(1-E_{\mathrm{R}})E_{\mathrm{H}}+(1-E_{\mathrm{H}})E_{\mathrm{R}}]-\eta_{\mathrm{c}}+(D^{-m}\pi^{-m}\eta_{\mathrm{t}}-\eta_{\mathrm{t}}\\&+1)[E_{\mathrm{R}}\eta_{\mathrm{c}}+(\pi^m+\eta_{\mathrm{c}}-1)(1-E_{\mathrm{H}})(1-2E_{\mathrm{R}})]\}E_{\mathrm{L}}T_{\mathrm{L}}+\{(\pi^m+\eta_{\mathrm{c}}-1)E_{\mathrm{R}}\\&-\eta_{\mathrm{c}}+(D^{-m}\pi^{-m}\eta_{\mathrm{t}}-\eta_{\mathrm{t}}+1)[(1-E_{\mathrm{L}})E_{\mathrm{R}}\eta_{\mathrm{c}}+(1-E_{\mathrm{R}})E_{\mathrm{L}}\eta_{\mathrm{c}}+(\pi^m+\eta_{\mathrm{c}}\\&-1)(1-E_{\mathrm{L}})(1-2E_{\mathrm{R}})]\}E_{\mathrm{H}}T_{\mathrm{H}}\end{aligned}}
$$
$$(4.2.23)$$

为便于比较分析，㶲效率又可写成

$$
\eta_{\mathrm{ex}} = \frac{\begin{aligned}&E_{\mathrm{L}}(a_1-1)\{\eta_{\mathrm{c}}-(\pi^m+\eta_{\mathrm{c}}-1)(1-E_{\mathrm{H}})E_{\mathrm{R}}-(D^{-m}\pi^{-m}\eta_{\mathrm{t}}-\eta_{\mathrm{t}}\\&+1)\{[E_{\mathrm{R}}\eta_{\mathrm{c}}+(\pi^m+\eta_{\mathrm{c}}-1)(1-E_{\mathrm{H}})(1-2E_{\mathrm{R}})]+(1-E_{\mathrm{R}})E_{\mathrm{H}}\tau_1\eta_{\mathrm{c}}\}\}\\&-E_{\mathrm{H}}(a_2-1)\{(\pi^m+\eta_{\mathrm{c}}-1)(1-E_{\mathrm{R}})E_{\mathrm{L}}+[(\pi^m+\eta_{\mathrm{c}}-1)E_{\mathrm{R}}-\eta_{\mathrm{c}}]\tau_1\\&+(D^{-m}\pi^{-m}\eta_{\mathrm{t}}-\eta_{\mathrm{t}}+1)(1-E_{\mathrm{L}})[(\pi^m+\eta_{\mathrm{c}}-1)(1-2E_{\mathrm{R}})+E_{\mathrm{R}}\eta_{\mathrm{c}}]\tau_1\}\end{aligned}}{\begin{aligned}&2\{(\pi^m+\eta_{\mathrm{c}}-1)[(1-E_{\mathrm{R}})E_{\mathrm{H}}+(1-E_{\mathrm{H}})E_{\mathrm{R}}]-\eta_{\mathrm{c}}+(D^{-m}\pi^{-m}\eta_{\mathrm{t}}-\eta_{\mathrm{t}}\\&+1)[E_{\mathrm{R}}\eta_{\mathrm{c}}+(\pi^m+\eta_{\mathrm{c}}-1)(1-E_{\mathrm{H}})(1-2E_{\mathrm{R}})]\}E_{\mathrm{L}}+2\{(\pi^m+\eta_{\mathrm{c}}-1)E_{\mathrm{R}}\\&-\eta_{\mathrm{c}}+(D^{-m}\pi^{-m}\eta_{\mathrm{t}}-\eta_{\mathrm{t}}+1)[(1-E_{\mathrm{L}})E_{\mathrm{R}}\eta_{\mathrm{c}}+(1-E_{\mathrm{R}})E_{\mathrm{L}}\eta_{\mathrm{c}}+(\pi^m+\eta_{\mathrm{c}}\\&-1)(1-E_{\mathrm{L}})(1-2E_{\mathrm{R}})]\}E_{\mathrm{H}}\tau_1\end{aligned}}
$$
$$(4.2.24)$$

式中，$a_1=2T_0/T_{\mathrm{L}}-1=2\tau_1/\tau_2-1$　$a_2=2T_0/T_{\mathrm{H}}-1=2/\tau_2-1$，$\tau_2=T_{\mathrm{H}}/T_0$ 为高温热源与外界环境温度之比。

联立式(1.2.8)、式(4.2.3)、式(4.2.4)、式(4.2.12)、式(4.2.14)、式(4.2.21)以及式(4.2.22)可得该循环的生态学目标函数为

$$
E = \frac{\begin{aligned}&C_{\mathrm{wf}}E_{\mathrm{L}}(2T_0/T_{\mathrm{L}}-1)\{[\eta_{\mathrm{c}}-(\pi^m+\eta_{\mathrm{c}}-1)(1-E_{\mathrm{H}})E_{\mathrm{R}}]T_{\mathrm{L}}-(D^{-m}\pi^{-m}\eta_{\mathrm{t}}-\eta_{\mathrm{t}}\\&+1)\{[E_{\mathrm{R}}\eta_{\mathrm{c}}+(\pi^m+\eta_{\mathrm{c}}-1)(1-E_{\mathrm{H}})(1-2E_{\mathrm{R}})]T_{\mathrm{L}}+(1-E_{\mathrm{R}})E_{\mathrm{H}}T_{\mathrm{H}}\eta_{\mathrm{c}}\}\}\\&-C_{\mathrm{wf}}E_{\mathrm{H}}(2T_0/T_{\mathrm{H}}-1)\{(\pi^m+\eta_{\mathrm{c}}-1)(1-E_{\mathrm{R}})E_{\mathrm{L}}T_{\mathrm{L}}+[(\pi^m+\eta_{\mathrm{c}}-1)E_{\mathrm{R}}-\eta_{\mathrm{c}}]T_{\mathrm{H}}\\&+(D^{-m}\pi^{-m}\eta_{\mathrm{t}}-\eta_{\mathrm{t}}+1)(1-E_{\mathrm{L}})[(\pi^m+\eta_{\mathrm{c}}-1)(1-2E_{\mathrm{R}})+E_{\mathrm{R}}\eta_{\mathrm{c}}]T_{\mathrm{H}}\}\end{aligned}}{\begin{aligned}&\eta_{\mathrm{c}}-(\pi^m+\eta_{\mathrm{c}}-1)(1-E_{\mathrm{H}})E_{\mathrm{R}}-(D^{-m}\pi^{-m}\eta_{\mathrm{t}}-\eta_{\mathrm{t}}+1)\\&\times(1-E_{\mathrm{L}})[E_{\mathrm{R}}\eta_{\mathrm{c}}+(\pi^m+\eta_{\mathrm{c}}-1)(1-E_{\mathrm{H}})(1-2E_{\mathrm{R}})]\end{aligned}}
$$

$$(4.2.25)$$

为便于分析，将生态学目标函数写成无因次的形式：

$$\bar{E} = E / (C_{wf}T_H)$$

$$
\begin{aligned}
&a_1 E_L / \tau_1 \{ \eta_c - (\pi^m + \eta_c - 1)(1 - E_H)E_R - (D^{-m}\pi^{-m}\eta_t - \eta_t + 1)\{[E_R\eta_c \\
&+ (\pi^m + \eta_c - 1)(1 - E_H)(1 - 2E_R)] + (1 - E_R)E_H\tau_1\eta_c\}\} \\
&- a_2 E_H \{(\pi^m + \eta_c - 1)(1 - E_R)E_L / \tau_1 + [(\pi^m + \eta_c - 1)E_R - \eta_c] \\
= &\dfrac{+ (D^{-m}\pi^{-m}\eta_t - \eta_t + 1)(1 - E_L)[(\pi^m + \eta_c - 1)(1 - 2E_R) + E_R\eta_c]\}}{\eta_c - (\pi^m + \eta_c - 1)(1 - E_H)E_R - (D^{-m}\pi^{-m}\eta_t - \eta_t + 1)} \quad (4.2.26) \\
&\times (1 - E_L)[E_R\eta_c + (\pi^m + \eta_c - 1)(1 - E_H)(1 - 2E_R)]
\end{aligned}
$$

当 $E_R = 0$，且 $D_1 = D_2 = 1$ 时，该循环成为不计管路损失的恒温热源不可逆简单循环，而式(4.2.17)、式(4.2.18)、式(4.2.20)、式(4.2.24)和式(4.2.26)分别成为式(3.2.20)、式(3.2.21)、式(3.2.23)、式(3.2.27)和式(3.2.29)。

4.2.3　供热率、供热系数分析与优化

式(4.2.17)和式(4.2.18)表明，当 τ_1 一定时，β、$\bar{Q}_H$ 与换热器传热不可逆性（E_H、E_L、E_R）、内不可逆性（η_c、η_t、D）及压比（π）有关。因此，对循环性能进行优化时，可以从压比的选择、换热器传热的优化等方面进行。

4.2.3.1　最佳压比的选择

图 4.2.2 和图 4.2.3 分别给出了 β、$\bar{Q}_H$ 与压比 π 的关系图，其中 $k = 1.4$，$\eta_c = \eta_t = 0.8$，$D = 0.96$，$E_H = E_L = E_R = 0.9$。由图可知，β 与 π 呈类抛物线关系，

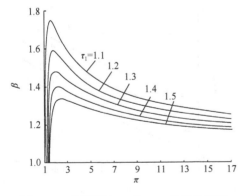

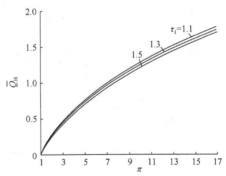

图 4.2.2　热源温比 τ_1 对 β-π 关系的影响　　　图 4.2.3　热源温比 τ_1 对 $\bar{Q}_H$-π 关系的影响

存在 $\pi_{\mathrm{opt},\beta}$ 使 β 取得最大值 $\beta_{\max,\pi}$，而 $\bar{Q}_{\mathrm{H}}$ 与 π 呈单调递增关系，因此，β 与 $\bar{Q}_{\mathrm{H}}$ 呈抛物线关系。图 4.2.2 和图 4.2.3 还表明，当 τ_1 提高时，β 和 $\beta_{\max,\pi}$ 及 $\bar{Q}_{\mathrm{H}}$ 均随之减小。

图 4.2.4 给出了 E_{H}、E_{L} 对 $\pi_{\mathrm{opt},\beta}$ 与 τ_1 关系的影响，其中 $k=1.4$，$\eta_{\mathrm{c}}=\eta_{\mathrm{t}}=0.8$，$E_{\mathrm{R}}=0.9$，$D=0.96$。由图可知，$\pi_{\mathrm{opt},\beta}$ 与 τ_1 呈单调递增关系，且随着 E_{H}、E_{L} 的增加，$\pi_{\mathrm{opt},\beta}$ 增大。

图 4.2.5 给出了 E_{R} 对 $\pi_{\mathrm{opt},\beta}$ 与 τ_1 关系的影响，其中 $k=1.4$，$\eta_{\mathrm{c}}=\eta_{\mathrm{t}}=0.8$，$E_{\mathrm{H}}=E_{\mathrm{L}}=0.9$，$D=0.96$。由图可知，随着 E_{R} 的增加，$\pi_{\mathrm{opt},\beta}$ 降低。

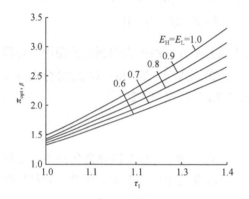

图 4.2.4　换热器有效度 E_{H}、E_{L} 对 $\pi_{\mathrm{opt},\beta}$-τ_1　　　图 4.2.5　回热器有效度 E_{R} 对 $\pi_{\mathrm{opt},\beta}$-τ_1
　　　　　关系的影响　　　　　　　　　　　　　　　　关系的影响

图 4.2.6 给出了 η_{c}、η_{t} 对 $\pi_{\mathrm{opt},\beta}$ 与 τ_1 关系的影响，其中 $k=1.4$，$E_{\mathrm{H}}=E_{\mathrm{L}}=E_{\mathrm{R}}=0.9$，$D=0.96$。由图可知，随着 η_{c}、η_{t} 的增加，$\pi_{\mathrm{opt},\beta}$ 降低。

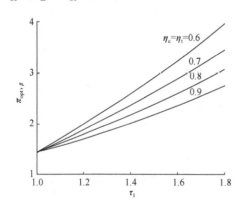

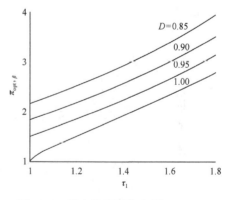

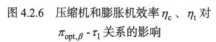

图 4.2.6　压缩机和膨胀机效率 η_{c}、η_{t} 对　　　图 4.2.7　压力恢复系数 D 对 $\pi_{\mathrm{opt},\beta}$-τ_1
　　　$\pi_{\mathrm{opt},\beta}$-τ_1 关系的影响　　　　　　　　　　　关系的影响

图 4.2.7 给出了 D 对 $\pi_{\mathrm{opt},\beta}$ 与 τ_1 关系的影响，其中 $k=1.4$，$E_{\mathrm{H}}=E_{\mathrm{L}}=E_{\mathrm{R}}=0.9$，$\eta_{\mathrm{c}}=\eta_{\mathrm{t}}=0.8$。由图可知，随着 D 的增加，$\pi_{\mathrm{opt},\beta}$ 降低。

图 4.2.8 和图 4.2.9 分别给出了不同 η_{c}、η_{t} 下，$\bar{Q}_{\mathrm{H}}$ 和 β 与压比 π 的关系图，其中 $k=1.4$，$E_{\mathrm{H}}=E_{\mathrm{L}}=E_{\mathrm{R}}=0.9$，$\tau_1=1.25$，$D=0.96$。由图可知，$\bar{Q}_{\mathrm{H}}$ 随着 η_{c} 和 η_{t} 的增大而降低；β 及 $\beta_{\max,\pi}$ 均随着 η_{c} 和 η_{t} 的增大而增大。

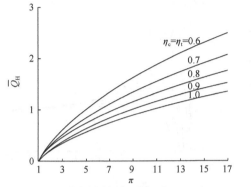

图 4.2.8　压缩机和膨胀机效率 η_{c}、η_{t} 对 $\bar{Q}_{\mathrm{H}}$-π 关系的影响　　　图 4.2.9　压缩机和膨胀机效率 η_{c}、η_{t} 对 β-π 关系的影响

图 4.2.10 和图 4.2.11 分别给出了不同 D 下 $\bar{Q}_{\mathrm{H}}$ 和 β 与压比 π 的关系图，其中 $k=1.4$，$E_{\mathrm{H}}=E_{\mathrm{L}}=E_{\mathrm{R}}=0.9$，$\tau_1=1.25$，$\eta_{\mathrm{c}}=\eta_{\mathrm{t}}=0.8$。由图可知，$\bar{Q}_{\mathrm{H}}$ 随着 D 的增大而减小，β 却随着 D 的增大而增加，但 $\bar{Q}_{\mathrm{H}}$ 的减小量非常小。

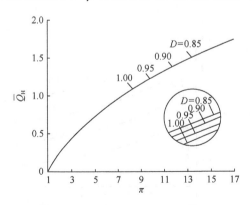
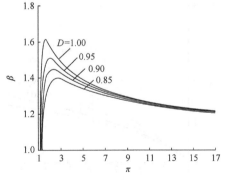

图 4.2.10　压力恢复系数 D 对 $\bar{Q}_{\mathrm{H}}$-π 关系的影响　　　图 4.2.11　压力恢复系数 D 对 β-π 关系的影响

对给定高温和低温侧换热器及回热器热导率，也即给定三个换热器相应有效

度的情形，图 4.2.12 和图 4.2.13 分别给出了 $k=1.4$，$\eta_c=\eta_t=0.8$，$\tau_1=1.25$，$E_H=E_L=0.9$，$D=0.96$ 时回热器的有效度 E_R 对无因次供热率 $\bar{Q}_H$、供热系数 β 与压比 π 关系的影响。虚线所示为不采用回热（即 $E_R=0$）时的 $\bar{Q}_H$ 及 β。由图可知，$\bar{Q}_H$ 及 β 均随着 E_R 的增大而增大，显然，采用回热以后，$\bar{Q}_H$ 和 β 有明显的提高，这是空气热泵回热循环与简单循环的根本不同之处。

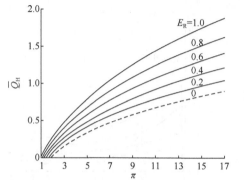

图 4.2.12　回热器有效度 E_R 对 $\bar{Q}_H$-π　　　　图 4.2.13　回热器有效度 E_R 对 β-π
　　　　　关系的影响　　　　　　　　　　　　　　　关系的影响

图 4.2.14 和图 4.2.15 分别给出了 E_H、E_L 对 $\bar{Q}_H$、β 与压比 π 关系的影响，其中 $k=1.4$，$\eta_c=\eta_t=0.8$，$E_R=0.9$，$\tau_1=1.25$，$D=0.96$。由图可知，$\bar{Q}_H$ 随着 E_H、E_L 的增加而降低，这与空气热泵简单循环的结果相反；β 则随着 E_H、E_L 的增加而增大。

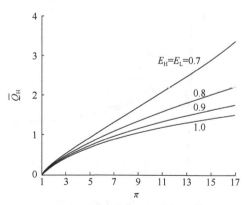
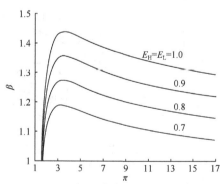
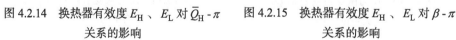

图 4.2.14　换热器有效度 E_H、E_L 对 $\bar{Q}_H$-π　　　图 4.2.15　换热器有效度 E_H、E_L 对 β-π
　　　　　关系的影响　　　　　　　　　　　　　　　关系的影响

4.2.3.2　热导率最优分配

对于热导率可选择的情形，在 $U_H + U_L + U_R = U_T$ 一定的条件下，令高温和低温侧换热器的热导率分配为：$u_H = U_H / U_T$，$u_L = U_L / U_T$，因此有：$U_H = u_H U_T$，$U_L = u_L U_T$，$U_R = (1 - u_H - u_L)U_T$。u_H 和 u_L 均有其物理意义，应保证循环为回热循环，即要满足条件：$u_H \leqslant 1$，$u_L \leqslant 1$，$u_H + u_L \leqslant 1$。由式(4.2.17)及式(4.2.18)可知，当循环的 τ_1、η_c、η_t、D 以及 C_{wf} 一定时，则循环的无因次供热率 $\overline{Q}_H$ 及供热系数 β 与 u_H、u_L 和压比 π 有关。

图 4.2.16 和图 4.2.17 分别给出了 $\overline{Q}_H$ 及 β 与 u_H 和 u_L 间的三维关系，其中 $k = 1.4$，$\pi = 5$，$U_T = 5\text{kW/K}$，$C_{wf} = 0.8\text{kW/K}$，$\eta_c = \eta_t = 0.8$，$D = 0.96$，$\tau_1 = 1.25$。图中的垂直平面表示了 $u_H + u_L = 1$，垂直平面的右边图即为满足 $u_H + u_L \leqslant 1$ 时的情况。由图可知，对于一定的 π，分别有一对最佳的热导率分配 $u_{\text{Hopt},\overline{Q}_H}$、$u_{\text{Lopt},\overline{Q}_H}$ 和 $u_{\text{Hopt},\beta}$、$u_{\text{Lopt},\beta}$，使 $\overline{Q}_H$ 及 β 取得最大值 $\overline{Q}_{\text{Hmax},u}$ 和 $\beta_{\text{max},u}$。因此，同时有最佳的压比值和热导率分配值，使 β 取得双重最佳值 $\beta_{\text{max,max}}$。

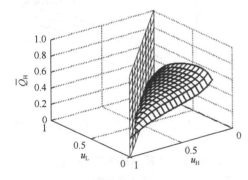

图 4.2.16　无因次供热率与高、低温侧换热器　　　图 4.2.17　供热系数与高、低温侧换热器
　　　　　　热导率分配间的关系　　　　　　　　　　　　　　热导率分配间的关系

图 4.2.18～图 4.2.21 分别给出了工质热容率 C_{wf} 对 $u_{\text{Hopt},\overline{Q}_H}$、$u_{\text{Lopt},\overline{Q}_H}$、$u_{\text{Hopt},\beta}$ 和 $u_{\text{Lopt},\beta}$ 与压比 π 关系的影响，其中 $k = 1.4$，$U_T = 5\text{kW/K}$，$\eta_c = \eta_t = 0.8$，$\tau_1 = 1.25$，$D = 0.96$。由图可知，$u_{\text{Hopt},\overline{Q}_H}$、$u_{\text{Lopt},\overline{Q}_H}$、$u_{\text{Hopt},\beta}$ 和 $u_{\text{Lopt},\beta}$ 均与 π 呈单调递增关系；随着 C_{wf} 的增加，$u_{\text{Hopt},\overline{Q}_H}$ 和 $u_{\text{Hopt},\beta}$ 都增加，$u_{\text{Lopt},\overline{Q}_H}$ 则呈无规律变化，而 $u_{\text{Lopt},\beta}$ 减小，并且相对应的 $u_{\text{Hopt},\overline{Q}_H} < u_{\text{Lopt},\overline{Q}_H}$，$u_{\text{Hopt},\beta} > u_{\text{Lopt},\beta}$。

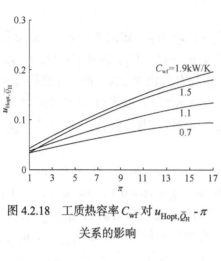

图 4.2.18　工质热容率 C_{wf} 对 $u_{Hopt,\bar{Q}_H}$ - π
关系的影响

图 4.2.19　工质热容率 C_{wf} 对 $u_{Lopt,\bar{Q}_H}$ - π
关系的影响

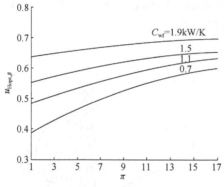
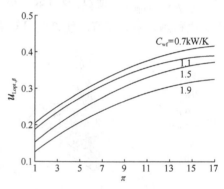

图 4.2.20　工质热容率 C_{wf} 对 $u_{Hopt,\beta}$ - π
关系的影响

图 4.2.21　工质热容率 C_{wf} 对 $u_{Lopt,\beta}$ - π
关系的影响

图 4.2.22～图 4.2.25 分别给出了热源温比 τ_1 对 $u_{Hopt,\bar{Q}_H}$、$u_{Lopt,\bar{Q}_H}$、$u_{Hopt,\beta}$ 和 $u_{Lopt,\beta}$ 与压比 π 关系的影响，其中 k =1.4，U_T = 5kW/K，C_{wf} = 0.8kW/K，$\eta_c = \eta_t = 0.8$，$D = 0.96$。由图可知，随着 τ_1 的增加，$u_{Hopt,\bar{Q}_H}$ 略有增加，而 $u_{Lopt,\bar{Q}_H}$ 略有减少，且当 π 增大到一定值时，$u_{Hopt,\bar{Q}_H}$ 和 $u_{Lopt,\bar{Q}_{II}}$ 几乎不变；$u_{Hopt,\beta}$ 和 $u_{Lopt,\beta}$ 均随着 τ_1 的增加而减小，并且相对应的 $u_{Hopt,\bar{Q}_H} < u_{Lopt,\bar{Q}_H}$，$u_{Hopt,\beta} > u_{Lopt,\beta}$。

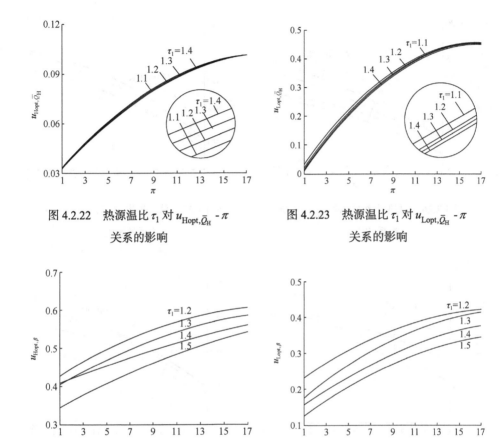

图 4.2.22　热源温比 τ_1 对 $u_{\mathrm{Hopt},\bar{Q}_{\mathrm{H}}}$ - π 关系的影响

图 4.2.23　热源温比 τ_1 对 $u_{\mathrm{Lopt},\bar{Q}_{\mathrm{H}}}$ - π 关系的影响

图 4.2.24　热源温比 τ_1 对 $u_{\mathrm{Hopt},\beta}$ - π 关系的影响

图 4.2.25　热源温比 τ_1 对 $u_{\mathrm{Lopt},\beta}$ - π 关系的影响

图 4.2.26～图 4.2.29 分别给出了总热导率 U_{T} 对 $u_{\mathrm{Hopt},\bar{Q}_{\mathrm{H}}}$、$u_{\mathrm{Lopt},\bar{Q}_{\mathrm{H}}}$、$u_{\mathrm{Hopt},\beta}$ 和 $u_{\mathrm{Lopt},\beta}$ 与压比 π 关系的影响，其中 $k=1.4$，$\tau_1=1.25$，$C_{\mathrm{wf}}=0.8\mathrm{kW/K}$，$\eta_{\mathrm{c}}=\eta_{\mathrm{t}}=0.8$，$D=0.96$。由图可知，随着 U_{T} 的增大，$u_{\mathrm{Hopt},\bar{Q}_{\mathrm{H}}}$ 和 $u_{\mathrm{Hopt},\beta}$ 均减少，而 $u_{\mathrm{Lopt},\bar{Q}_{\mathrm{H}}}$ 变化无规律，$u_{\mathrm{Lopt},\beta}$ 随着总热导率 U_{T} 的增大而增加，并且相对应的 $u_{\mathrm{Hopt},\bar{Q}_{\mathrm{H}}}<u_{\mathrm{Lopt},\bar{Q}_{\mathrm{H}}}$，$u_{\mathrm{Hopt},\beta}>u_{\mathrm{Lopt},\beta}$。

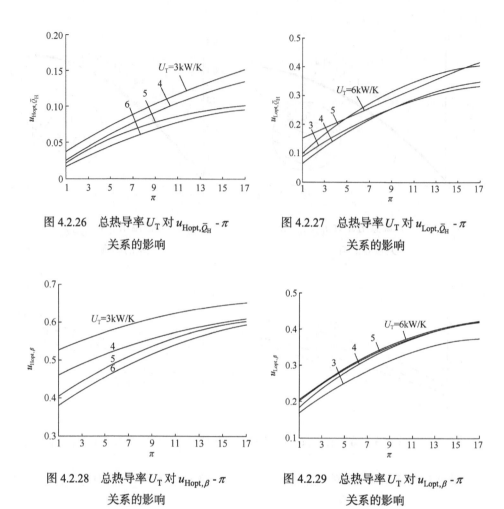

图 4.2.26　总热导率 U_T 对 $u_{Hopt,\bar{Q}_H}$ - π 关系的影响

图 4.2.27　总热导率 U_T 对 $u_{Lopt,\bar{Q}_H}$ - π 关系的影响

图 4.2.28　总热导率 U_T 对 $u_{Hopt,\beta}$ - π 关系的影响

图 4.2.29　总热导率 U_T 对 $u_{Lopt,\beta}$ - π 关系的影响

图 4.2.30~图 4.2.33 分别给出了 η_c、η_t 对 $u_{Hopt,\bar{Q}_H}$、$u_{Lopt,\bar{Q}_H}$、$u_{Hopt,\beta}$ 和 $u_{Lopt,\beta}$ 与压比 π 关系的影响，其中 $k=1.4$，$\tau_1=1.25$，$C_{wf}=0.8kW/K$，$U_T=5kW/K$，$D=0.96$。由图可知，随着 η_c、η_t 的增大，$u_{Hopt,\bar{Q}_H}$ 减小，$u_{Lopt,\beta}$ 增大，而 $u_{Lopt,\bar{Q}_H}$ 和 $u_{Hopt,\beta}$ 变化无规律，并且相对应的 $u_{Hopt,\bar{Q}_H} < u_{Lopt,\bar{Q}_H}$，$u_{Hopt,\beta} > u_{Lopt,\beta}$。

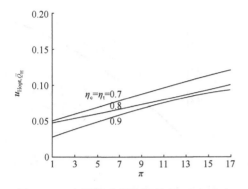

图 4.2.30 压缩机和膨胀机效率 η_c、η_t 对
$u_{\text{Hopt},\bar{Q}_H}$ - π 关系的影响

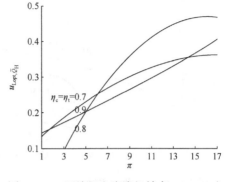

图 4.2.31 压缩机和膨胀机效率 η_c、η_t 对
$u_{\text{Lopt},\bar{Q}_H}$ - π 关系的影响

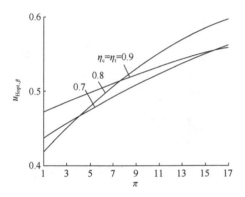

图 4.2.32 压缩机和膨胀机效率 η_c、η_t 对
$u_{\text{Hopt},\beta}$ - π 关系的影响

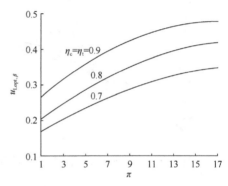

图 4.2.33 压缩机和膨胀机效率 η_c、η_t
对 $u_{\text{Lopt},\beta}$ - π 关系的影响

图 4.2.34～图 4.2.37 分别给出了 D 对 $u_{\text{Hopt},\bar{Q}_H}$、$u_{\text{Lopt},\bar{Q}_H}$、$u_{\text{Hopt},\beta}$ 和 $u_{\text{Lopt},\beta}$ 与压比 π 关系的影响，其中 $k=1.4$，$\tau_1=1.25$，$C_{\text{wf}}=0.8\text{kW/K}$，$U_T=5\text{kW/K}$，$\eta_c=\eta_t=0.8$。由图可知，随着 D 的增大，$u_{\text{Hopt},\bar{Q}_H}$ 减小，而 $u_{\text{Lopt},\bar{Q}_H}$、$u_{\text{Hopt},\beta}$ 和 $u_{\text{Lopt},\beta}$ 均增大，并且相对应的 $u_{\text{Hopt},\bar{Q}_H}<u_{\text{Lopt},\bar{Q}_H}$，$u_{\text{Hopt},\beta}>u_{\text{Lopt},\beta}$。

图 4.2.38 和图 4.2.39 分别给出了工质热容率 C_{wf} 对 $\bar{Q}_{\text{Hmax},u}$、$\beta_{\text{max},u}$ 与压比 π 关系的影响，其中 $k=1.4$，$U_T=5\text{kW/K}$，$\eta_c=\eta_t=0.8$，$\tau_1=1.25$，$D=0.96$。由图可知，$\bar{Q}_{\text{Hmax},u}$ 随着 π 的增大而增大，而 $\beta_{\text{max},u}$ 与 π 呈类抛物线关系，当 $\pi<\pi_{\text{opt},\beta}$ 时，$\beta_{\text{max},u}$ 随着 π 的增大快速增加；当 $\pi=\pi_{\text{opt},\beta}$ 时，$\beta_{\text{max},u}=\beta_{\text{max},\max}$；当 $\pi>\pi_{\text{opt},\beta}$ 时，$\beta_{\text{max},u}$ 随着 π 的增大缓慢降低。由图还可知，随着 C_{wf} 的增加，$\bar{Q}_{\text{Hmax},u}$ 和 $\beta_{\text{max},u}$ 都总是下降的。

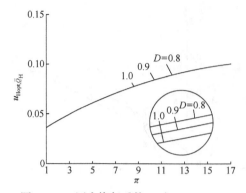

图 4.2.34　压力恢复系数 D 对 $u_{\mathrm{Hopt},\bar{Q}_{\mathrm{H}}}$ - π 关系的影响

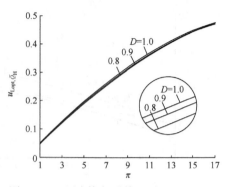

图 4.2.35　压力恢复系数 D 对 $u_{\mathrm{Lopt},\bar{Q}_{\mathrm{H}}}$ - π 关系的影响

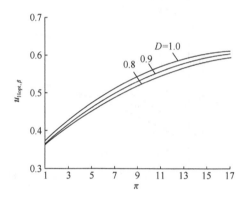

图 4.2.36　压力恢复系数 D 对 $u_{\mathrm{Hopt},\beta}$ - π 关系的影响

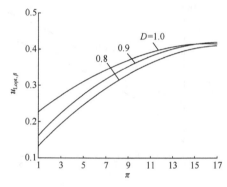

图 4.2.37　压力恢复系数 D 对 $u_{\mathrm{Lopt},\beta}$ - π 关系的影响

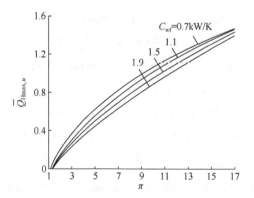

图 4.2.38　工质热容率 C_{wf} 对 $\bar{Q}_{\mathrm{Hmax},u}$ - π 关系的影响

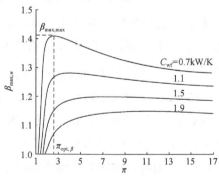

图 4.2.39　工质热容率 C_{wf} 对 $\beta_{\mathrm{max},u}$ - π 关系的影响

图 4.2.40 和图 4.2.41 分别给出了 τ_1 对 $\bar{Q}_{\text{Hmax},u}$、$\beta_{\text{max},u}$ 与压比 π 关系的影响，其中 $k=1.4$，$U_T=5\text{kW/K}$，$C_{\text{wf}}=0.8\text{kW/K}$，$\eta_c=\eta_t=0.8$，$D=0.96$。由图可知，随着 τ_1 的增加，$\bar{Q}_{\text{Hmax},u}$ 和 $\beta_{\text{max},u}$ 都总是下降的。

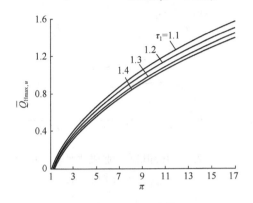

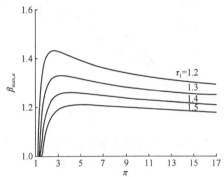

图 4.2.40　热源温比 τ_1 对 $\bar{Q}_{\text{Hmax},u}$ - π
关系的影响

图 4.2.41　热源温比 τ_1 对 $\beta_{\text{max},u}$ - π
关系的影响

图 4.2.42 和图 4.2.43 分别给出了总热导率 U_T 对 $\bar{Q}_{\text{Hmax},u}$ 和 $\beta_{\text{max},u}$ 与压比 π 关系的影响，其中 $k=1.4$，$\tau_1=1.25$，$C_{\text{wf}}=0.8\text{kW/K}$，$\eta_c=\eta_t=0.8$，$D=0.96$。由图可知，$\bar{Q}_{\text{Hmax},u}$ 和 $\beta_{\text{max},u}$ 均随着 U_T 的增大而增大，而且当 U_T 增大到一定值后，如果再继续提高 U_T，$\bar{Q}_{\text{Hmax},u}$ 和 $\beta_{\text{max},u}$ 的递增量均越来越小。

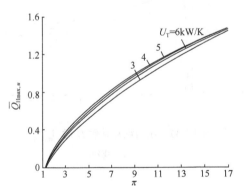

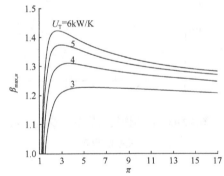

图 4.2.42　总热导率 U_T 对 $\bar{Q}_{\text{Hmax},u}$ - π
关系的影响

图 4.2.43　总热导率 U_T 对 $\beta_{\text{max},u}$ - π
关系的影响

图 4.2.44 和图 4.2.45 分别给出了 η_c、η_t 对 $\bar{Q}_{\text{Hmax},u}$ 和 $\beta_{\text{max},u}$ 与压比 π 关系的影响，其中 $k=1.4$，$\tau_1=1.25$，$C_{\text{wf}}=0.8\text{kW/K}$，$U_T=5\text{kW/K}$，$D=0.96$。由图可知，$\bar{Q}_{\text{Hmax},u}$ 随着 η_c、η_t 的增大而减小，$\beta_{\text{max},u}$ 最大供热系数随着 η_c、η_t 的增

大而增大。

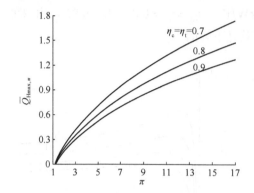

图 4.2.44　压缩机和膨胀机效率 η_c、η_t 对
　　　　$\bar{Q}_{Hmax,u}$-π 关系的影响

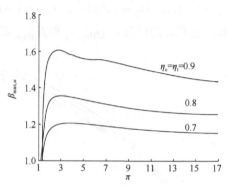

图 4.2.45　压缩机和膨胀机效率 η_c、η_t 对
　　　　$\beta_{max,u}$-π 关系的影响

图 4.2.46 和图 4.2.47 分别给出了 D 对 $\bar{Q}_{Hmax,u}$ 以及 $\beta_{max,u}$ 与压比 π 关系的影响，其中 $k=1.4$，$U_T=5\text{kW/K}$，$\tau_1=1.25$，$C_{wf}=0.8\text{kW/K}$，$\eta_c=\eta_t=0.8$。由图可知，随着 D 的增大，$\bar{Q}_{Hmax,u}$ 减少量非常小，而 $\beta_{max,u}$ 却增大。

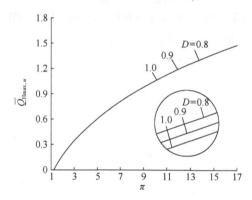

图 4.2.46　压力恢复系数 D 对 $\bar{Q}_{Hmax,u}$-π
　　　　关系的影响

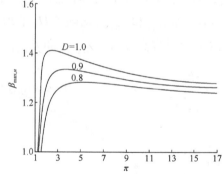

图 4.2.47　压力恢复系数 D 对 $\beta_{max,u}$-π
　　　　关系的影响

4.2.4　供热率密度分析与优化

4.2.4.1　各参数的影响分析

式 (4.2.20) 表明，当 τ_1 一定时，$\bar{q}_H$ 与换热器传热不可逆性（E_H、E_L、E_R）、内不可逆性（η_c、η_t、D）以及压比（π）有关。因此，对循环性能进行优化时，可

以从压比的选择、换热器传热的优化等方面进行。

图 4.2.48 给出了热源温比 τ_1 对 $\overline{q}_H$ 与压比 π 关系的影响，其中 k =1.4，$E_H = E_L = E_R = 0.9$，$\eta_c = \eta_t = 0.8$，$D = 0.96$，由图可知，$\overline{q}_H$ 与 π 呈单调递增关系，在以 $\overline{q}_H$ 作为优化目标进行压比选择时，应兼顾供热率与供热系数。 图 4.2.48 还表明，$\overline{q}_H$ 随着 τ_1 的增大而减小。

图 4.2.49 给出了不同 η_c、η_t 下的 $\overline{q}_H$ 与压比 π 的关系图，其中 k =1.4，$E_H = E_L = E_R = 0.9$，$D = 0.96$，$\tau_1 =1.25$。由图可知，$\overline{q}_H$ 随着 η_c 和 η_t 的增大而降低。

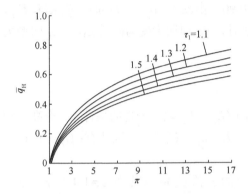

图 4.2.48　热源温比 τ_1 对 $\overline{q}_H$ - π 关系的影响　　　图 4.2.49　压缩机和膨胀机效率 η_c、η_t 对 $\overline{q}_H$ - π 关系的影响

图 4.2.50 给出了不同的压力恢复系数 D 下 $\overline{q}_H$ 与压比 π 的关系图，其中 k =1.4，$E_H = E_L = E_R = 0.9$，$\eta_c = \eta_t = 0.8$，$\tau_1 =1.25$。由图可知，$\overline{q}_H$ 随着 D 的增大而降低。

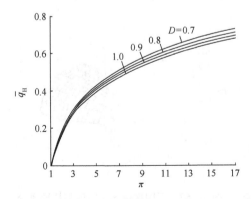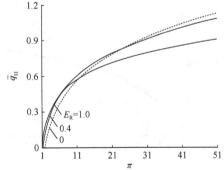

图 4.2.50　压力恢复系数 D 对 $\overline{q}_H$ - π 关系的影响　　　图 4.2.51　回热器有效度 E_R 对 $\overline{q}_H$ - π 关系的影响

对给定高温和低温侧换热器及回热器热导率，也即给定高温和低温侧换热器及回热器有效度的情形，图 4.2.51 给出了回热器的有效度 E_R 对 $\bar{q}_H$ 与压比 π 关系的影响，其中 $k=1.4$，$\eta_c=\eta_t=0.8$，$\tau_1=1.25$，$E_H=E_L=0.9$，$D=0.96$。虚线所示为不采用回热（即 $E_R=0$）时的无因次供热密度。由图可知，π 较小时，$\bar{q}_H$ 随着 E_R 的增大而增大，此时，采用回热以后，$\bar{q}_H$ 有所提高，但当 π 提高到一定值时，$\bar{q}_H$ 逐步变为随着 E_R 的增大而减小，即 $E_R=1$ 时的 $\bar{q}_H$ 最小，这时，采用回热以后，$\bar{q}_H$ 却有所降低。

图 4.2.52 给出了 E_H、E_L 对 $\bar{q}_H$ 与压比 π 关系的影响，其中 $k=1.4$，$\eta_c=\eta_t=0.8$，$E_R=0.9$，$\tau_1=1.25$，$D=0.96$。由图可知，π 较小时，$\bar{q}_H$ 随着 E_H、E_L 的增大而增大，但当 π 增大到一定值时，$\bar{q}_H$ 却逐步变为随着 E_H、E_L 的增大而减小，即 $E_H=E_L=1$ 时的 $\bar{q}_H$ 最小。

4.2.4.2　热导率最优分配

而对于热导率可选择的情形，在 $U_H+U_L+U_R=U_T$ 一定的条件下，令高温和低温侧换热器的热导率分配为：$u_H=U_H/U_T$，$u_L=U_L/U_T$，因此有：$U_H=u_H U_T$，$U_L=u_L U_T$，$U_R=(1-u_H-u_L)U_T$。

图 4.2.53 给出了 $\bar{q}_H$ 与 u_H 和 u_L 间的三维关系，其中 $k=1.4$，$\pi=5$，$U_T=5\,\mathrm{kW/K}$，$C_{wf}=0.8\,\mathrm{kW/K}$，$\eta_c=\eta_t=0.8$，$D=0.96$，$\tau_1=1.25$，图中的垂直平面表示了 $u_H+u_L=1$，垂直平面的右边图即为满足 $u_H+u_L\leqslant1$ 时的情况。由图可知，对于一定的压比 π，存在一对最佳的热导率分配 $u_{Hopt,\bar{q}_H}$ 和 $u_{Lopt,\bar{q}_H}$，使 $\bar{q}_H$ 取得最大值 $\bar{q}_{Hmax,u}$。

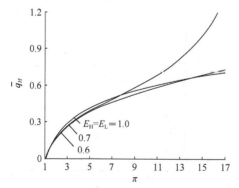
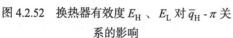
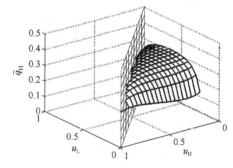

图 4.2.52　换热器有效度 E_H、E_L 对 $\bar{q}_H$-π 关系的影响　　　图 4.2.53　无因次供热率密度与热导率分配及压比的综合关系

图 4.2.54 和图 4.2.55 分别给出了工质热容率 C_{wf} 对 $u_{Hopt,\bar{q}_H}$ 和 $u_{Lopt,\bar{q}_H}$ 与压比 π

关系的影响，其中 $k=1.4$，$U_T=5\text{kW/K}$，$\eta_c=\eta_t=0.8$，$\tau_1=1.25$，$D=0.96$。由图可知，$u_{\text{Hopt},\bar{q}_H}$ 和 $u_{\text{Lopt},\bar{q}_H}$ 均与 π 呈单调递增关系；随着 C_{wf} 的增加，在 π 较小时，$u_{\text{Hopt},\bar{q}_H}$ 和 $u_{\text{Lopt},\bar{q}_H}$ 都变化无规律，而当 π 较大时，随着 C_{wf} 的增加，$u_{\text{Hopt},\bar{q}_H}$ 增大，$u_{\text{Lopt},\bar{q}_H}$ 减小，并且相对应的 $u_{\text{Hopt},\bar{q}_H}<u_{\text{Lopt},\bar{q}_H}$。

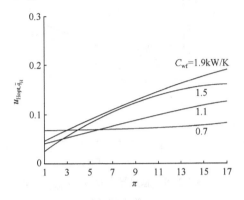

图 4.2.54　工质热容率 C_{wf} 对 $u_{\text{Hopt},\bar{q}_H}$-$\pi$ 关系的影响

图 4.2.55　工质热容率 C_{wf} 对 $u_{\text{Lopt},\bar{q}_H}$-$\pi$ 关系的影响

图 4.2.56 和图 4.2.57 分别给出了热源温比 τ_1 对 $u_{\text{Hopt},\bar{q}_H}$ 和 $u_{\text{Lopt},\bar{q}_H}$ 与压比 π 关系的影响，其中 $k=1.4$，$U_T=5\text{kW/K}$，$C_{\text{wf}}=0.8\text{kW/K}$，$\eta_c=\eta_t=0.8$，$D=0.96$。由图可知，随着 τ_1 的增加，$u_{\text{Hopt},\bar{q}_H}$ 和 $u_{\text{Lopt},\bar{q}_H}$ 均减少，并且相对应的 $u_{\text{Hopt},\bar{q}_H}<u_{\text{Lopt},\bar{q}_H}$。

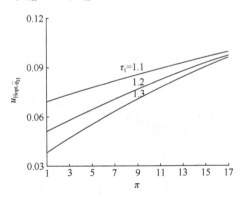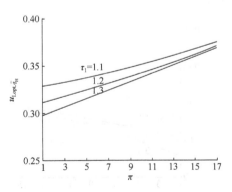

图 4.2.56　热源温比 τ_1 对 $u_{\text{Hopt},\bar{q}_H}$-$\pi$ 关系的影响

图 4.2.57　热源温比 τ_1 对 $u_{\text{Lopt},\bar{q}_H}$-$\pi$ 关系的影响

图 4.2.58 和图 4.2.59 分别给出了总热导率 U_T 对 $u_{\text{Hopt},\bar{q}_H}$ 和 $u_{\text{Lopt},\bar{q}_H}$ 与压比 π 关

系的影响，其中 $k=1.4$，$\tau_1=1.25$，$C_{wf}=0.8\text{kW/K}$，$\eta_c=\eta_t=0.8$，$D=0.96$。由图可知，随着 U_T 的增大，$u_{\text{Hopt},\bar{Q}_H}$ 和 $u_{\text{Hopt},\beta}$ 均变化无规律，并且相对应的 $u_{\text{Hopt},\bar{q}_H}<u_{\text{Lopt},\bar{q}_H}$。

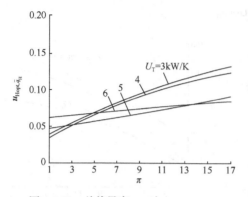

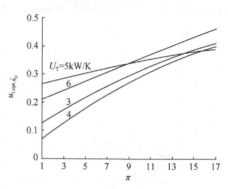

图 4.2.58　总热导率 U_T 对 $u_{\text{Hopt},\bar{q}_H}$ - π
关系的影响

图 4.2.59　总热导率 U_T 对 $u_{\text{Lopt},\bar{q}_H}$ - π
关系的影响

图 4.2.60 和图 4.2.61 分别给出了 η_c、η_t 对 $u_{\text{Hopt},\bar{q}_H}$ 和 $u_{\text{Lopt},\bar{q}_H}$ 与压比 π 关系的影响，其中 $k=1.4$，$\tau_1=1.25$，$C_{wf}=0.8\text{kW/K}$，$U_T=5\text{kW/K}$，$D=0.96$。由图可知，随着 η_c、η_t 的增大，$u_{\text{Hopt},\bar{q}_H}$ 和 $u_{\text{Lopt},\bar{q}_H}$ 均变化无规律，并且相对应的 $u_{\text{Hopt},\bar{q}_H}<u_{\text{Lopt},\bar{q}_H}$。

通过分析知，压力恢复系数 D 对 $u_{\text{Hopt},\bar{q}_H}$ 和 $u_{\text{Lopt},\bar{q}_H}$ 与压比 π 关系的影响非常小。

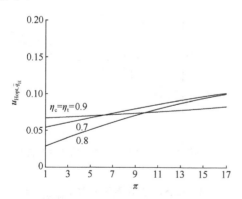

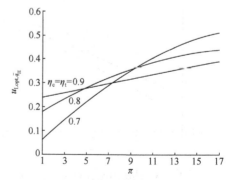

图 4.2.60　压缩机和膨胀机效率 η_c、η_t 对
$u_{\text{Hopt},\bar{q}_H}$ - π 关系的影响

图 4.2.61　压缩机和膨胀机效率 η_c、η_t 对
$u_{\text{Lopt},\bar{q}_H}$ - π 关系的影响

图 4.2.62 给出了不同工质热容率 C_{wf} 下的 $\overline{q}_{Hmax,u}$ 与压比 π 的关系图，其中 $k=1.4$，$U_T=5kW/K$，$\tau_1=1.25$，$\eta_c=\eta_t=0.8$，$D=0.96$。由图可知，在 π 较小时，$\overline{q}_{Hmax,u}$ 与 C_{wf} 呈单调递减关系，当 π 较大时，$\overline{q}_{Hmax,u}$ 与 C_{wf} 呈单调递增关系。

图 4.2.63 给出了 $k=1.4$，$C_{wf}=0.8kW/K$，$U_T=5kW/K$，$\eta_c=\eta_t=0.8$，$D=0.96$ 时不同 τ_1 下的最大无因次供热率密度 $\overline{q}_{Hmax,u}$ 与压比 π 的关系，该图说明，$\overline{q}_{Hmax,u}$ 随着 τ_1 的增大而减小。

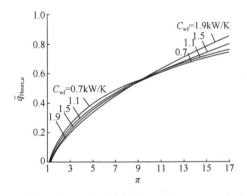

图 4.2.62　工质热容率 C_{wf} 对 $\overline{q}_{Hmax,u}$-π
　　　　　关系的影响

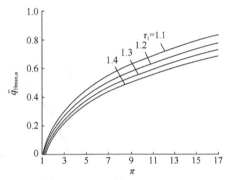

图 4.2.63　热源温比 τ_1 对 $\overline{q}_{Hmax,u}$-π
　　　　　关系的影响

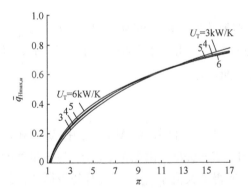

图 4.2.64　总热导率 U_T 对 $\overline{q}_{Hmax,u}$-π
　　　　　关系的影响

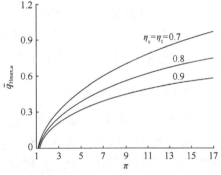

图 4.2.65　压缩机和膨胀机效率 η_c、η_t 对
　　　　　$\overline{q}_{Hmax,u}$-π 关系的影响

图 4.2.64 给出了总热导率 U_T 对 $\overline{q}_{Hmax,u}$ 与压比 π 关系的影响，其中 $k=1.4$，$\tau_1=1.25$，$C_{wf}=0.8kW/K$，$\eta_c=\eta_t=0.8$，$D=0.96$。由图可知，在压比较小时，$\overline{q}_{Hmax,u}$ 与 U_T 呈单调递增关系，当压比较大时，$\overline{q}_{Hmax,u}$ 与 U_T 呈单调递减关系，而且当 U_T 增大到一定值后，如果再继续提高 U_T，$\overline{q}_{Hmax,u}$ 变化量越来越小。

图 4.2.65 给出了 η_c、η_t 对 $\bar{q}_{Hmax,u}$ 与压比 π 关系的影响,其中 $k=1.4$,$\tau_1=1.25$,$C_{wf}=0.8\text{kW/K}$,$U_T=5\text{kW/K}$,$D=0.96$。由图可知,$\bar{q}_{Hmax,u}$ 随着 η_c、η_t 的增大而减小。

图 4.2.66 给出了压力恢复系数 D 对 $\bar{q}_{Hmax,u}$ 与压比 π 关系的影响,其中 $k=1.4$,$\tau_1=1.25$,$U_T=5\text{kW/K}$,$C_{wf}=0.8\text{kW/K}$,$\eta_c=\eta_t=0.8$。由图可知,$\bar{q}_{Hmax,u}$ 随着 D 的增大而减小。

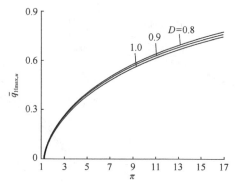

图 4.2.66　压力恢复系数 D 对 $\bar{q}_{Hmax,u}$ - π 关系的影响

4.2.5　烟效率分析与优化

式(4.2.24)表明,当 τ_1 一定时,η_{ex} 与换热器传热不可逆性(E_H、E_L、E_R)、内不可逆性(η_c、η_t、D)以及压比(π)有关。因此,对循环性能进行优化时,可以从压比的选择、换热器传热的优化等方面进行。

4.2.5.1　最佳压比的选择

图 4.2.67 给出了烟效率 η_{ex} 与压比 π 的关系图,其中 $k=1.4$,$E_H=E_L=E_R=0.9$,$\eta_c=\eta_t=0.8$,$\tau_2=1$,$D=0.96$。由图可知,η_{ex} 与 π 呈类抛物线关系,即有最佳压比 $\pi_{opt,\eta_{ex}}$ 使得 η_{ex} 取得最大值 $\eta_{exmax,\pi}$,并且随着循环 τ_1 的增大,η_{ex} 和 $\eta_{exmax,\pi}$ 都增大。

图 4.2.68 给出了 E_H 和 E_L 对 $\pi_{opt,\eta_{ex}}$ 与 τ_1 关系的影响,其中 $k=1.4$,$\eta_c=\eta_t=0.8$,$E_R=0.9$,$\tau_2=1$,$D=0.96$。由图可知,$\pi_{opt,\eta_{ex}}$ 与 τ_1 呈单调递增关系,且随着 E_H 和 E_L 的增加,$\pi_{opt,\eta_{ex}}$ 增大。

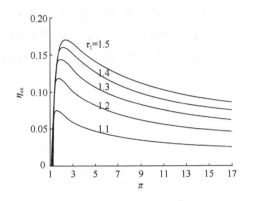

图 4.2.67　热源温比 τ_1 对 η_{ex}-π 关系的影响

图 4.2.68　换热器有效度 E_H、E_L 对
$\pi_{opt,\eta_{ex}}$-τ_1 关系的影响

图 4.2.69 给出了回热器的有效度 E_R 对 $\pi_{opt,\eta_{ex}}$ 与 τ_1 关系的影响，其中 $k=1.4$，$\eta_c=\eta_t=0.8$，$E_H=E_L=0.9$，$\tau_2=1$，$D=0.96$。由图可知，随着 E_R 的增加，$\pi_{opt,\eta_{ex}}$ 降低。

图 4.2.70 给出了 η_c、η_t 对最佳压比 $\pi_{opt,\eta_{ex}}$ 与热源温比 τ_1 关系的影响，其中 $k=1.4$，$E_H=E_L=E_R=0.9$，$\tau_2=1$，$D=0.96$。由图可知，随着 η_c、η_t 的增加，$\pi_{opt,\eta_{ex}}$ 降低。

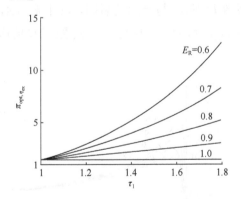

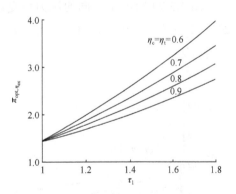

图 4.2.69　回热器有效度 E_R 对 $\pi_{opt,\eta_{ex}}$-τ_1
关系的影响

图 4.2.70　压缩机和膨胀机效率 η_c、η_t 对
$\pi_{opt,\eta_{ex}}$-τ_1 关系的影响

图 4.2.71 给出了压力恢复系数 D 对 $\pi_{opt,\eta_{ex}}$ 与 τ_1 关系的影响，其中 $k=1.4$，$E_H=E_L=E_R=0.9$，$\tau_2=1$，$\eta_c=\eta_t=0.8$。由图可知，随着 D 的增加，$\pi_{opt,\eta_{ex}}$ 降低。

图 4.2.72 给出了 τ_2 对㶲效率 η_{ex} 与压比 π 关系的影响，其中 $k=1.4$，$\eta_c=\eta_t=0.8$，$E_H=E_L=E_R=0.9$，$\tau_1=1.25$，$D=0.96$。由图可知，η_{ex} 随着 τ_2 的增加而增大。结合分析式(4.2.24)可知，τ_2 对 $\pi_{opt,\eta_{ex}}$ 无影响，即 $\pi_{opt,\eta_{ex}}$ 不随 τ_2 的变化而变化。

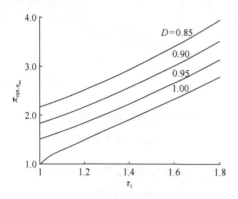

图 4.2.71　压力恢复系数 D 对 $\pi_{opt,\eta_{ex}}$-τ_1 关系的影响

图 4.2.72　高温热源与外界环境温度之比 τ_2 对 η_{ex}-π 关系的影响

图 4.2.73 给出了不同 η_c、η_t 下㶲效率 η_{ex} 与压比 π 的关系图，其中 $k=1.4$，$E_H=E_L=0.9$，$\tau_1=1.25$，$\tau_2=1$。由图可见，η_{ex} 随着 η_c 和 η_t 的增大而增大。

图 4.2.74 给出了不同的压力恢复系数 D 下 η_{ex} 与 π 的关系图，其中 $k=1.4$，$E_H=E_L=E_R=0.9$，$\tau_1=1.25$，$\eta_c=\eta_t=0.8$，$\tau_2=1$。由图可知，η_{ex} 随着 D 的增大而增加。

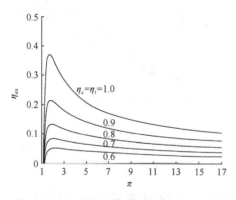
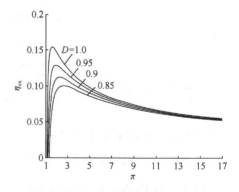

图 4.2.73　压缩机和膨胀机效率 η_c、η_t 对 η_{ex}-π 关系的影响

图 4.2.74　压力恢复系数 D 对 η_{ex}-π 关系的影响

对给定高温和低温侧换热器及回热器热导率，也即给定高温和低温侧换热器及回热器相应有效度的情形，图 4.2.75 给出了回热器的有效度 E_R 对㶲效率 η_{ex} 与压比 π 关系的影响，其中 $k=1.4$，$\eta_c=\eta_t=0.8$，$\tau_1=1.25$，$E_H=E_L=0.9$，$D=0.96$。虚线所示为不采用回热（即 $E_R=0$）时的㶲效率。由图可知，η_{ex} 随着 E_R 的增大而增大，显然，采用回热以后，η_{ex} 有明显的提高，这即是回热循环与简单循环的根本不同之处。图 4.2.76 给出了 E_H、E_L 对㶲效率 η_{ex} 与压比 π 关系的影响，其中 $k=1.4$，$\eta_c=\eta_t=0.8$，$E_R=0.9$，$\tau_1=1.25$，$D=0.96$。由图可知，η_{ex} 随着 E_H、E_L 的增加而增大。

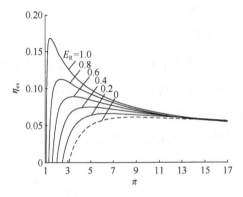 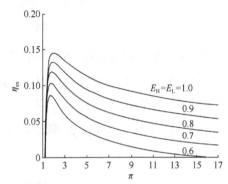

图 4.2.75　回热器有效度 E_R 对 η_{ex}-π　　　　图 4.2.76　换热器有效度 E_H、E_L 对 η_{ex}-π
　　　　　　关系的影响　　　　　　　　　　　　　　　　　关系的影响

4.2.5.2　热导率最优分配

对于热导率可选择的情形，在 $U_H+U_L+U_R=U_T$ 一定的条件下，令高温和低温侧换热器的热导率分配为：$u_H=U_H/U_T$，$u_L=U_L/U_T$，因此有：$U_H=u_HU_T$，$U_L=u_LU_T$，$U_R=(1-u_H-u_L)U_T$。

图 4.2.77 给出了㶲效率 η_{ex} 与 u_H 和 u_L 间的三维关系，其中 $k=1.4$，$\pi=5$，$U_T=5\text{kW/K}$，$C_{wf}=0.8\text{kW/K}$，$\eta_c=\eta_t=0.8$，$D=0.96$，$\tau_1=1.25$，$\tau_2=1$。图中的垂直平面表示了 $u_H+u_L=1$，垂直平面的右边图即为满足 $u_H+u_L\leqslant1$ 时的情况。由图可知，对于一定的 π，有一对最佳的热导率分配 $u_{Hopt,\eta_{ex}}$ 和 $u_{Lopt,\eta_{ex}}$，使 η_{ex} 取得最大值 $\eta_{exmax,u}$。因此，同时有最佳的压比值和热导率分配值，使 η_{ex} 取得双重最佳值 $\eta_{exmax,max}$。

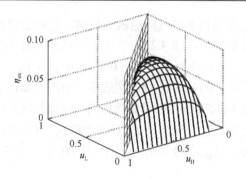

图 4.2.77　㶲效率与高、低温侧换热器
热导率分配间的关系

图 4.2.78 和图 4.2.79 分别给出了工质热容率 C_{wf} 对 $u_{\mathrm{Hopt},\eta_{\mathrm{ex}}}$ 和 $u_{\mathrm{Lopt},\eta_{\mathrm{ex}}}$ 与压比 π 关系的影响，其中 $k=1.4$，$U_{\mathrm{T}}=5\mathrm{kW/K}$，$\eta_{\mathrm{c}}=\eta_{\mathrm{t}}=0.8$，$\tau_1=1.25$，$\tau_2=1$，$D=0.96$。由图可知，$u_{\mathrm{Hopt},\eta_{\mathrm{ex}}}$ 和 $u_{\mathrm{Lopt},\eta_{\mathrm{ex}}}$ 均与 π 呈单调递增关系；随着 C_{wf} 的增加，$u_{\mathrm{Hopt},\eta_{\mathrm{ex}}}$ 增加，而 $u_{\mathrm{Lopt},\eta_{\mathrm{ex}}}$ 减小，并且相对应的 $u_{\mathrm{Hopt},\eta_{\mathrm{ex}}} > u_{\mathrm{Lopt},\eta_{\mathrm{ex}}}$。

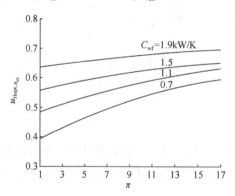

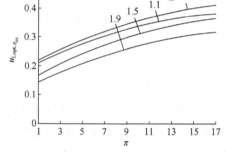

图 4.2.78　工质热容率 C_{wf} 对 $u_{\mathrm{Hopt},\eta_{\mathrm{ex}}}$-$\pi$
关系的影响

图 4.2.79　工质热容率 C_{wf} 对 $u_{\mathrm{Lopt},\eta_{\mathrm{ex}}}$-$\pi$ 关
系的影响

图 4.2.80 和图 4.2.81 分别给出了热源温比 τ_1 对 $u_{\mathrm{Hopt},\eta_{\mathrm{ex}}}$ 和 $u_{\mathrm{Lopt},\eta_{\mathrm{ex}}}$ 与压比 π 关系的影响，其中 $k=1.4$，$U_{\mathrm{T}}=5\mathrm{kW/K}$，$C_{\mathrm{wf}}=0.8\mathrm{kW/K}$，$\eta_{\mathrm{c}}=\eta_{\mathrm{t}}=0.8$，$\tau_2=1$，$D=0.96$。由图可知，随着 τ_1 的增加，$u_{\mathrm{Hopt},\eta_{\mathrm{ex}}}$ 和 $u_{\mathrm{Lopt},\eta_{\mathrm{ex}}}$ 均减小，并且相对应的 $u_{\mathrm{Hopt},\eta_{\mathrm{ex}}} > u_{\mathrm{Lopt},\eta_{\mathrm{ex}}}$。

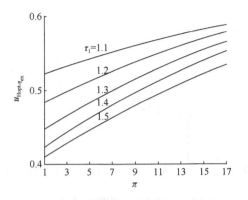

图 4.2.80　热源温比 τ_1 对 $u_{\mathrm{Hopt},\eta_{\mathrm{ex}}}$-$\pi$
关系的影响

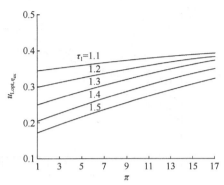

图 4.2.81　热源温比 τ_1 对 $u_{\mathrm{Lopt},\eta_{\mathrm{ex}}}$-$\pi$
关系的影响

图 4.2.82 和图 4.2.83 分别给出了 U_{T} 对 $u_{\mathrm{Hopt},\eta_{\mathrm{ex}}}$ 和 $u_{\mathrm{Lopt},\eta_{\mathrm{ex}}}$ 与 π 关系的影响图，其中 $k=1.4$，$\tau_1=1.25$，$C_{\mathrm{wf}}=0.8\mathrm{kW/K}$，$\eta_{\mathrm{c}}=\eta_{\mathrm{t}}=0.8$，$\tau_2=1$，$D=0.96$。由图可知，随着 U_{T} 的增大，$u_{\mathrm{Hopt},\eta_{\mathrm{ex}}}$ 减小，而 $u_{\mathrm{Lopt},\eta_{\mathrm{ex}}}$ 增大，并且相对应的 $u_{\mathrm{Hopt},\eta_{\mathrm{ex}}}>u_{\mathrm{Lopt},\eta_{\mathrm{ex}}}$。

图 4.2.84 和图 4.2.85 分别给出了压缩机和膨胀机效率 η_{c}、η_{t} 对 $u_{\mathrm{Hopt},\eta_{\mathrm{ex}}}$ 和 $u_{\mathrm{Lopt},\eta_{\mathrm{ex}}}$ 与 π 关系的影响图，其中 $k=1.4$，$\tau_1=1.25$，$C_{\mathrm{wf}}=0.8\mathrm{kW/K}$，$U_{\mathrm{T}}=5\mathrm{kW/K}$，$\tau_2=1$，$D=0.96$。由图可知，随着 η_{c}、η_{t} 的增大，$u_{\mathrm{Hopt},\eta_{\mathrm{ex}}}$ 变化无规律，而 $u_{\mathrm{Lopt},\eta_{\mathrm{ex}}}$ 增大，并且相对应的 $u_{\mathrm{Hopt},\eta_{\mathrm{ex}}}>u_{\mathrm{Lopt},\eta_{\mathrm{ex}}}$。

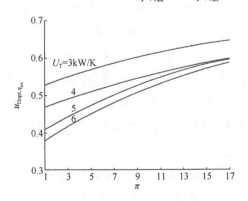

图 4.2.82　总热导率 U_{T} 对 $u_{\mathrm{Hopt},\eta_{\mathrm{ex}}}$-$\pi$
关系的影响

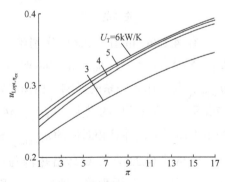

图 4.2.83　总热导率 U_{T} 对 $u_{\mathrm{Lopt},\eta_{\mathrm{ex}}}$-$\pi$
关系的影响

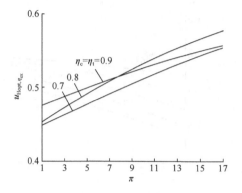

图 4.2.84　压缩机和膨胀机效率 η_c、η_t 对 $u_{\mathrm{Hopt},\eta_{\mathrm{ex}}}$-$\pi$ 关系的影响

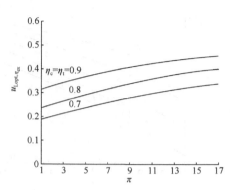

图 4.2.85　压缩机和膨胀机效率 η_c、η_t 对 $u_{\mathrm{Lopt},\eta_{\mathrm{ex}}}$-$\pi$ 关系的影响

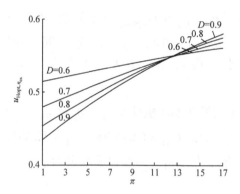

图 4.2.86　压力恢复系数 D 对 $u_{\mathrm{Hopt},\eta_{\mathrm{ex}}}$-$\pi$ 关系的影响

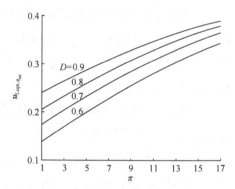

图 4.2.87　压力恢复系数 D 对 $u_{\mathrm{Lopt},\eta_{\mathrm{ex}}}$-$\pi$ 关系的影响

图 4.2.86 和图 4.2.87 分别给出了 $k=1.4$，$\tau_1=1.25$，$C_{\mathrm{wf}}=0.8\mathrm{kW/K}$，$U_{\mathrm{T}}=5\mathrm{kW/K}$，$\tau_2=1$，$\eta_c=\eta_t=0.8$ 时压力恢复系数 D 对最佳热导率分配 $u_{\mathrm{Hopt},\eta_{\mathrm{ex}}}$ 和 $u_{\mathrm{Lopt},\eta_{\mathrm{ex}}}$ 与压比 π 关系的影响。由图可知，在压比较小时，$u_{\mathrm{Hopt},\eta_{\mathrm{ex}}}$ 与 D 呈单调递减关系，而随着压比的增大，$u_{\mathrm{Hopt},\eta_{\mathrm{ex}}}$ 转变为与 D 呈单调递增关系，$u_{\mathrm{Lopt},\eta_{\mathrm{ex}}}$ 随着 D 的增大而增大，并且相对应的 $u_{\mathrm{Hopt},\eta_{\mathrm{ex}}}>u_{\mathrm{Lopt},\eta_{\mathrm{ex}}}$。

分析式 (4.2.24) 可知高温热源与外界环境温度之比 τ_2 对最佳热导率分配 $u_{\mathrm{Hopt},\eta_{\mathrm{ex}}}$ 和 $u_{\mathrm{Lopt},\eta_{\mathrm{ex}}}$ 无影响，即 $u_{\mathrm{Hopt},\eta_{\mathrm{ex}}}$ 和 $u_{\mathrm{Lopt},\eta_{\mathrm{ex}}}$ 不随 τ_2 的变化而变化。

图 4.2.88 给出了 $k=1.4$，$U_{\mathrm{T}}=5\mathrm{kW/K}$，$\eta_c=\eta_t=0.8$，$\tau_1=1.25$，$\tau_2=1$，$D=0.96$ 时工质热容率 C_{wf} 对最大㶲效率 $\eta_{\mathrm{exmax},u}$ 与压比 π 关系的影响。由图可知，$\eta_{\mathrm{exmax},u}$ 与 π 呈类抛物线关系，当 $\pi<\pi_{\mathrm{opt},\eta_{\mathrm{ex}}}$ 时，$\eta_{\mathrm{exmax},u}$ 随着压比的增大快速

增加；当 $\pi=\pi_{\mathrm{opt},\eta_{\mathrm{ex}}}$ 时，$\eta_{\mathrm{exmax},u}=\eta_{\mathrm{exmax,max}}$；当 $\pi>\pi_{\mathrm{opt},\eta_{\mathrm{ex}}}$ 时，$\eta_{\mathrm{exmax},u}$ 随着压比的增大缓慢降低。由图还可知，$\eta_{\mathrm{exmax},u}$ 随着 C_{wf} 的增加而降低。

图 4.2.89 给出了 $k=1.4$，$U_{\mathrm{T}}=5\mathrm{kW/K}$，$C_{\mathrm{wf}}=0.8\mathrm{kW/K}$，$\eta_{\mathrm{c}}=\eta_{\mathrm{t}}=0.8$，$\tau_2=1$，$D=0.96$ 时热源温比 τ_1 对最大㶲效率 $\eta_{\mathrm{exmax},u}$ 与压比 π 关系的影响。由图可知，当热源温比 τ_1 提高时，$\eta_{\mathrm{exmax,max}}$ 先增大后减小。

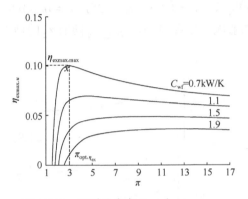

图 4.2.88　工质热容率 C_{wf} 对 $\eta_{\mathrm{exmax},u}$-π
关系的影响

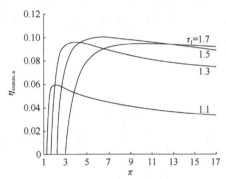

图 4.2.89　热源温比 τ_1 对 $\eta_{\mathrm{exmax},u}$-π
关系的影响

图 4.2.90 给出了 U_{T} 对 $\eta_{\mathrm{exmax},u}$ 与 π 关系的影响图，其中 $k=1.4$，$\tau_1=1.25$，$C_{\mathrm{wf}}=0.8\mathrm{kW/K}$，$\eta_{\mathrm{c}}=\eta_{\mathrm{t}}=0.8$，$\tau_2=1$，$D=0.96$。由图可知，$\eta_{\mathrm{exmax},u}$ 随着 U_{T} 的增大而增大，并且当 U_{T} 增大到一定值后，如果再继续提高 U_{T}，$\eta_{\mathrm{exmax},u}$ 的递增量将越来越小。

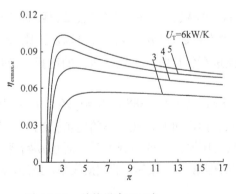

图 4.2.90　总热导率 U_{T} 对 $\eta_{\mathrm{exmax},u}$-π
关系的影响

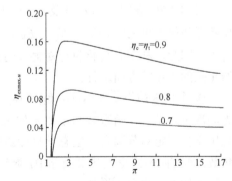

图 4.2.91　压缩机和膨胀机效率 η_{c}、η_{t} 对
$\eta_{\mathrm{exmax},u}$-π 关系的影响

图 4.2.91 给出了 $k=1.4$，$\tau_1=1.25$，$C_{\mathrm{wf}}=0.8\mathrm{kW/K}$，$U_{\mathrm{T}}=5\mathrm{kW/K}$，

$\tau_2 = 1$，$D = 0.96$ 时压缩机和膨胀机效率 η_c、η_t 对最大㶲效率 $\eta_{exmax,u}$ 与压比 π 关系的影响。由图可知，$\eta_{exmax,u}$ 随着 η_c 和 η_t 的增大而增大。

图 4.2.92 给出了 $k = 1.4$，$U_T = 5\,\mathrm{kW/K}$，$C_{wf} = 0.8\,\mathrm{kW/K}$，$\tau_1 = 1.25$，$\tau_2 = 1$，$\eta_c = \eta_t = 0.8$ 时压力恢复系数 D 对最大㶲效率 $\eta_{exmax,u}$ 与压比 π 关系的影响。由图可知，$\eta_{exmax,u}$ 随着 D 的增大而增大。

图 4.2.93 给出了 $k = 1.4$，$C_{wf} = 0.8\,\mathrm{kW/K}$，$D = 0.96$，$\tau_1 = 1.25$，$\eta_c = \eta_t = 0.8$，$U_T = 5\,\mathrm{kW/K}$ 时 τ_2 对 $\eta_{exmax,u}$ 与 π 关系的影响。由图可知，$\eta_{exmax,u}$ 随着 τ_2 的增大而增大。

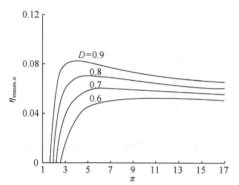
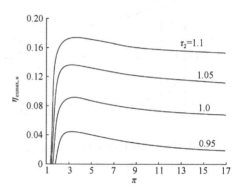

图 4.2.92　压力恢复系数 D 对 $\eta_{exmax,u}$-π　　　图 4.2.93　高温热源与外界环境温度之比
关系的影响　　　　　　　　　　　τ_2 对 $\eta_{exmax,u}$-π 关系的影响

4.2.6　生态学目标函数分析与优化

式(4.2.26)表明，当 τ_1 以及 τ_2 一定时，恒温热源回热式空气热泵循环的 $\bar{E}$ 与换热器传热不可逆性（E_H、E_L、E_R）、内不可逆性（η_c、η_t、D）以及压比（π）有关。因此，利用 $\bar{E}$ 优化目标对循环性能进行优化时，可以从压比的选择、换热器传热的优化等方面进行。

图 4.2.94 给出了 $k = 1.4$，$E_H = E_L = 0.9$，$\eta_c = \eta_t = 0.8$，$D = 0.96$，$\tau_2 = 1$ 时无因次生态学目标函数 $\bar{E}$ 与压比 π 的关系。由图可知，在上述给定值情况下，而且压比在一定的范围内，生态学目标函数与压比呈单调递减关系，而且 $\bar{E}$ 始终为负数，即在回热式空气热泵循环中，循环的㶲输出率始终小于㶲损失率。另外，$\bar{E}$ 随着 τ_1 的增大而有所增加。

图 4.2.95 给出了 $k = 1.4$，$\eta_c = \eta_t = 0.8$，$E_H = E_L = 0.9$，$D = 0.96$，$\tau_1 = 1.25$ 时高温热源与外界环境温度之比 τ_2 对无因次生态学目标函数 $\bar{E}$ 与压比 π 关系的影响。由图可知，$\bar{E}$ 随着 τ_2 的增加而增大。

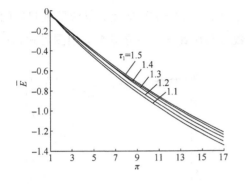

图 4.2.94　热源温比 τ_1 对 $\overline{E}$ - π 关系的影响

图 4.2.95　高温热源与外界环境温度之比 τ_2 对 $\overline{E}$ - π 关系的影响

图 4.2.96 给出了不同的 η_c、η_t 下的 $\overline{E}$ 与 π 的关系图，其中 $k=1.4$，$E_H = E_L = 0.9$，$\tau_1 = 1.25$，$D = 0.96$，$\tau_2 = 1$。由图可知，$\overline{E}$ 随着 η_c 和 η_t 的增大而增大。

图 4.2.97 给出了 $k = 1.4$，$E_H = E_L = E_R = 0.9$，$\tau_1 = 1.25$，$\eta_c = \eta_t = 0.8$，$\tau_2 = 1$ 时不同的压力恢复系数 D 下无因次生态学目标函数 $\overline{E}$ 与 π 的关系。从图上可看出，$\overline{E}$ 随着 D 的增大而增加。

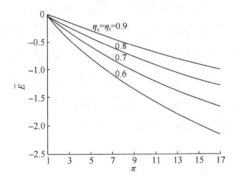

图4.2.96　压缩机和膨胀机效率 η_c、η_t 对 $\overline{E}$ - π 关系的影响

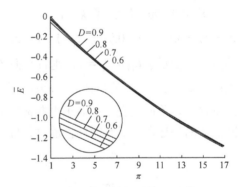

图4.2.97　压力恢复系数 D 对 $\overline{E}$ - π 关系的影响

对给定高、低温侧换热器及回热器热导率，也即给定有效度的情形，图 4.2.98 给出了 $k = 1.4$，$\eta_c = \eta_t = 0.8$，$\tau_1 = 1.25$，$E_H = E_L = 0.9$，$D = 0.96$ 时回热器的有效度 E_R 对无因次生态学目标函数 $\overline{E}$ 与压比 π 关系的影响。虚线所示为不采用回热（即 $E_R = 0$）时的无因次生态学目标函数。由图可知，$E_R = 0$ 时，$\overline{E}$ 与 π 呈类抛物线关系，$E_R \ne 0$ 时，$\overline{E}$ 与 π 呈单调递减关系；当 π 较小（如图 $\pi = 1 \sim 2$ 时），$\overline{E}$ 随着 E_R 的增大而增大，此时，采用回热以后，$\overline{E}$ 有所提高，当 π 较大（如图 $\pi > 2$）时，$\overline{E}$ 随着 E_R 的增大而减小，此时，采用回热以后，$\overline{E}$ 反而减小。图 4.2.99 给

出了 $k=1.4$，$\eta_c = \eta_t = 0.8$，$E_R = 0.9$，$\tau_1 = 1.25$，$D = 0.96$ 时高、低温侧换热器的有效度 E_H、E_L 对无因次生态学目标函数 $\overline{E}$ 与压比 π 关系的影响。由图可知，$\overline{E}$ 随着 E_H、E_L 的增加而增大。

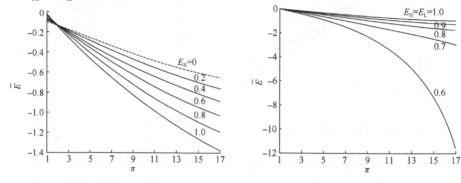

图 4.2.98　回热器有效度 E_R 对 $\overline{E}$ - π 关系的影响

图 4.2.99　换热器有效度 E_H、E_L 对 $\overline{E}$ - π 关系的影响

而对于热导率可选择的情形，在 $U_H + U_L + U_R = U_T$ 一定的条件下，下面分析 u_H、u_L 对回热式空气热泵循环性能的影响。

图 4.2.100 给出了 $k=1.4$，$\pi = 5$，$U_T = 5\mathrm{kW/K}$，$C_{wf} = 0.8\mathrm{kW/K}$，$\eta_c = \eta_t = 0.8$，$D = 0.96$，$\tau_1 = 1.25$，$\tau_2 = 1$ 时 $\overline{E}$ 与 u_H 和 u_L 间的三维关系，图中的垂直平面表示了 $u_H + u_L = 1$，垂直平面的右边图即为满足 $u_H + u_L \leqslant 1$ 时的情况。由图可知，对于一定的压比 π，无因次生态学目标函数 $\overline{E}$ 随着热导率分配 u_H 和 u_L 的变化只是单调改变。故对恒温热源回热式空气热泵循环而言，在通过换热器及回热器的热导率分配对循环性能进行优化时，生态学优化目标并不合适。

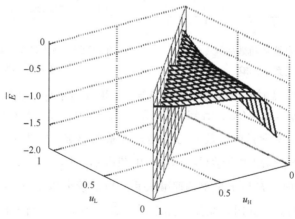

图 4.2.100　无因次生态学目标函数与高、低温侧换热器热导率分配间的关系

4.2.7　五种优化目标的综合比较

式(4.2.17)、式(4.2.18)、式(4.2.20)、式(4.2.24)和式(4.2.26)表明，当 τ_1 以及 τ_2 一定时，五种优化目标，即 β、$\bar{Q}_H$、$\bar{q}_H$、η_{ex}、$\bar{E}$ 与换热器传热不可逆性（E_H、E_L、E_R）、内不可逆性（η_c、η_t、D）以及压比（π）有关。因此，利用五种优化目标对循环性能进行优化时，都可以从压比的选择、换热器传热的优化等方面进行。

4.2.7.1　压比的选择

为进一步综合比较压比对五种优化目标的影响特点，图4.2.101给出了 $k=1.4$，$E_H=E_L=0.9$，$\eta_c=\eta_t=0.8$，$\tau_1=1.25$，$D=0.96$，$\tau_2=1$ 时供热系数 β、无因次供热率 $\bar{Q}_H$、无因次供热率密度 $\bar{q}_H$、㶲效率 η_{ex} 以及无因次生态学目标函数 $\bar{E}$ 分别与压比 π 的关系，也即给定有效度的情形。

由图4.2.101可知，$\bar{Q}_H$ 及 $\bar{q}_H$ 与 π 均呈单调递增关系，且相同 π 时，$\bar{Q}_H$ 总大于 $\bar{q}_H$；β 及 η_{ex} 与 π 均呈类抛物线关系，且相同 π 时，β 总大于 η_{ex}；$\bar{E}$ 与 π 呈单调递减关系。所以，$\bar{Q}_H$、$\bar{q}_H$ 及 $\bar{E}$ 作为优化目标时均不存在最佳压比，β 及 η_{ex} 作为优化目标时均存在最佳压比。

图4.2.102显示了压比变化时无因次供热率 $\bar{Q}_H$、无因次供热率密度 $\bar{q}_H$、㶲效率 η_{ex} 以及无因次生态学目标函数 $\bar{E}$ 分别与供热系数 β 的关系，计算中各参数取值：$k=1.4$，$\tau_1=1.25$，$\tau_2=1$，$E_H=E_L=E_R=0.9$，$D=0.96$，$\eta_c=\eta_t=0.8$。由图可知，压比变化时，$\bar{Q}_H$、$\bar{q}_H$ 及 $\bar{E}$ 与 β 均呈类抛物线关系，$\bar{Q}_H$ 及 $\bar{q}_H$ 先随着 β 的增大而缓慢增大，当 $\pi>\pi_{opt,\beta}$ 后，$\bar{Q}_H$ 及 $\bar{q}_H$ 随着 β 的减小而增大，而 $\bar{E}$ 先随着 β 的增大而减小，当压比 $\pi>\pi_{opt,\beta}$ 后，$\bar{E}$ 随着 β 的减小而减小，η_{ex} 与 β 则呈线性递增关系。另外，当循环供热率和供热率密度取得最大时，供热系数接近1；当生态学目标函数取最大时，供热系数为1，即 $\beta_{\bar{E}}=1$；当㶲效率取得最大时，供热系数也同时取得最大值，即 $\beta_{\eta_{ex}}=\beta_{max,\pi}$，且此时供热率和供热率密度均不为零，生态学目标函数取得较大值。因此，在通过压比的选择对循环性能进行优化时，若取供热率或供热率密度或生态学目标函数为热力优化的目标，供热率或供热率密度或生态学目标函数的提高必然要以牺牲供热系数为代价，而若取㶲效率作为优化目标可同时兼顾供热率、供热系数、供热率密度及生态学目标函数，㶲效率优化目标比其他四种优化目标均更为合理。

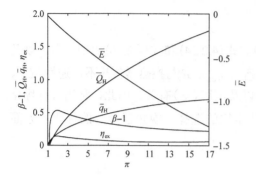 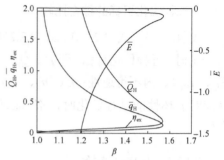

图 4.2.101　供热系数 β、无因次供热率 $\overline{Q}_H$、
无因次供热率密度 $\overline{q}_H$、㶲效率 η_{ex} 以及无因次
生态学目标函数 $\overline{E}$ 与压比 π 的关系

图 4.2.102　无因次供热率 $\overline{Q}_H$、无因次供热
率密度 $\overline{q}_H$、㶲效率 η_{ex} 以及无因次生态学
目标函数 $\overline{E}$ 与供热系数 β 的关系

4.2.7.2　热导率最优分配

对于热导率可选择的情形,在 $U_H + U_L + U_R = U_T$ 下,令高、低温侧换热器的热导率分配分别为 $u_H = U_H / U_T$ 和 $u_L = U_L / U_T$,且满足条件:$u_H \leqslant 1$,$u_L \leqslant 1$,$u_H + u_L \leqslant 1$。

为综合比较热导率分配对五种优化目标的影响特点,图 4.2.103 给出了 $k = 1.4$,$\pi = 5$,$\tau_1 = 1.25$,$\tau_2 = 1$,$C_{wf} = 0.8\text{kW/K}$,$U_T = 5\text{kW/K}$,$D = 0.96$,$\eta_c = \eta_t = 0.8$ 时,β、$\overline{Q}_H$、$\overline{q}_H$、η_{ex} 以及 $\overline{E}$ 分别与 u_H 和 u_L 间的三维关系,图中的垂直平面表示了 $u_H + u_L = 1$,垂直平面的右边图即为满足 $u_H + u_L \leqslant 1$ 时的情况。由图可知,对于一定的压比 π,分别存在一对最佳的热导率分配 $u_{\text{Hopt},\beta}$、$u_{\text{Lopt},\beta}$,$u_{\text{Hopt},\overline{Q}_H}$、$u_{\text{Lopt},\overline{Q}_H}$、$u_{\text{Hopt},\overline{q}_H}$、$u_{\text{Lopt},\overline{q}_H}$、$u_{\text{Hopt},\eta_{ex}}$ 和 $u_{\text{Lopt},\eta_{ex}}$,使 β、$\overline{Q}_H$、$\overline{q}_H$ 及 η_{ex} 取得最大值 $\beta_{\text{max},u}$、$\overline{Q}_{H\text{max},u}$、$\overline{q}_{H\text{max},u}$ 和 $\eta_{ex\,\text{max},u}$,而 $\overline{E}$ 随着 u_H 和 u_L 的变化只是单调改变,故对恒温热源回热式空气热泵循环而言,在通过换热器及回热器的热导率分配对循环性能进行优化时,生态学优化目标并不合适。

图 4.2.104 给出了 $k = 1.4$,$\tau_1 = 1.25$,$C_{wf} = 0.8\text{kW/K}$,$U_T = 5\text{kW/K}$,$\eta_c = \eta_t = 0.8$,$\tau_2 = 1$,$D = 0.96$ 时最佳热导率分配 $u_{\text{Hopt},\beta}$、$u_{\text{Lopt},\beta}$,$u_{\text{Hopt},\overline{Q}_H}$、$u_{\text{Lopt},\overline{Q}_H}$、$u_{\text{Hopt},\overline{q}_H}$、$u_{\text{Lopt},\overline{q}_H}$、$u_{\text{Hopt},\eta_{ex}}$ 和 $u_{\text{Lopt},\eta_{ex}}$ 与压比 π 关系。由图可知,$u_{\text{Hopt},\beta}$、$u_{\text{Lopt},\beta}$,$u_{\text{Hopt},\overline{Q}_H}$、$u_{\text{Lopt},\overline{Q}_H}$、$u_{\text{Hopt},\overline{q}_H}$、$u_{\text{Lopt},\overline{q}_H}$、$u_{\text{Hopt},\eta_{ex}}$ 和 $u_{\text{Lopt},\eta_{ex}}$ 均与 π 呈单调递增关系;压比一定时对应于最大供热系数 $\beta_{\text{max},u}$ 以及最大㶲效率 $\eta_{ex\text{max},u}$ 的热导率最优分配 $u_{\text{Hopt},\beta}$ 和 $u_{\text{Hopt},\eta_{ex}}$,$u_{\text{Lopt},\beta}$ 和 $u_{\text{Lopt},\eta_{ex}}$ 相差并不大,并且相对应的

$u_{\text{Hopt},\beta} > u_{\text{Lopt},\beta}$ ，$u_{\text{Hopt},\eta_{\text{ex}}} > u_{\text{Lopt},\eta_{\text{ex}}}$ ；压比一定时对应于最大供热率 $\bar{Q}_{\text{Hmax},u}$ 、以及最大供热率密度 $\bar{q}_{\text{Hmax},u}$ 的热导率最优分配 $u_{\text{Hopt},\bar{Q}_{\text{H}}}$ 和 $u_{\text{Hopt},\bar{q}_{\text{H}}}$ 相差并不大，$u_{\text{Lopt},\bar{Q}_{\text{H}}}$ 和 $u_{\text{Lopt},\bar{q}_{\text{H}}}$ 相差较大，并且相对应的 $u_{\text{Hopt},\bar{Q}_{\text{H}}} < u_{\text{Lopt},\bar{Q}_{\text{H}}}$ ，$u_{\text{Hopt},\bar{q}_{\text{H}}} < u_{\text{Lopt},\bar{q}_{\text{H}}}$ 。

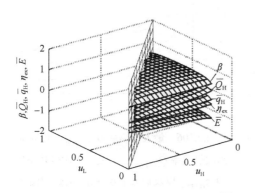

图 4.2.103 供热系数 β 、无因次供热率 $\bar{Q}_{\text{H}}$ 、无因次供热率密度 $\bar{q}_{\text{H}}$ 、㶲效率 η_{ex} 以及无因次生态学目标函数 $\bar{E}$ 与高、低温侧换热器热导率分配 u_{H} 和 u_{L} 的关系

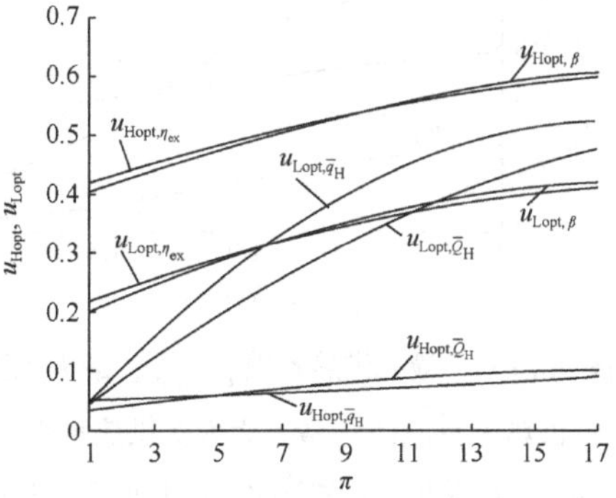

图 4.2.104 u_{H} 和 u_{L} 与压比 π 的关系

图 4.2.105 给出了 $k=1.4$ ，$\pi=3$ ，$\tau_1=1.25$ ，$\tau_2=1$ ，$U_{\text{T}}=5\text{kW/K}$ ，$\eta_{\text{c}}=\eta_{\text{t}}=0.8$ ，$D=0.96$ 时最大供热系数 $\beta_{\text{max},u}$ 、最大无因次供热率 $\bar{Q}_{\text{Hmax},u}$ 、最大无因次供热率密度 $\bar{q}_{\text{Hmax},u}$ 以及最大㶲效率 $\eta_{\text{exmax},u}$ 与工质热容率 C_{wf} 的关系。由图可知，$\beta_{\text{max},u}$ 、$\bar{Q}_{\text{Hmax},u}$ 、$\bar{q}_{\text{Hmax},u}$ 以及 $\eta_{\text{exmax},u}$ 均随着 C_{wf} 的增加而降低。

图 4.2.106 给出了 $k=1.4$ ，$\pi=20$ ，$C_{\text{wf}}=0.8\text{kW/K}$ ，$\tau_2=1$ ，$U_{\text{T}}=5\text{kW/K}$ ，$D=0.96$ ，$\eta_{\text{c}}=\eta_{\text{t}}=0.8$ 时最大供热系数 $\beta_{\text{max},u}$ 、最大无因次供热率 $\bar{Q}_{\text{Hmax},u}$ 、最大无因次供热率密度 $\bar{q}_{\text{Hmax},u}$ 以及最大㶲效率 $\eta_{\text{exmax},u}$ 与热源温比 τ_1 的关系。由图可知，$\beta_{\text{max},u}$ 、$\bar{Q}_{\text{Hmax},u}$ 和 $\bar{q}_{\text{Hmax},u}$ 均随着 τ_1 的增加而降低，$\eta_{\text{exmax},u}$ 随着 τ_1 的增加先增加后减小。

图 4.2.107 给出了 $k=1.4$ ，$\pi=3$ ，$C_{\text{wf}}=0.8\text{kW/K}$ ，$\tau_1=1.25$ ，$\tau_2=1$ ，$\eta_{\text{c}}=\eta_{\text{t}}=0.8$ ，$D=0.96$ 时最大供热系数 $\beta_{\text{max},u}$ 、最大无因次供热率 $\bar{Q}_{\text{Hmax},u}$ 、最大无因次供热率密度 $\bar{q}_{\text{Hmax},u}$ 以及最大㶲效率 $\eta_{\text{exmax},u}$ 与 U_{T} 的关系。由图可知，当 U_{T} 比较小时，$\beta_{\text{max},u}$ 、$\bar{Q}_{\text{Hmax},u}$ 、$\bar{q}_{\text{Hmax},u}$ 和 $\eta_{\text{exmax},u}$ 均随着 U_{T} 的增加而明显增大，但是，当 U_{T} 增大到一定值后，如果再继续提高 U_{T} ，$\beta_{\text{max},u}$ 、$\bar{Q}_{\text{Hmax},u}$ 、$\bar{q}_{\text{Hmax},u}$ 和 $\eta_{\text{exmax},u}$ 的递增量越来越小。

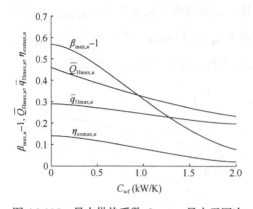

图 4.2.105　最大供热系数 $\beta_{\mathrm{max},u}$、最大无因次供热率 $\bar{Q}_{\mathrm{Hmax},u}$、最大无因次供热率密度 $\bar{q}_{\mathrm{Hmax},u}$ 以及最大㶲效率 η_{ex} 与工质热容率 C_{wf} 的关系

图 4.2.106　最大供热系数 $\beta_{\mathrm{max},u}$、最大无因次供热率 $\bar{Q}_{\mathrm{Hmax},u}$、最大无因次供热率密度 $\bar{q}_{\mathrm{Hmax},u}$ 以及最大㶲效率 η_{ex} 与热源温比 τ_1 的关系

图 4.2.108 给出了 $k=1.4$，$\pi=3$，$C_{\mathrm{wf}}=0.8\mathrm{kW/K}$，$\tau_1=1.25$；$\tau_2=1$，$D=0.96$，$U_{\mathrm{T}}=5\mathrm{kW/K}$ 时，$\beta_{\mathrm{max},u}$、$\bar{Q}_{\mathrm{Hmax},u}$、$\bar{q}_{\mathrm{Hmax},u}$ 以及 $\eta_{\mathrm{exmax},u}$ 与 η_{c}、η_{t} 的关系。由图可知，$\beta_{\mathrm{max},u}$ 和 $\eta_{\mathrm{exmax},u}$ 均随着 η_{c} 和 η_{t} 的增加而增大，而 $\bar{Q}_{\mathrm{Hmax},u}$ 和 $\bar{q}_{\mathrm{Hmax},u}$ 则随着 η_{c} 和 η_{t} 的增加而减少，这是由于 η_{c} 和 η_{t} 的增加造成压缩机耗功率减少，从而减少了供热率和供热率密度。

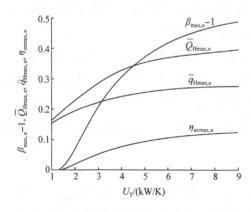
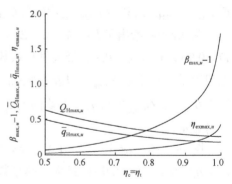

图 4.2.107　最大供热系数 $\beta_{\mathrm{max},u}$、最大无因次供热率 $\bar{Q}_{\mathrm{Hmax},u}$、最大无因次供热率密度 $\bar{q}_{\mathrm{Hmax},u}$ 以及最大㶲效率 η_{ex} 与总热导率 U_{T} 的关系

图 4.2.108　最大供热系数 $\beta_{\mathrm{max},u}$、最大无因次供热率 $\bar{Q}_{\mathrm{Hmax},u}$、最大无因次供热率密度 $\bar{q}_{\mathrm{Hmax},u}$ 以及最大㶲效率 η_{ex} 与压缩机和膨胀机效率 η_{c} 及 η_{t} 的关系

图 4.2.109 给出了 $k=1.4$，$\pi=3$，$C_{wf}=0.8\text{kW/K}$，$\tau_2=1$，$U_T=5\text{kW/K}$，$\eta_c=\eta_t=0.8$ 时最大供热系数 $\beta_{\max,u}$、最大无因次供热率 $\bar{Q}_{\text{Hmax},u}$、最大无因次供热率密度 $\bar{q}_{\text{Hmax},u}$ 以及最大㶲效率 $\eta_{\text{exmax},u}$ 与压力恢复系数 D 的关系。由图可知，$\beta_{\max,u}$ 和 $\eta_{\text{exmax},u}$ 均随着 D 的增加而增大，而 $\bar{Q}_{\text{Hmax},u}$ 和 $\bar{q}_{\text{Hmax},u}$ 则随着 D 的增加而略有减少。

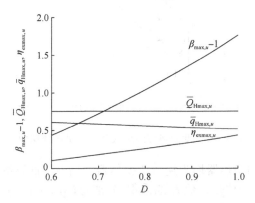

图 4.2.109　最大供热系数 $\beta_{\max,u}$、最大无因次供热率 $\bar{Q}_{\text{Hmax},u}$、

最大无因次供热率密度 $\bar{q}_{\text{Hmax},u}$ 以及最大㶲效率 $\eta_{\text{exmax},u}$ 与

压力恢复系数 D 的关系

综上所述，恒温热源回热式热泵循环与恒温热源不可逆简单循环一样，通过提高换热器的总热导率或者选择热容率相对较小的气体作为工质来优化其性能，同时通过提高压缩机和膨胀机效率 η_c、η_t 和压力恢复系数 D 可进一步提高循环的供热系数和㶲效率。

4.3　变温热源循环

4.3.1　循环模型

图 4.3.1 所示为变温热源回热式空气热泵循环 (1-2-3-4-1) 的 T-s 图，其中 2-3 表示工质在压缩机中的不可逆压缩过程，3-6 表示工质向高温热源的放热过程，6-4 表示工质在回热器中的放热过程，4-1 表示工质在膨胀机中的不可逆膨胀过程，1-5 表示工质从低温热源的吸热过程，5-2 为工质在回热器中的吸热过程。

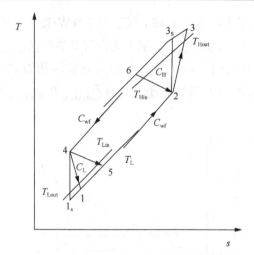

图 4.3.1　变温热源回热式空气热泵循环模型

设高、低温侧的换热器均为逆流式换热器，高温与低温侧换热器及回热器的热导率(传热面积 F 与传热系数 K 的乘积)分别为 U_H、U_L、U_R；同时，假设高、低温热源热容率(定压比热与质量流率之积)分别为 C_H、C_L；对于高温侧换热器，被加热流体的进、出温度分别为 T_{Hin}、T_{Hout}，对于低温侧换热器，加热流体的进、出温度分别为 T_{Lin}、T_{Lout}；空气工质被视为理想气体，其热容率(定压比热与质量流率之积)为 C_{wf}。

高温换热器的供热率 Q_H、低温换热器的吸热率 Q_L 以及回热器中的换热率 Q_R 分别为

$$Q_H = U_H[(T_3 - T_{Hout}) - (T_6 - T_{Hin})] / \ln[(T_3 - T_{Hout}) / (T_6 - T_{Hin})]$$
$$= C_H(T_{Hout} - T_{Hin}) = C_{H\min} E_{H1}(T_3 - T_{Hin}) \tag{4.3.1}$$

$$Q_L = U_L[(T_{Lin} - T_5) - (T_{Lout} - T_1)] / \ln[(T_{Lin} - T_5) / (T_{Lout} - T_1)]$$
$$= C_L(T_{Lin} - T_{Lout}) = C_{L\min} E_{L1}(T_{Lin} - T_1) \tag{4.3.2}$$

$$Q_R = C_{wf} E_R (T_6 - T_5) \tag{4.3.3}$$

式中，E_{H1}、E_{L1} 及 E_R 分别为高、低温侧换热器和回热器的有效度，即有

$$E_{H1} = \{1 - \exp[-N_{H1}(1 - C_{Hmin} / C_{Hmax})]\} / \{1 - (C_{Hmin} / C_{Hmax}) \exp[-N_{H1}(1 - C_{Hmin} / C_{Hmax})]\}$$

$$E_{L1} = \{1 - \exp[-N_{L1}(1 - C_{Lmin} / C_{Lmax})]\} / \{1 - (C_{Lmin} / C_{Lmax}) \exp[-N_{L1}(1 - C_{Lmin} / C_{Lmax})]\}$$

$$E_R = N_R / (1 + N_R) \tag{4.3.4}$$

式中, C_{Hmin} 和 C_{Hmax} 分别为热容率 C_H 和 C_{wf} 中的较小和较大者, C_{Lmin} 和 C_{Lmax} 分别为热容率 C_L 和 C_{wf} 中的较小和较大者, N_{H1}、N_{L1}、N_R 分别为高、低温换热器、回热器的传热单元数, N_{H1} 和 N_{L1} 是利用相应最小热容率计算得到的, 即有

$$N_{H1} = U_H / C_{Hmin}, N_{L1} = U_L / C_{Lmin}, \quad N_R = U_R / C_{wf}$$

$$C_{Hmin} = \min\{C_H, C_{wf}\}, C_{Hmax} = \max\{C_H, C_{wf}\}$$

$$C_{Lmin} = \min\{C_L, C_{wf}\}, C_{Lmax} = \max\{C_L, C_{wf}\} \tag{4.3.5}$$

由工质的热力性质也可得到 Q_H、Q_L 和 Q_R 的表达式为

$$Q_H = C_{wf}(T_3 - T_6) \tag{4.3.6}$$

$$Q_L = C_{wf}(T_5 - T_1) \tag{4.3.7}$$

$$Q_R = C_{wf}(T_6 - T_4) = C_{wf}(T_2 - T_5) \tag{4.3.8}$$

4.3.2　供热率、供热系数、供热率密度、烟效率及生态学目标函数解析关系

分别以压力恢复系数 D_1、D_2 来表示工质在低、高压部分流动过程中的压力损失, 即有

$$D_1 = P_2 / P_1, \quad D_2 = P_4 / P_3 \tag{4.3.9}$$

循环的内不可逆性用压缩机和膨胀机效率 η_c、η_t 来表征[158], 为

$$\eta_c = (T_{3s} - T_2)/(T_3 - T_2), \eta_t = (T_4 - T_1)/(T_4 - T_{1s}) \tag{4.3.10}$$

定义压缩机内的工质等熵温比为

$$x = T_{3s}/T_2 = (P_3/P_2)^m = \pi^m, x \geqslant 1 \tag{4.3.11}$$

式中, $m = (k-1)/k$, k 是工质的绝热指数; π 是压缩机的压比; P 是压力。令 $D = D_1 D_2$, 可得 $T_4/T_{1s} = (P_4/P_1)^m = D^m x$。则联立式 (4.3.1) ~式 (4.3.3)、式 (4.3.6) ~式 (4.3.8)、式 (4.3.10) 和式 (4.3.11) 可依次求得 T_1、T_2、T_3 及相应的供热率 Q_H 和供热系数 β 分别为

$$T_1 = \frac{(D^{-m}x^{-1}\eta_t - \eta_t + 1)\{[C_{wf}E_R\eta_c + (x+\eta_c-1)(C_{wf} - C_{Hmin}E_{H1}) \times (1-2E_R)]C_{Lmin}E_{L1}T_{Lin} + (1-E_R)C_{wf}C_{Hmin}E_{H1}\eta_cT_{Hin}\}}{C_{wf}^2\eta_c - (x+\eta_c-1)(C_{wf} - C_{Hmin}E_{H1})C_{wf}E_R - (D^{-m}x^{-1}\eta_t - \eta_t + 1)(C_{wf} - C_{Lmin}E_{L1})[C_{wf}E_R\eta_c + (x+\eta_c-1)(C_{wf} - C_{Hmin}E_{H1})(1-2E_R)]} \tag{4.3.12}$$

$$T_2 = \frac{\begin{aligned}&C_{\mathrm{wf}}C_{\mathrm{H\,min}}E_{\mathrm{H1}}E_{\mathrm{R}}\eta_{\mathrm{c}}T_{\mathrm{Hin}} + (1-E_{\mathrm{R}})C_{\mathrm{wf}}C_{\mathrm{L\,min}}E_{\mathrm{L1}}\eta_{\mathrm{c}}T_{\mathrm{Lin}} + (1-2E_{\mathrm{R}})(D^{-m}x^{-1}\eta_{\mathrm{t}}\\&-\eta_{\mathrm{t}}+1)(C_{\mathrm{wf}}-C_{\mathrm{L\,min}}E_{\mathrm{L1}})C_{\mathrm{Hin}}E_{\mathrm{H1}}\eta_{\mathrm{c}}T_{\mathrm{Hin}}\end{aligned}}{\begin{aligned}&C_{\mathrm{wf}}^2\eta_{\mathrm{c}} - (x+\eta_{\mathrm{c}}-1)(C_{\mathrm{wf}}-C_{\mathrm{H\,min}}E_{\mathrm{H1}})C_{\mathrm{wf}}E_{\mathrm{R}} - (D^{-m}x^{-1}\eta_{\mathrm{t}}-\eta_{\mathrm{t}}+1)(C_{\mathrm{wf}}\\&-C_{\mathrm{L\,min}}E_{\mathrm{L1}})[C_{\mathrm{wf}}E_{\mathrm{R}}\eta_{\mathrm{c}} + (x+\eta_{\mathrm{c}}-1)(C_{\mathrm{wf}}-C_{\mathrm{H\,min}}E_{\mathrm{H1}})(1-2E_{\mathrm{R}})]\end{aligned}}$$

$$(4.3.13)$$

$$T_3 = \frac{\begin{aligned}&(x+\eta_{\mathrm{c}}-1)[(1-E_{\mathrm{R}})C_{\mathrm{wf}}C_{\mathrm{L\,min}}E_{\mathrm{L1}}T_{\mathrm{Lin}} + C_{\mathrm{wf}}C_{\mathrm{H\,min}}E_{\mathrm{H1}}E_{\mathrm{R}}T_{\mathrm{Hin}}\\&+(1-2E_{\mathrm{R}})(D^{-m}x^{-1}\eta_{\mathrm{t}}-\eta_{\mathrm{t}}+1)(C_{\mathrm{wf}}-C_{\mathrm{L\,min}}E_{\mathrm{L1}})C_{\mathrm{H\,min}}E_{\mathrm{H1}}T_{\mathrm{Hin}}]\end{aligned}}{\begin{aligned}&C_{\mathrm{wf}}^2\eta_{\mathrm{c}} - (x+\eta_{\mathrm{c}}-1)(C_{\mathrm{wf}}-C_{\mathrm{H\,min}}E_{\mathrm{H1}})C_{\mathrm{wf}}E_{\mathrm{R}} - (D^{-m}x^{-1}\eta_{\mathrm{t}}-\eta_{\mathrm{t}}+1)(C_{\mathrm{wf}}\\&-C_{\mathrm{L\,min}}E_{\mathrm{L1}})[C_{\mathrm{wf}}E_{\mathrm{R}}\eta_{\mathrm{c}} + (x+\eta_{\mathrm{c}}-1)(C_{\mathrm{wf}}-C_{\mathrm{H\,min}}E_{\mathrm{H1}})(1-2E_{\mathrm{R}})]\end{aligned}} \quad (4.3.14)$$

$$Q_{\mathrm{H}} = \frac{\begin{aligned}&C_{\mathrm{H\,min}}E_{\mathrm{H1}}C_{\mathrm{wf}}\{(\pi^m+\eta_{\mathrm{c}}-1)(1-E_{\mathrm{R}})C_{\mathrm{L\,min}}E_{\mathrm{L1}}T_{\mathrm{Lin}} - \{C_{\mathrm{wf}}[\eta_{\mathrm{c}}\\&-(\pi^m+\eta_{\mathrm{c}}-1)E_{\mathrm{R}}] - (C_{\mathrm{wf}}-C_{\mathrm{L\,min}}E_{\mathrm{L1}})(D^{-m}\pi^{-m}\eta_{\mathrm{t}}-\eta_{\mathrm{t}}+1)\\&\times[E_{\mathrm{R}}\eta_{\mathrm{c}} + (1-2E_{\mathrm{R}})(\pi^m+\eta_{\mathrm{c}}-1)]\}T_{\mathrm{Hin}}\}\end{aligned}}{\begin{aligned}&C_{\mathrm{wf}}^2\eta_{\mathrm{c}} - (\pi^m+\eta_{\mathrm{c}}-1)(C_{\mathrm{wf}}-C_{\mathrm{Hmin}}E_{\mathrm{H1}})C_{\mathrm{wf}}E_{\mathrm{R}}\\&-(D^{-m}\pi^{-m}\eta_{\mathrm{t}}-\eta_{\mathrm{t}}+1)(C_{\mathrm{wf}}-C_{\mathrm{L\,min}}E_{\mathrm{L1}})[C_{\mathrm{wf}}E_{\mathrm{R}}\eta_{\mathrm{c}}\\&+(\pi^m+\eta_{\mathrm{c}}-1)(C_{\mathrm{wf}}-C_{\mathrm{H\,min}}E_{\mathrm{H1}})(1-2E_{\mathrm{R}})]\end{aligned}} \quad (4.3.15)$$

$$1-\beta^{-1} = \frac{\begin{aligned}&C_{\mathrm{L\,min}}E_{\mathrm{L1}}\{\{\eta_{\mathrm{c}}C_{\mathrm{wf}}[1-E_{\mathrm{R}}(D^{-m}\pi^{-m}\eta_{\mathrm{t}}-\eta_{\mathrm{t}}+1)] - (\pi^m\\&+\eta_{\mathrm{c}}-1)(C_{\mathrm{wf}}-C_{\mathrm{H\,min}}E_{\mathrm{H1}})[E_{\mathrm{R}} + (1-2E_{\mathrm{R}})(D^{-m}\pi^{-m}\eta_{\mathrm{t}}-\eta_{\mathrm{t}}\\&+1)]\}T_{\mathrm{Lin}} - (1-E_{\mathrm{R}})(D^{-m}\pi^{-m}\eta_{\mathrm{t}}-\eta_{\mathrm{t}}+1)E_{\mathrm{H1}}C_{\mathrm{H\,min}}\eta_{\mathrm{c}}T_{\mathrm{Hin}}\}\end{aligned}}{\begin{aligned}&C_{\mathrm{H\,min}}E_{\mathrm{H1}}\{(\pi^m+\eta_{\mathrm{c}}-1)(1-E_{\mathrm{R}})C_{\mathrm{L\,min}}E_{\mathrm{L1}}T_{\mathrm{Lin}} - \{C_{\mathrm{wf}}[\eta_{\mathrm{c}}-\\&(\pi^m+\eta_{\mathrm{c}}-1)E_{\mathrm{R}}] - (C_{\mathrm{wf}}-C_{\mathrm{L\,min}}E_{\mathrm{L1}})(D^{-m}\pi^{-m}\eta_{\mathrm{t}}-\eta_{\mathrm{t}}+1)\\&[E_{\mathrm{R}}\eta_{\mathrm{c}} + (1-2E_{\mathrm{R}})(\pi^m+\eta_{\mathrm{c}}-1)]\}T_{\mathrm{Hin}}\}\end{aligned}} \quad (4.3.16)$$

式 (4.3.16) 又可写成

$$1-\beta^{-1} = \frac{\begin{aligned}&C_{\mathrm{L\,min}}E_{\mathrm{L1}}\{\eta_{\mathrm{c}}C_{\mathrm{wf}}[1-E_{\mathrm{R}}(D^{-m}\pi^{-m}\eta_{\mathrm{t}}-\eta_{\mathrm{t}}+1)] - (\pi^m\\&+\eta_{\mathrm{c}}-1)(C_{\mathrm{wf}}-C_{\mathrm{H\,min}}E_{\mathrm{H1}})[E_{\mathrm{R}} + (1-2E_{\mathrm{R}})(D^{-m}\pi^{-m}\eta_{\mathrm{t}}-\eta_{\mathrm{t}}\\&+1)] - (1-E_{\mathrm{R}})(D^{-m}\pi^{-m}\eta_{\mathrm{t}}-\eta_{\mathrm{t}}+1)E_{\mathrm{H1}}C_{\mathrm{H\,min}}\eta_{\mathrm{c}}\tau_3\}\end{aligned}}{\begin{aligned}&C_{\mathrm{H\,min}}E_{\mathrm{H1}}\{(\pi^m+\eta_{\mathrm{c}}-1)(1-E_{\mathrm{R}})C_{\mathrm{L\,min}}E_{\mathrm{L1}} - \{C_{\mathrm{wf}}[\eta_{\mathrm{c}}\\&-(\pi^m+\eta_{\mathrm{c}}-1)E_{\mathrm{R}}] - (C_{\mathrm{wf}}-C_{\mathrm{L\,min}}E_{\mathrm{L1}})(D^{-m}\pi^{-m}\eta_{\mathrm{t}}-\eta_{\mathrm{t}}+1)\\&\times[E_{\mathrm{R}}\eta_{\mathrm{c}} + (1-2E_{\mathrm{R}})(\pi^m+\eta_{\mathrm{c}}-1)]\}\tau_3\}\end{aligned}} \quad (4.3.17)$$

式中，$\tau_3 = T_{\mathrm{Hin}} / T_{\mathrm{Lin}}$ 为高、低温热源的进口温比。

定义无因次供热率 $\bar{Q}_{\mathrm{H}} = Q_{\mathrm{H}} / (C_{\mathrm{H}} T_{\mathrm{Hin}})$

$$
\bar{Q}_{\mathrm{H}} = \frac{\begin{aligned}&C_{\mathrm{H\,min}} E_{\mathrm{H1}} C_{\mathrm{wf}} \{ (\pi^m + \eta_{\mathrm{c}} - 1)(1 - E_{\mathrm{R}}) C_{\mathrm{L\,min}} E_{\mathrm{L1}} / \tau_3 - C_{\mathrm{wf}} [\eta_{\mathrm{c}} \\ &\quad - (\pi^m + \eta_{\mathrm{c}} - 1) E_{\mathrm{R}}] - (C_{\mathrm{wf}} - C_{\mathrm{L\,min}} E_{\mathrm{L1}})(D^{-m} \pi^{-m} \eta_{\mathrm{t}} - \eta_{\mathrm{t}} + 1) \\ &\quad \times [E_{\mathrm{R}} \eta_{\mathrm{c}} + (1 - 2E_{\mathrm{R}})(\pi^m + \eta_{\mathrm{c}} - 1)] \}\end{aligned}}{\begin{aligned}&C_{\mathrm{wf}}^2 C_{\mathrm{H}} \eta_{\mathrm{c}} - (\pi^m + \eta_{\mathrm{c}} - 1)(C_{\mathrm{wf}} - C_{\mathrm{H\,min}} E_{\mathrm{H1}}) C_{\mathrm{wf}} C_{\mathrm{H}} E_{\mathrm{R}} \\ &\quad - C_{\mathrm{H}} (D^{-m} \pi^{-m} \eta_{\mathrm{t}} - \eta_{\mathrm{t}} + 1)(C_{\mathrm{wf}} - C_{\mathrm{L\,min}} E_{\mathrm{L1}})[C_{\mathrm{wf}} E_{\mathrm{R}} \eta_{\mathrm{c}} \\ &\quad + (\pi^m + \eta_{\mathrm{c}} - 1)(C_{\mathrm{wf}} - C_{\mathrm{H\,min}} E_{\mathrm{H1}})(1 - 2E_{\mathrm{R}})]\end{aligned}} \tag{4.3.18}
$$

供热率密度定义为[129]：$q_{\mathrm{H}} = Q_{\mathrm{H}} / v_2$，其中，$v_2$ 为循环中工质的最大比容值，图 4.3.1 中的 2 点为最大比容点，则无因次供热率密度为

$$
\bar{q}_{\mathrm{H}} = \frac{q_{\mathrm{H}}}{\big/ (C_{\mathrm{wf}} T_{\mathrm{H}} D_1 / v_1)} = \bar{Q}_{\mathrm{H}} v_1 / (D_1 v_2) \tag{4.3.19}
$$

由于 $v_1 / v_2 = D_1 T_1 / T_2$，由式 (4.3.12)、式 (4.3.13) 和式 (4.3.18) 可得到无因次供热率密度表达式为

$$
\bar{q}_{\mathrm{H}} = \frac{\begin{aligned}&C_{\mathrm{H\,min}} E_{\mathrm{H1}} C_{\mathrm{wf}} \{ (\pi^m + \eta_{\mathrm{c}} - 1)(1 - E_{\mathrm{R}}) C_{\mathrm{L\,min}} E_{\mathrm{L1}} / \tau_3 - C_{\mathrm{wf}} [\eta_{\mathrm{c}} \\ &\quad - (\pi^m + \eta_{\mathrm{c}} - 1) E_{\mathrm{R}}] - (C_{\mathrm{wf}} - C_{\mathrm{L\,min}} E_{\mathrm{L1}})(D^{-m} \pi^{-m} \eta_{\mathrm{t}} - \eta_{\mathrm{t}} + 1) \\ &\quad \times [E_{\mathrm{R}} \eta_{\mathrm{c}} + (1 - 2E_{\mathrm{R}})(\pi^m + \eta_{\mathrm{c}} - 1)] \} (D^{-m} \pi^{-m} \eta_{\mathrm{t}} - \eta_{\mathrm{t}} + 1) \{ [C_{\mathrm{wf}} E_{\mathrm{R}} \eta_{\mathrm{c}} \\ &\quad + (\pi^m + \eta_{\mathrm{c}} - 1)(C_{\mathrm{wf}} - C_{\mathrm{H\,min}} E_{\mathrm{H1}})(1 - 2E_{\mathrm{R}})] C_{\mathrm{L\,min}} E_{\mathrm{L1}} \\ &\quad + (1 - E_{\mathrm{R}}) C_{\mathrm{wf}} C_{\mathrm{H\,min}} E_{\mathrm{H1}} \eta_{\mathrm{c}} \tau_3 \}\end{aligned}}{\begin{aligned}&\{ C_{\mathrm{wf}}^2 C_{\mathrm{H}} \eta_{\mathrm{c}} - (\pi^m + \eta_{\mathrm{c}} - 1)(C_{\mathrm{wf}} - C_{\mathrm{Hmin}} E_{\mathrm{H1}}) C_{\mathrm{wf}} C_{\mathrm{H}} E_{\mathrm{R}} \\ &\quad - C_{\mathrm{H}} (D^{-m} \pi^{-m} \eta_{\mathrm{t}} - \eta_{\mathrm{t}} + 1)(C_{\mathrm{wf}} - C_{\mathrm{L\,min}} E_{\mathrm{L1}})[C_{\mathrm{wf}} E_{\mathrm{R}} \eta_{\mathrm{c}} \\ &\quad + (\pi^m + \eta_{\mathrm{c}} - 1)(C_{\mathrm{wf}} - C_{\mathrm{H\,min}} E_{\mathrm{H1}})(1 - 2E_{\mathrm{R}})] \} \{ C_{\mathrm{wf}} C_{\mathrm{H\,min}} E_{\mathrm{H1}} E_{\mathrm{R}} \eta_{\mathrm{c}} \\ &\quad + (1 - E_{\mathrm{R}}) C_{\mathrm{wf}} C_{\mathrm{L\,min}} E_{\mathrm{L1}} \eta_{\mathrm{c}} + (1 - 2E_{\mathrm{R}})(D^{-m} \pi^{-m} \eta_{\mathrm{t}} - \eta_{\mathrm{t}} + 1) \\ &\quad \times (C_{\mathrm{wf}} - C_{\mathrm{L\,min}} E_{\mathrm{L1}}) C_{\mathrm{H\,min}} E_{\mathrm{H1}} \eta_{\mathrm{c}} \tau_3 \}\end{aligned}} \tag{4.3.20}
$$

根据式 (1.2.2) 及式 (1.2.3) 可分别得到循环的㶲输入率和㶲输出率为

$$
E_{\mathrm{in}} = Q_{\mathrm{H}} - Q_{\mathrm{L}} \tag{4.3.21}
$$

$$
E_{\mathrm{out}} = \int_{T_{\mathrm{Hin}}}^{T_{\mathrm{Hout}}} C_{\mathrm{H}} (1 - T_0 / T) \mathrm{d}T - \int_{T_{\mathrm{Lin}}}^{T_{\mathrm{Lout}}} C_{\mathrm{L}} (T_0 / T - 1) \mathrm{d}T = Q_{\mathrm{H}} - Q_{\mathrm{L}} - T_0 \sigma \tag{4.3.22}
$$

式中，σ 为循环的熵产率，$\sigma = C_H \ln(T_{\text{Hout}}/T_{\text{Hin}}) + C_L \ln(T_{\text{Lout}}/T_{\text{Lin}})$。

根据㶲效率的定义式 (1.2.5) 及式 (4.3.1)、式 (4.3.2)、式 (4.3.12)、式 (4.3.14)、式 (4.3.21) 和式 (4.3.22) 即可得到该循环的㶲效率为

$$
\eta_{\text{ex}} = 1 - \frac{\begin{aligned}&\{C_{\text{wf}}^2 \eta_c - (\pi^m + \eta_c - 1)(C_{\text{wf}} - C_{H\min}E_{H1})C_{\text{wf}}E_R \\ &- (D^{-m}\pi^{-m}\eta_t - \eta_t + 1)(C_{\text{wf}} - C_{L\min}E_{L1})[C_{\text{wf}}E_R\eta_c \\ &+ (\pi^m + \eta_c - 1)(C_{\text{wf}} - C_{H\min}E_{H1})(1 - 2E_R)]\}T_0\sigma\end{aligned}}{\begin{aligned}&C_{\text{wf}}C_{L\min}E_{L1}\{C_{H\min}E_{H1}(\pi^m + \eta_c - 1)(1 - E_R) + (\pi^m + \eta_c - 1)(C_{\text{wf}} \\ &- C_{H\min}E_{H1})[E_R + (1 - 2E_R)(D^{-m}\pi^{-m}\eta_t - \eta_t + 1)] - \eta_c C_{\text{wf}}[1 \\ &- E_R(D^{-m}\pi^{-m}\eta_t - \eta_t + 1)]\}T_{\text{Lin}} + C_{\text{wf}}C_{H\min}E_{H1}\{(D^{-m}\pi^{-m}\eta_t - \eta_t \\ &+ 1)(C_{\text{wf}} - C_{L\min}E_{L1})[(\pi^m + \eta_c - 1)(1 - 2E_R) + E_R\eta_c] + C_{\text{wf}}[E_R(\pi^m \\ &+ \eta_c - 1) - \eta_c] + C_{L\min}E_{L1}\eta_c(1 - E_R)(D^{-m}\pi^{-m}\eta_t - \eta_t + 1)\}T_{\text{Hin}}\end{aligned}}
$$

$$(4.3.23)$$

式中，

$$
\sigma = C_H \ln\left\{1 + \frac{\begin{aligned}&C_{\text{wf}}C_{H\min}E_{H1}\{(\pi^m + \eta_c - 1)(1 - E_R)C_{L\min}E_{L1}/\tau_3 + (D^{-m}\pi^{-m}\eta_t - \eta_t + 1)(C_{\text{wf}} \\ &- C_{L\min}E_{L1})[(\pi^m + \eta_c - 1)(1 - 2E_R) + E_R\eta_c] + C_{\text{wf}}[E_R(\pi^m + \eta_c - 1) - \eta_c]\}\end{aligned}}{\begin{aligned}&C_H\{C_{\text{wf}}^2\eta_c - (\pi^m + \eta_c - 1)(C_{\text{wf}} - C_{H\min}E_{H1})C_{\text{wf}}E_R - (D^{-m}\pi^{-m}\eta_t - \eta_t + 1)(C_{\text{wf}} \\ &- C_{L\min}E_{L1})[C_{\text{wf}}E_R\eta_c + (\pi^m + \eta_c - 1)(C_{\text{wf}} - C_{H\min}E_{H1})(1 - 2E_R)]\}\end{aligned}}\right\}
$$
$$
+ C_L \ln\left\{1 - \frac{\begin{aligned}&C_{\text{wf}}C_{L\min}E_{L1}\{\eta_c C_{\text{wf}}[1 - E_R(D^{-m}\pi^{-m}\eta_t - \eta_t + 1)] - (\pi^m + \eta_c - 1)(C_{\text{wf}} - C_{H\min}E_{H1})[E_R \\ &+ (1 - 2E_R)(D^{-m}\pi^{-m}\eta_t - \eta_t + 1)] - (1 - E_R)(D^{-m}\pi^{-m}\eta_t - \eta_t + 1)E_{H1}C_{H\min}\eta_c\tau_3\}\end{aligned}}{\begin{aligned}&C_L\{C_{\text{wf}}^2\eta_c - (\pi^m + \eta_c - 1)(C_{\text{wf}} - E_{H1}C_{H\min})E_R C_{\text{wf}} - (D^{-m}\pi^{-m}\eta_t - \eta_t + 1)(C_{\text{wf}} \\ &- E_{L1}C_{L\min})[E_R C_{\text{wf}}\eta_c + (\pi^m + \eta_c - 1)(C_{\text{wf}} - E_{H1}C_{H\min})(1 - 2E_R)]\}\end{aligned}}\right\}
$$

为便于比较分析，㶲效率又可写成

$$
\eta_{\text{ex}} = 1 - \frac{\begin{aligned}&\{C_{\text{wf}}^2 \eta_c - (\pi^m + \eta_c - 1)(C_{\text{wf}} - C_{H\min}E_{H1})C_{\text{wf}}E_R \\ &- (D^{-m}\pi^{-m}\eta_t - \eta_t + 1)(C_{\text{wf}} - C_{L\min}E_{L1})[C_{\text{wf}}E_R\eta_c \\ &+ (\pi^m + \eta_c - 1)(C_{\text{wf}} - C_{H\min}E_{H1})(1 - 2E_R)]\}\sigma\end{aligned}}{\begin{aligned}&C_{\text{wf}}C_{L\min}E_{L1}\{C_{H\min}E_{H1}(\pi^m + \eta_c - 1)(1 - E_R) + (\pi^m + \eta_c - 1)(C_{\text{wf}} \\ &- C_{H\min}E_{H1})[E_R + (1 - 2E_R)(D^{-m}\pi^{-m}\eta_t - \eta_t + 1)] - \eta_c C_{\text{wf}}[1 \\ &- E_R(D^{-m}\pi^{-m}\eta_t - \eta_t + 1)]\}\tau_4/\tau_3 + C_{\text{wf}}C_{H\min}E_{H1}\{(D^{-m}\pi^{-m}\eta_t - \eta_t \\ &+ 1)(C_{\text{wf}} - C_{L\min}E_{L1})[(\pi^m + \eta_c - 1)(1 - 2E_R) + E_R\eta_c] + C_{\text{wf}}[E_R(\pi^m \\ &+ \eta_c - 1) - \eta_c] + C_{L\min}E_{L1}\eta_c(1 - E_R)(D^{-m}\pi^{-m}\eta_t - \eta_t + 1)\}\tau_4\end{aligned}}
$$

$$(4.3.24)$$

式中，$\tau_4 = T_{\text{Hin}}/T_0$ 为高温热源进口温度与外界环境温度之比。

联立式 (1.2.8)、式 (4.3.1)、式 (4.3.2)、式 (4.3.12)、式 (4.3.14)、式 (4.3.21) 以及式 (4.3.22) 可得该循环的生态学目标函数为

$$
E = \frac{\begin{aligned}
&C_{\text{wf}}C_{\text{L min}}E_{\text{L1}}\{C_{\text{H min}}E_{\text{H1}}(\pi^m + \eta_{\text{c}} - 1)(1 - E_{\text{R}}) + (\pi^m + \eta_{\text{c}} - 1)(C_{\text{wf}}\\
&- C_{\text{H min}}E_{\text{H1}})[E_{\text{R}} + (1 - 2E_{\text{R}})(D^{-m}\pi^{-m}\eta_{\text{t}} - \eta_{\text{t}} + 1)] - \eta_{\text{c}}C_{\text{wf}}[1\\
&- E_{\text{R}}(D^{-m}\pi^{-m}\eta_{\text{t}} - \eta_{\text{t}} + 1)]\}T_{\text{Lin}} + C_{\text{wf}}C_{\text{H min}}E_{\text{H1}}\{(D^{-m}\pi^{-m}\eta_{\text{t}} - \eta_{\text{t}}\\
&+ 1)(C_{\text{wf}} - C_{\text{L min}}E_{\text{L1}})[(\pi^m + \eta_{\text{c}} - 1)(1 - 2E_{\text{R}}) + E_{\text{R}}\eta_{\text{c}}] + C_{\text{wf}}[E_{\text{R}}(\pi^m\\
&+ \eta_{\text{c}} - 1) - \eta_{\text{c}}] + C_{\text{L min}}E_{\text{L1}}\eta_{\text{c}}(1 - E_{\text{R}})(D^{-m}\pi^{-m}\eta_{\text{t}} - \eta_{\text{t}} + 1)\}T_{\text{Hin}}
\end{aligned}}{\begin{aligned}
&C_{\text{wf}}^2\eta_{\text{c}} - (\pi^m + \eta_{\text{c}} - 1)(C_{\text{wf}} - C_{\text{H min}}E_{\text{H1}})C_{\text{wf}}E_{\text{R}}\\
&- (D^{-m}\pi^{-m}\eta_{\text{t}} - \eta_{\text{t}} + 1)(C_{\text{wf}} - C_{\text{L min}}E_{\text{L1}})[C_{\text{wf}}E_{\text{R}}\eta_{\text{c}}\\
&+ (\pi^m + \eta_{\text{c}} - 1)(C_{\text{wf}} - C_{\text{H min}}E_{\text{H1}})(1 - 2E_{\text{R}})]
\end{aligned}} - 2T_0\sigma
$$

$$(4.3.25)$$

为便于分析，将生态学目标函数写成无因次的形式为

$$\overline{E} = E / (C_{\text{H}}T_{\text{Hin}})$$

$$
= \frac{\begin{aligned}
&C_{\text{wf}}C_{\text{L min}}E_{\text{L1}}\{C_{\text{H min}}E_{\text{H1}}(\pi^m + \eta_{\text{c}} - 1)(1 - E_{\text{R}}) + (\pi^m + \eta_{\text{c}} - 1)(C_{\text{wf}}\\
&- C_{\text{H min}}E_{\text{H1}})[E_{\text{R}} + (1 - 2E_{\text{R}})(D^{-m}\pi^{-m}\eta_{\text{t}} - \eta_{\text{t}} + 1)] - \eta_{\text{c}}C_{\text{wf}}[1\\
&- E_{\text{R}}(D^{-m}\pi^{-m}\eta_{\text{t}} - \eta_{\text{t}} + 1)]\} / \tau_3 + C_{\text{wf}}C_{\text{H min}}E_{\text{H1}}\{(D^{-m}\pi^{-m}\eta_{\text{t}} - \eta_{\text{t}}\\
&+ 1)(C_{\text{wf}} - C_{\text{L min}}E_{\text{L1}})[(\pi^m + \eta_{\text{c}} - 1)(1 - 2E_{\text{R}}) + E_{\text{R}}\eta_{\text{c}}] + C_{\text{wf}}[E_{\text{R}}(\pi^m\\
&+ \eta_{\text{c}} - 1) - \eta_{\text{c}}] + C_{\text{L min}}E_{\text{L1}}\eta_{\text{c}}(1 - E_{\text{R}})(D^{-m}\pi^{-m}\eta_{\text{t}} - \eta_{\text{t}} + 1)\}
\end{aligned}}{\begin{aligned}
&C_{\text{H}}\{C_{\text{wf}}^2\eta_{\text{c}} - (\pi^m + \eta_{\text{c}} - 1)(C_{\text{wf}} - C_{\text{H min}}E_{\text{H1}})C_{\text{wf}}E_{\text{R}}\\
&- (D^{-m}\pi^{-m}\eta_{\text{t}} - \eta_{\text{t}} + 1)(C_{\text{wf}} - C_{\text{L min}}E_{\text{L1}})[C_{\text{wf}}E_{\text{R}}\eta_{\text{c}}\\
&+ (\pi^m + \eta_{\text{c}} - 1)(C_{\text{wf}} - C_{\text{H min}}E_{\text{H1}})(1 - 2E_{\text{R}})]\}
\end{aligned}} - \frac{2\sigma}{\tau_4 C_{\text{H}}}
$$

$$(4.3.26)$$

式 (4.3.17)、式 (4.3.18)、式 (4.3.20)、式 (4.3.24) 和式 (4.3.26) 包含了大量特例下的性能。

(1) 当 $C_{\text{L}} = C_{\text{H}} \rightarrow \infty$，该循环成为恒温热源不可逆回热循环，式 (4.3.17)、式 (4.3.18)、式 (4.3.20)、式 (4.3.24) 和式 (4.3.26) 分别成为式 (4.2.17)、式 (4.2.18)、式 (4.2.20)、式 (4.2.24) 和式 (4.2.26)。

(2) 当 $\eta_{\text{c}} = \eta_{\text{t}} = D_1 = D_2 = 1$ 时，该循环成为内可逆回热循环，当 C_{L}、C_{H} 为有限值时，该循环为变温热源内可逆回热循环，而当 $C_{\text{L}} = C_{\text{H}} \rightarrow \infty$ 时，则成为恒温热源内可逆回热循环。

（3）当 $E_R = 0$ 时，该循环成为不可逆简单循环，当 C_L、C_H 为有限值时，为变温热源不可逆简单循环，而当 $C_L = C_H \to \infty$ 时，则成为恒温热源不可逆简单循环；$D_1 = D_2 = 1$ 时，为不计管路损失的不可逆简单循环。

（4）当 $E_R = 0$ 且 $\eta_c = \eta_t = D_1 = D_2 = 1$ 时，该循环成为内可逆简单循环，当 C_L、C_H 为有限值时，为变温热源内可逆简单循环，而当 $C_L = C_H \to \infty$ 时，则成为恒温热源内可逆简单循环。

（5）当 $E_{H1} = E_{L1} = \eta_c = \eta_t = D_1 = D_2 = 1$ 时，该循环成为理想可逆循环，当 $E_R \neq 0$ 时为理想可逆回热循环，而当 $E_R = 0$ 时，则变为理想可逆简单循环。

4.3.3　供热率、供热系数分析与优化

式（4.3.17）和式（4.3.18）表明，当循环高、低温热源的进口温比一定时，变温热源回热式不可逆空气热泵循环的无因次供热率与传热不可逆性（E_{H1}、E_{L1}、E_R）、内不可逆性（η_c、η_t、D）、压比（π）以及工质和热源的热容率（C_{wf}、C_H、C_L）有关，与简单循环类似，可以通过压比的选择、换热器及回热器热导率的优化、工质和热源间热容率匹配的优化等方面着手对该回热循环进行性能优化。

4.3.3.1　最佳压比的选择

图 4.3.2 和图 4.3.3 分别给出了 $k = 1.4$，$\eta_c = \eta_t = 0.8$，$E_{H1} = E_{L1} = E_R = 0.9$，$C_{wf} = 0.8 \text{kW/K}$，$D = 0.96$，$C_L = C_H = 1.0 \text{kW/K}$ 时供热系数 β、无因次供热率 $\bar{Q}_H$ 与压比 π 的关系。由图可知，供热系数与压比呈类抛物线关系，存在 $\pi_{\text{opt},\beta}$ 使供热系数取得最大值 $\beta_{\max,\pi}$，而 $\bar{Q}_H$ 与 π 呈单调递增关系，因此，β 与 $\bar{Q}_H$ 呈抛物线关系。

图 4.3.2 和图 4.3.3 还表明，当 τ_3 提高时，β 和 $\beta_{\max,\pi}$ 及 $\bar{Q}_H$ 均随之减小。

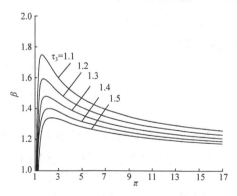

图 4.3.2　热源温比 τ_3 对 β-π 关系的影响

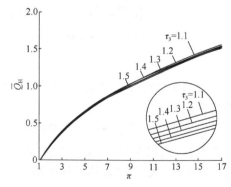

图 4.3.3　热源温比 τ_3 对 $\bar{Q}_H$-π 关系的影响

图 4.3.4 给出了 $k=1.4$，$\eta_c=\eta_t=0.8$，$C_{wf}=0.8\text{kW/K}$，$C_L=C_H=1.0\text{kW/K}$，$E_R=0.9$，$D=0.96$ 时高、低温侧换热器的有效度 E_{H1}、E_{L1} 对最佳压比 $\pi_{opt,\beta}$ 与热源温比 τ_3 关系的影响。由图可知，$\pi_{opt,\beta}$ 与 τ_3 呈单调递增关系，且随着 E_{H1}、E_{L1} 的增加，$\pi_{opt,\beta}$ 增大。

图 4.3.5 给出了 $k=1.4$，$\eta_c=\eta_t=0.8$，$E_{H1}=E_{L1}=0.9$，$C_L=C_H=1.0\text{kW/K}$，$C_{wf}=0.8\text{kW/K}$，$D=0.96$ 时回热器的有效度 E_R 对最佳压比 $\pi_{opt,\beta}$ 与热源温比 τ_3 关系的影响。由图可知，随着 E_R 的增加，$\pi_{opt,\beta}$ 降低。

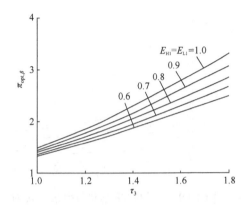

图 4.3.4　换热器有效度 E_{H1}、E_{L1} 对 $\pi_{opt,\beta}$-τ_3　　　　图 4.3.5　回热器有效度 E_R 对 $\pi_{opt,\beta}$-τ_3
　　　　　关系的影响　　　　　　　　　　　　　　　　　关系的影响

图 4.3.6 给出了 $k=1.4$，$E_{H1}=E_{L1}=E_R=0.9$，$C_{wf}=0.8\text{kW/K}$，$D=0.96$，$C_L=C_H=1.0\text{kW/K}$ 时不同的压缩机和膨胀机效率 η_c、η_t 对最佳压比 $\pi_{opt,\beta}$ 与热源温比 τ_3 关系的影响。由图可知，随着 η_c、η_t 的增加，$\pi_{opt,\beta}$ 降低。

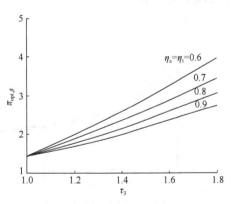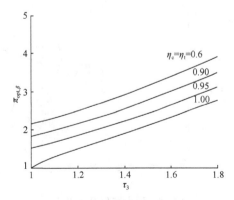

图 4.3.6　压缩机和膨胀机效率 η_c、η_t 对　　　　图 4.3.7　压力恢复系数 D 对 $\pi_{opt,\beta}$-τ_3
　　　　$\pi_{opt,\beta}$-τ_3 关系的影响　　　　　　　　　　　　　关系的影响

图 4.3.7 给出了 $k=1.4$，$E_{H1}=E_{L1}=E_R=0.9$，$\eta_c=\eta_t=0.8$，$C_{wf}=0.8\text{kW/K}$，$C_L=C_H=1.0\text{kW/K}$ 时压力恢复系数 D 对最佳压比 $\pi_{\text{opt},\beta}$ 与热源温比 τ_3 关系的影响。由图可知，随着 D 的增加，$\pi_{\text{opt},\beta}$ 降低。

图 4.3.8 和图 4.3.9 分别给出了不同的 η_c、η_t 下，$\bar{Q}_H$ 和 β 与 π 的关系图，其中 $k=1.4$，$E_{H1}=E_{L1}=E_R=0.9$，$\tau_3=1.25$，$D=0.96$，$C_{wf}=0.8\text{kW/K}$，$C_L=C_H=1.0\text{kW/K}$。由图可见，$\bar{Q}_H$ 随着 η_c 和 η_t 的增大而降低；β 及 $\beta_{\max,\pi}$ 均随着 η_c 和 η_t 的增大而增大。

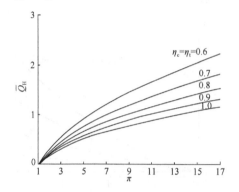

图 4.3.8　压缩机和膨胀机效率 η_c、η_t 对 $\bar{Q}_H\text{-}\pi$　　　图 4.3.9　压缩机和膨胀机效率 η_c、η_t 对
　　　　　关系的影响　　　　　　　　　　　　　　　　　　$\beta\text{-}\pi$ 关系的影响

图 4.3.10 和图 4.3.11 分别给出了 $k=1.4$，$E_H=E_L=E_R=0.9$，$\tau_3=1.25$，$\eta_c=\eta_t=0.8$，$C_{wf}=0.8\text{kW/K}$，$C_L=C_H=1.0\text{kW/K}$ 时不同的压力恢复系数 D 下无因次供热率 $\bar{Q}_H$、供热系数 β 与压比 π 的关系。由图可知，$\bar{Q}_H$ 随着 D 的增大而减小，β 均随着 D 的增大而增加，但 $\bar{Q}_H$ 的减小量非常小。

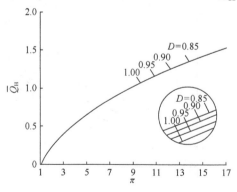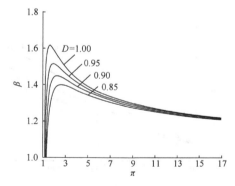

图 4.3.10　压力恢复系数 D 对 $\bar{Q}_H\text{-}\pi$　　　　图 4.3.11　压力恢复系数 D 对 $\beta\text{-}\pi$
　　　　　关系的影响　　　　　　　　　　　　　　　　　　关系的影响

对给定高、低温侧换热器及回热器热导率，也即给定有效度的情形，图 4.3.12 和图 4.3.13 分别给出了 $k=1.4$，$\eta_c=\eta_t=0.8$，$\tau_3=1.25$，$C_{wf}=0.8\text{kW/K}$，$C_L=C_H=1.0\text{kW/K}$，$E_{H1}=E_{L1}=0.9$，$D=0.96$ 时回热器的有效度 E_R 对无因次供热率 $\bar{Q}_H$、供热系数 β 与压比 π 关系的影响。虚线所示为不采用回热（即 $E_R=0$）时的无因次供热率及供热系数。由图可知，$\bar{Q}_H$ 及 β 均随着 E_R 的增大而增大，显然，采用回热以后，$\bar{Q}_H$ 和 β 有明显的提高，这是回热循环与简单循环的根本不同之处。

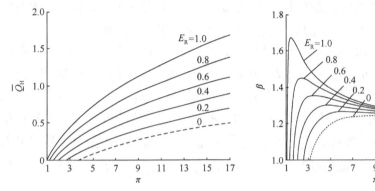
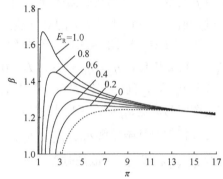

图 4.3.12　回热器有效度 E_R 对 $\bar{Q}_H$-π
关系的影响

图 4.3.13　回热器有效度 E_R 对 β-π
关系的影响

图 4.3.14 和图 4.3.15 分别给出了 $k=1.4$，$\eta_c=\eta_t=0.8$，$E_R=0.9$，$\tau_3=1.25$，$C_{wf}=0.8\text{kW/K}$，$C_L=C_H=1.0\text{kW/K}$，$D=0.96$ 时，E_{H1}、E_{L1} 对 $\bar{Q}_H$、β 与 π 关系的影响。由图可知，$\bar{Q}_H$ 随着 E_{H1}、E_{L1} 的增加而降低，这与简单循环的结果相反；β 则随着 E_{H1}、E_{L1} 的增加而增大。

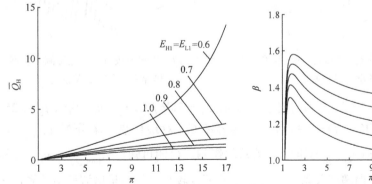

图 4.3.14　换热器有效度 E_{H1}、E_{L1} 对 $\bar{Q}_H$-π 关
系的影响

图 4.3.15　换热器有效度 E_{H1}、E_{L1} 对 β-π
关系的影响

4.3.3.2　热导率最优分配

对于热导率可选择的情形，在 $U_H + U_L + U_R = U_T$ 一定时，热导率分配为：$u_H = U_H / U_T$ ，$u_L = U_L / U_T$ ，因此有：$U_H = u_H U_T$ ，$U_L = u_L U_T$ ，$U_R = (1 - u_H - u_L) U_T$ 。u_H 和 u_L 均有其物理意义，应保证循环为回热循环，即要满足条件：$u_H \leq 1$ ，$u_L \leq 1$ ，$u_H + u_L \leq 1$ 。由式 (4.3.17) 及式 (4.3.18) 可知，当循环的 τ_3 、η_c 、η_t 、D 、C_H 、C_L 以及 C_{wf} 一定时，循环的无因次供热率 $\bar{Q}_H$ 及供热系数 β 与高、低温侧换热器热导率的分配 u_H 、u_L 和压比 π 有关。因此，本节将通过数值计算分析热导率分配对回热式空气热泵循环性能的影响。

图 4.3.16 和图 4.3.17 分别给出了 $k = 1.4$ ，$\pi = 5$ ，$U_T = 5\mathrm{kW/K}$ ，$C_{wf} = 0.6\mathrm{kW/K}$ ，$\eta_c = \eta_t = 0.8$ ，$D = 0.96$ ，$\tau_3 = 1.25$ ，$C_L = C_H = 1.0\mathrm{kW/K}$ 时 $\bar{Q}_H$ 及 β 与 u_H 和 u_L 间的三维关系，图中的垂直平面表示了 $u_H + u_L = 1$ ，垂直平面的右边图即为满足 $u_H + u_L \leq 1$ 时的情况。由图可知，对于一定的压比 π ，分别存在一对最佳的热导率分配 $u_{Hopt,\bar{Q}_H}$ 、$u_{Lopt,\bar{Q}_H}$ 和 $u_{Hopt,\beta}$ 、$u_{Lopt,\beta}$ ，使 $\bar{Q}_H$ 及 β 取得最大值 $\bar{Q}_{Hmax,u}$ 和 $\beta_{max,u}$ 。故同时存在 $\pi_{opt,\beta}$ 和 $u_{Hopt,\beta}$ 、$u_{Lopt,\beta}$ ，使 β 取得双重最佳值 $\beta_{max,max}$ 。

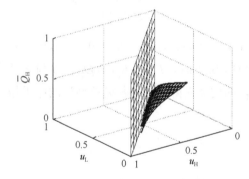

图 4.3.16　无因次供热率与高、低温侧换热器　　图 4.3.17　供热系数与高、低温侧换热器
　　　　　热导率分配间的关系　　　　　　　　　　　　热导率分配间的关系

图 4.3.18～图 4.3.21 分别给出了 $k = 1.4$ ，$U_T = 5\mathrm{kW/K}$ ，$\eta_c = \eta_t = 0.8$ ，$\tau_3 = 1.25$ ，$C_L = C_H = 1.0\mathrm{kW/K}$ ，$D = 0.96$ 时工质热容率 C_{wf} 对最佳热导率分配 $u_{Hopt,\bar{Q}_H}$ 、$u_{Lopt,\bar{Q}_H}$ 、$u_{Hopt,\beta}$ 和 $u_{Lopt,\beta}$ 与压比 π 关系的影响。由图可知，$u_{Hopt,\bar{Q}_H}$ 、$u_{Hopt,\beta}$ 和 $u_{Lopt,\beta}$ 均与 π 呈单调递增关系，而 $u_{Lopt,\bar{Q}_H}$ 在 C_{wf} 较小时与 π 呈单调递增关系，在 C_{wf} 较大时与 π 呈单调递减关系；随着 C_{wf} 的增加，$u_{Hopt,\bar{Q}_H}$ 和 $u_{Hopt,\beta}$ 都增加，

$u_{\mathrm{Lopt},\bar{Q}_H}$ 则变化无规律，而 $u_{\mathrm{Lopt},\beta}$ 减小，并且相对应的 $u_{\mathrm{Hopt},\beta} > u_{\mathrm{Lopt},\beta}$，而只有当 C_{wf} 较小时，相对应的 $u_{\mathrm{Hopt},\bar{Q}_H} < u_{\mathrm{Lopt},\bar{Q}_H}$。

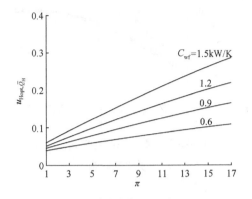

图 4.3.18　工质热容率 C_{wf} 对 $u_{\mathrm{Hopt},\bar{Q}_H}$-$\pi$
关系的影响

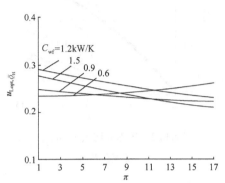

图 4.3.19　工质热容率 C_{wf} 对 $u_{\mathrm{Lopt},\bar{Q}_H}$-$\pi$
关系的影响

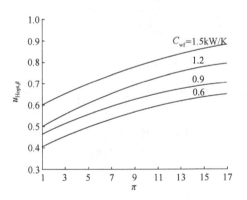

图 4.3.20　工质热容率 C_{wf} 对 $u_{\mathrm{Hopt},\beta}$-π
关系的影响

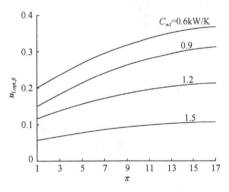

图 4.3.21　工质热容率 C_{wf} 对 $u_{\mathrm{Lopt},\beta}$-π
关系的影响

　　图 4.3.22～图 4.3.25 分别给出了 τ_3 对 $u_{\mathrm{Hopt},\bar{Q}_H}$、$u_{\mathrm{Lopt},\bar{Q}_H}$、$u_{\mathrm{Hopt},\beta}$ 和 $u_{\mathrm{Lopt},\beta}$ 与 π 关系的影响图，其中 $k=1.4$，$U_\mathrm{T}=5\mathrm{kW/K}$，$C_{\mathrm{wf}}=0.6\mathrm{kW/K}$，$C_\mathrm{L}=C_\mathrm{H}=1.0\mathrm{kW/K}$，$\eta_\mathrm{c}=\eta_\mathrm{t}=0.8$，$D=0.96$。由图可知，随着热源温比 τ_3 的增加，$u_{\mathrm{Hopt},\bar{Q}_H}$ 略有增加，而 $u_{\mathrm{Lopt},\bar{Q}_H}$ 略有减少，且当压比 π 增大到一定值时，$u_{\mathrm{Hopt},\bar{Q}_H}$ 和 $u_{\mathrm{Lopt},\bar{Q}_H}$ 几乎不变；$u_{\mathrm{Hopt},\beta}$ 和 $u_{\mathrm{Lopt},\beta}$ 均随着热源温比 τ_3 的增加而减小，并且相对应的 $u_{\mathrm{Hopt},\bar{Q}_H} < u_{\mathrm{Lopt},\bar{Q}_H}$，$u_{\mathrm{Hopt},\beta} > u_{\mathrm{Lopt},\beta}$。

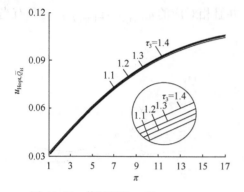

图 4.3.22 热源温比 τ_3 对 $u_{\text{Hopt},\bar{Q}_H}$ -π
关系的影响

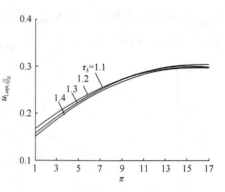

图 4.3.23 热源温比 τ_3 对 $u_{\text{Lopt},\bar{Q}_H}$ -π
关系的影响

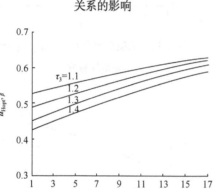

图 4.3.24 热源温比 τ_3 对 $u_{\text{Hopt},\beta}$ -π
关系的影响

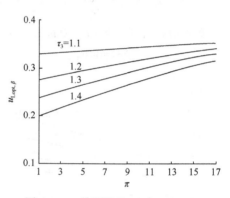

图 4.3.25 热源温比 τ_3 对 $u_{\text{Lopt},\beta}$ -π
关系的影响

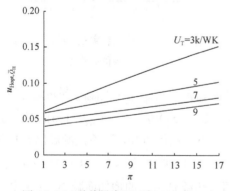

图 4.3.26 总热导率 U_T 对 $u_{\text{Hopt},\bar{Q}_H}$ -π
关系的影响

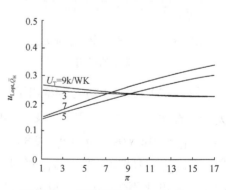

图 4.3.27 总热导率 U_T 对 $u_{\text{Lopt},\bar{Q}_H}$ -π
关系的影响

图 4.3.26～图 4.3.29 分别给出了总热导率 U_T 对 $u_{Hopt,\bar{Q}_H}$、$u_{Lopt,\bar{Q}_H}$、$u_{Hopt,\beta}$ 和 $u_{Lopt,\beta}$ 与压比 π 关系的影响,其中 $k=1.4$,$\tau_3=1.25$,$C_{wf}=0.6kW/K$,$\eta_c=\eta_t=0.8$,$C_L=C_H=1.0kW/K$,$D=0.96$。由图可知,$u_{Hopt,\bar{Q}_H}$、$u_{Hopt,\beta}$ 和 $u_{Lopt,\beta}$ 均与 π 呈单调递增关系,而 $u_{Lopt,\bar{Q}_H}$ 在 U_T 较大和较小时与 π 均呈单调递减关系,在 U_T 处于中间值时与 π 呈单调递增关系;随着总热导率 U_T 的增大,$u_{Hopt,\bar{Q}_H}$ 和 $u_{Hopt,\beta}$ 均减少,而 $u_{Lopt,\bar{Q}_H}$ 变化无规律,$u_{Lopt,\beta}$ 随着总热导率 U_T 的增大而增加,并且相对应的 $u_{Hopt,\bar{Q}_H} < u_{Lopt,\bar{Q}_H}$,$u_{Hopt,\beta} > u_{Lopt,\beta}$。

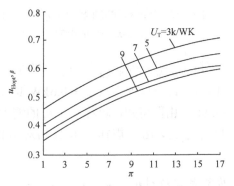

图 4.3.28　总热导率 U_T 对 $u_{Hopt,\beta}$-π 关系的影响

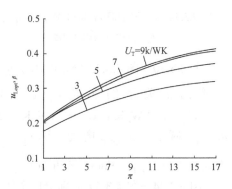

图 4.3.29　总热导率 U_T 对 $u_{Lopt,\beta}$-π 关系的影响

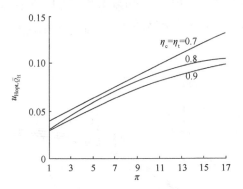

图 4.3.30　压缩机和膨胀机效率 η_c、η_t 对 $u_{Hopt,\bar{Q}_H}$-π 关系的影响

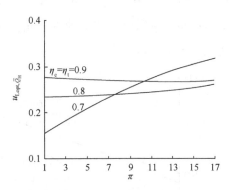

图 4.3.31　压缩机和膨胀机效率 η_c、η_t 对 $u_{Lopt,\bar{Q}_H}$-π 关系的影响

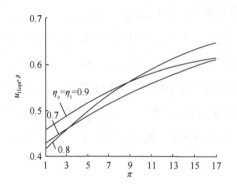

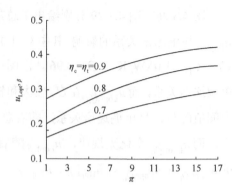

图 4.3.32　压缩机和膨胀机效率 η_{c}、η_{t} 对　　图 4.3.33　压缩机和膨胀机效率 η_{c}、η_{t} 对
　　　　　$u_{\mathrm{Hopt},\beta}$-π 关系的影响　　　　　　　　　　　$u_{\mathrm{Lopt},\beta}$-π 关系的影响

图 4.3.30～图 4.3.33 分别给出了 η_{c}、η_{t} 对 $u_{\mathrm{Hopt},\bar{Q}_{\mathrm{H}}}$、$u_{\mathrm{Lopt},\bar{Q}_{\mathrm{H}}}$、$u_{\mathrm{Hopt},\beta}$ 和 $u_{\mathrm{Lopt},\beta}$ 与 压 比 π 关系的影响，其中 $k=1.4$，$\tau_3=1.25$，$C_{\mathrm{wf}}=0.6\mathrm{kW/K}$，$C_{\mathrm{L}}=C_{\mathrm{H}}=1.0\mathrm{kW/K}$，$U_{\mathrm{T}}=5\mathrm{kW/K}$，$D=0.96$。由图可知，随着 η_{c}、η_{t} 的增大，$u_{\mathrm{Hopt},\bar{Q}_{\mathrm{H}}}$ 减小，$u_{\mathrm{Lopt},\beta}$ 增大，而 $u_{\mathrm{Lopt},\bar{Q}_{\mathrm{H}}}$ 和 $u_{\mathrm{Hopt},\beta}$ 变化无规律，并且相对应的 $u_{\mathrm{Hopt},\bar{Q}_{\mathrm{H}}}<u_{\mathrm{Lopt},\bar{Q}_{\mathrm{H}}}$，$u_{\mathrm{Hopt},\beta}>u_{\mathrm{Lopt},\beta}$。

图 4.3.34～图 4.3.37 分别给出了压力恢复系数 D 对 $u_{\mathrm{Hopt},\bar{Q}_{\mathrm{H}}}$、$u_{\mathrm{Lopt},\bar{Q}_{\mathrm{H}}}$、$u_{\mathrm{Hopt},\beta}$ 和 $u_{\mathrm{Lopt},\beta}$ 与压比 π 关系的影响，其中 $k=1.4$，$\tau_3=1.25$，$C_{\mathrm{wf}}=0.6\mathrm{kW/K}$，$U_{\mathrm{T}}=5\mathrm{kW/K}$，$\eta_{\mathrm{c}}=\eta_{\mathrm{t}}=0.8$。由图可知，随着 D 的增大，$u_{\mathrm{Hopt},\bar{Q}_{\mathrm{H}}}$ 减小，而 $u_{\mathrm{Lopt},\bar{Q}_{\mathrm{H}}}$ 增大，$u_{\mathrm{Hopt},\beta}$ 先减小而后增大，$u_{\mathrm{Lopt},\beta}$ 增大，并且相对应的 $u_{\mathrm{Hopt},\bar{Q}_{\mathrm{H}}}<u_{\mathrm{Lopt},\bar{Q}_{\mathrm{H}}}$，$u_{\mathrm{Hopt},\beta}>u_{\mathrm{Lopt},\beta}$。

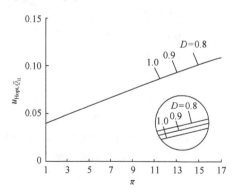

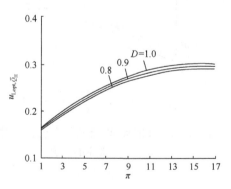

图 4.3.34　压力恢复系数 D 对 $u_{\mathrm{Hopt},\bar{Q}_{\mathrm{H}}}$-$\pi$　　图 4.3.35　压力恢复系数 D 对 $u_{\mathrm{Lopt},\bar{Q}_{\mathrm{H}}}$-$\pi$
　　　　　　关系的影响　　　　　　　　　　　　　　关系的影响

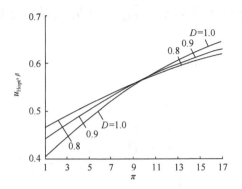

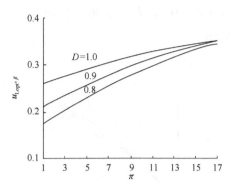

图 4.3.36　压力恢复系数 D 对 $u_{\mathrm{Hopt},\beta}$-π
关系的影响

图 4.3.37　压力恢复系数 D 对 $u_{\mathrm{Lopt},\beta}$-π
关系的影响

　　图 4.3.38 和图 4.3.39 分别给出了工质热容率 C_{wf} 对 $\bar{Q}_{\mathrm{Hmax},u}$、$\beta_{\mathrm{max},u}$ 与压比 π 关系的影响，其中 $k=1.4$，$U_{\mathrm{T}}=5\mathrm{kW/K}$，$\eta_{\mathrm{c}}=\eta_{\mathrm{t}}=0.8$，$\tau_3=1.25$，$C_{\mathrm{L}}=C_{\mathrm{H}}=1.0\mathrm{kW/K}$，$D=0.96$。由图可知，$\bar{Q}_{\mathrm{Hmax},u}$ 随着 π 的增大而增大，随着 C_{wf} 的增大，在 π 较大时，$\bar{Q}_{\mathrm{Hmax},u}$ 增大，而在 π 较小时，$\bar{Q}_{\mathrm{Hmax},u}$ 呈较复杂的变化规律，因此，可以考虑选择不同热容率的工质来进一步优化循环的性能。而 $\beta_{\mathrm{max},u}$ 与压比呈类抛物线关系，当 $\pi<\pi_{\mathrm{opt},\beta}$ 时，$\beta_{\mathrm{max},u}$ 随着 π 的增大快速增加；当 $\pi=\pi_{\mathrm{opt},\beta}$ 时，$\beta_{\mathrm{max},u}=\beta_{\mathrm{max,max}}$；当 $\pi>\pi_{\mathrm{opt},\beta}$ 时，$\beta_{\mathrm{max},u}$ 随着 π 的增大缓慢降低。由图还可知，随着 C_{wf} 的增加，$\beta_{\mathrm{max},u}$ 下降。

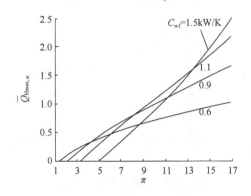

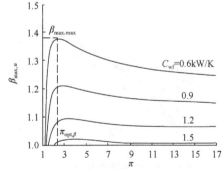

图 4.3.38　工质热容率 C_{wf} 对 $\bar{Q}_{\mathrm{Hmax},u}$-$\pi$
关系的影响

图 4.3.39　工质热容率 C_{wf} 对 $\beta_{\mathrm{max},u}$-π
关系的影响

　　图 4.3.40 和图 4.3.41 分别给出了热源温比 τ_3 对 $\bar{Q}_{\mathrm{Hmax},u}$、$\beta_{\mathrm{max},u}$ 与压比 π 关系的影响，其中 $k=1.4$，$U_{\mathrm{T}}=5\mathrm{kW/K}$，$C_{\mathrm{wf}}=0.6\mathrm{kW/K}$，$C_{\mathrm{L}}=C_{\mathrm{H}}=1.0\mathrm{kW/K}$，

$\eta_c = \eta_t = 0.8$，$D = 0.96$。由图可知，随着 τ_3 的增加，$\bar{Q}_{Hmax,u}$ 和 $\beta_{max,u}$ 都总是下降的。

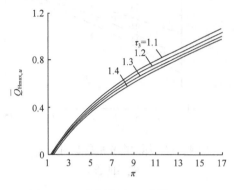 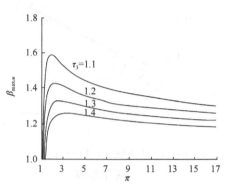

图 4.3.40 热源温比 τ_3 对 $\bar{Q}_{Hmax,u}$-π 关系的影响　　　　图 4.3.41 热源温比 τ_3 对 $\beta_{max,u}$-π 关系的影响

图 4.3.42 和图 4.3.43 分别给出了总热导率 U_T 对 $\bar{Q}_{Hmax,u}$、$\beta_{max,u}$ 与压比 π 关系的影响，其中 $k = 1.4$，$\tau_3 = 1.25$，$C_{wf} = 0.6\text{kW/K}$，$\eta_c = \eta_t = 0.8$，$C_L = C_H = 1.0\text{kW/K}$，$D = 0.96$。由图可知，$\bar{Q}_{Hmax,u}$ 在较小 π 时，随着 U_T 的增大而增大，$\beta_{max,u}$ 总随着 U_T 的增大而增大，而且当 U_T 增大到一定值后，如果再继续提高 U_T，$\bar{Q}_{Hmax,u}$ 和 $\beta_{max,u}$ 的递增量均越来越小。

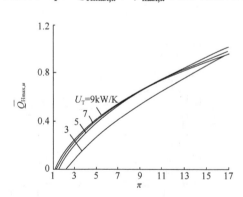 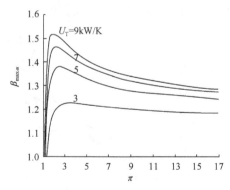

图 4.3.42 总热导率 U_T 对 $\bar{Q}_{Hmax,u}$-π 关系的影响　　　　图 4.3.43 总热导率 U_T 对 $\beta_{max,u}$-π 关系的影响

图 4.3.44 和图 4.3.45 分别给出了 η_c、η_t 对 $\bar{Q}_{Hmax,u}$、$\beta_{max,u}$ 与压比 π 关系的影响，其中 $k = 1.4$，$\tau_3 = 1.25$，$C_{wf} = 0.6\text{kW/K}$，$C_L = C_H = 1.0\text{kW/K}$，$U_T = 5\text{kW/K}$，$D = 0.96$。由图可知，$\bar{Q}_{Hmax,u}$ 随着 η_c、η_t 的增大而减小，$\beta_{max,u}$ 随着 η_c、η_t 的增

大而增大。

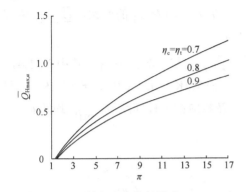

图 4.3.44　压缩机和膨胀机效率 η_c、η_t 对 $\overline{Q}_{Hmax,u}$-π 关系的影响

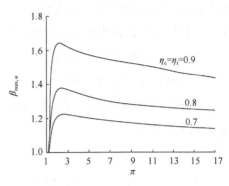

图 4.3.45　压缩机和膨胀机效率 η_c、η_t 对 $\beta_{max,u}$-π 关系的影响

图 4.3.46 和图 4.3.47 分别给出了压力恢复系数 D 对 $\overline{Q}_{Hmax,u}$、$\beta_{max,u}$ 与压比 π 关系的影响，其中 $k=1.4$，$\tau_3=1.25$，$C_{wf}=0.6\text{kW/K}$，$U_T=5\text{kW/K}$，$\eta_c=\eta_t=0.8$。由图可知，随着 D 的增大，$\overline{Q}_{Hmax,u}$ 减少量非常小，而 $\beta_{max,u}$ 却增大。

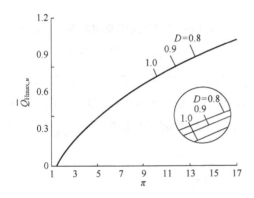

图 4.3.46　压力恢复系数 D 对 $\overline{Q}_{Hmax,u}$-π 关系的影响

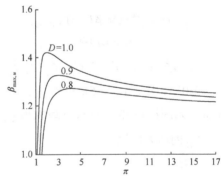

图 4.3.47　压力恢复系数 D 对 $\beta_{max,u}$-π 关系的影响

4.3.3.3　工质与热源间的热容率最优匹配

在 C_L/C_H 一定的条件下，工质和热源间热容率匹配为：$c=C_{wf}/C_H$，计算过程中，高温和低温侧换热器的热导率分配 u_H、u_L 的值始终取最佳值。

图 4.3.48 给出了总热导率 U_T 对 $\overline{Q}_{Hmax,u}$ 与 c 关系的影响，其中 $k=1.4$，$C_L=1.0\text{kW/K}$，$C_L/C_H=1$，$\eta_c=\eta_t=0.8$，$D=0.96$，$\pi=5$，$\tau_3=1.25$。由图

可知，$\bar{Q}_{\text{Hmax},u}$ 与 c 呈类抛物线关系，即有最佳的工质和热源间热容率匹配值 $c_{\text{opt},\bar{Q}_{\text{H}}}$ 使无因次供热率取得双重最大值 $\bar{Q}_{\text{Hmax,max}}$；另外，随着 U_{T} 的增大，$\bar{Q}_{\text{Hmax},u}$ 单调递增，相应的最优匹配值 $c_{\text{opt},\bar{Q}_{\text{H}}}$ 也有所提高。

图 4.3.49 给出了不同的 η_{c}、η_{t} 下，$\bar{Q}_{\text{Hmax},u}$ 与 c 的关系图，其中 $k=1.4$，$C_{\text{L}}=1.0\text{kW/K}$，$C_{\text{L}}/C_{\text{H}}=1$，$\pi=5$，$U_{\text{T}}=5\text{kW/K}$，$D=0.96$，$\tau_3=1.25$。由图可知，无因次供热率的双重最大值 $\bar{Q}_{\text{Hmax,max}}$ 及相应的最佳匹配值 $c_{\text{opt},\bar{Q}_{\text{H}}}$ 均随着 η_{c}、η_{t} 的增大而减小。

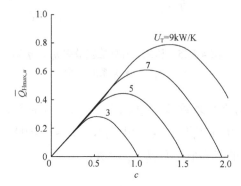

图 4.3.48　总热导率 U_{T} 对 $\bar{Q}_{\text{Hmax},u}$-c 关系的影响　　　　图 4.3.49　压缩机和膨胀机效率 η_{c}、η_{t} 对 $\bar{Q}_{\text{Hmax},u}$-c 关系的影响

图 4.3.50 给出了 $C_{\text{L}}/C_{\text{H}}$ 对 $\bar{Q}_{\text{Hmax},u}$ 与 c 关系的影响，其中 $k=1.4$，$C_{\text{L}}=1.0\text{kW/K}$，$U_{\text{T}}=5\text{kW/K}$，$\pi=5$，$\tau_3=1.25$，$\eta_{\text{c}}=\eta_{\text{t}}=0.8$，$D=0.96$。由图可知，无因次供热率的双重最大值 $\bar{Q}_{\text{Hmax,max}}$ 及相应的最佳匹配值 $c_{\text{opt},\bar{Q}_{\text{H}}}$ 均随着 $C_{\text{L}}/C_{\text{H}}$ 的增大而增大。

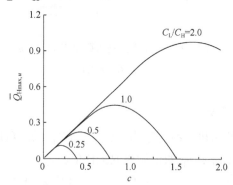

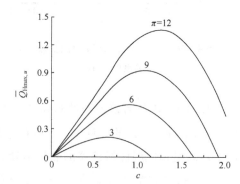

图 4.3.50　热源热容率之比 $C_{\text{L}}/C_{\text{H}}$ 对 $\bar{Q}_{\text{Hmax},u}$-c 关系的影响　　　　图 4.3.51　压比 π 对 $\bar{Q}_{\text{Hmax},u}$-c 关系的影响

图 4.3.51 给出了压比 π 对 $\bar{Q}_{\mathrm{Hmax},u}$ 与 c 关系的影响，其中 $k=1.4$，$C_{\mathrm{L}}=1.0\,\mathrm{kW/K}$，$C_{\mathrm{L}}/C_{\mathrm{H}}=1$，$U_{\mathrm{T}}=5\,\mathrm{kW/K}$，$\eta_{\mathrm{c}}=\eta_{\mathrm{t}}=0.8$，$D=0.96$，$\tau_3=1.25$。由图可知，无因次供热率的双重最大值 $\bar{Q}_{\mathrm{Hmax,max}}$ 及相应的最佳匹配值 $c_{\mathrm{opt},\bar{Q}_{\mathrm{H}}}$ 均随着压比 π 的增大而增大。

4.3.4　供热率密度分析与优化

4.3.4.1　各参数的影响分析

式 (4.3.20) 表明，当 τ_3 一定时，$\bar{q}_{\mathrm{H}}$ 与传热不可逆性（E_{H1}、E_{L1}、E_{R}）、内不可逆性（η_{c}、η_{t}、D）、压比（π）以及工质和热源的热容率（C_{wf}、C_{H}、C_{L}）有关，与简单循环类似，可以从压比的选择、换热器及回热器热导率的优化、工质和热源间热容率匹配的优化等方面进行。

图 4.3.52 给出了热源温比 τ_3 对 $\bar{q}_{\mathrm{H}}$ 与压比 π 关系的影响，其中 $k=1.4$，$\eta_{\mathrm{c}}=\eta_{\mathrm{t}}=0.8$，$E_{\mathrm{H1}}=E_{\mathrm{L1}}=E_{\mathrm{R}}=0.9$，$C_{\mathrm{wf}}=0.8\,\mathrm{kW/K}$，$C_{\mathrm{L}}=C_{\mathrm{H}}=1.0\,\mathrm{kW/K}$，$D=0.96$，由图可知，$\bar{q}_{\mathrm{H}}$ 与 π 呈单调递增关系，在以 $\bar{q}_{\mathrm{H}}$ 作为优化目标进行压比选择时，应兼顾供热率与供热系数。图 4.3.52 还表明，在 π 较小时，$\bar{q}_{\mathrm{H}}$ 随着 τ_3 的增大而减小，而在 π 较大时，$\bar{q}_{\mathrm{H}}$ 转变为随着 τ_3 的增大而增大，但 τ_3 对 $\bar{q}_{\mathrm{H}}$ 的影响不大。

图 4.3.53 给出了不同 η_{c}、η_{t} 下 $\bar{q}_{\mathrm{H}}$ 与压比 π 的关系图，其中 $k=1.4$，$E_{\mathrm{H1}}=E_{\mathrm{L1}}=E_{\mathrm{R}}=0.9$，$C_{\mathrm{L}}=C_{\mathrm{H}}=1.0\,\mathrm{kW/K}$，$C_{\mathrm{wf}}=0.8\,\mathrm{kW/K}$，$D=0.96$，$\tau_3=1.25$。由图可知，$\bar{q}_{\mathrm{H}}$ 随着 η_{c} 和 η_{t} 的增大而降低。

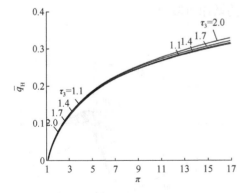

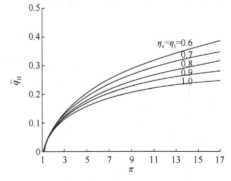

图 4.3.52　热源温比 τ_3 对 $\bar{q}_{\mathrm{H}}$-π 关系的影响　　图 4.3.53　压缩机和膨胀机效率 η_{c}、η_{t} 对 $\bar{q}_{\mathrm{H}}$-π 关系的影响

图 4.3.54 给出了不同的压力恢复系数 D 下 $\bar{q}_{\mathrm{H}}$ 与压比 π 的关系图，其中 $k=1.4$，

$E_{H1} = E_{L1} = E_R = 0.9$ ， $C_L = C_H = 1.0 \text{kW/K}$ ， $C_{wf} = 0.8 \text{kW/K}$ ， $\eta_c = \eta_t = 0.8$ ， $\tau_3 = 1.25$ 。由图可知， $\overline{q}_H$ 随着 D 的增大而降低。

对给定高温和低温侧换热器及回热器热导率，也即给定高温和低温侧换热器及回热器相应的有效度的情形，图 4.3.55 给出了回热器的有效度 E_R 对 $\overline{q}_H$ 与压比 π 关系的影响，其中 $k = 1.4$ ， $\eta_c = \eta_t = 0.8$ ， $\tau_3 = 1.25$ ， $C_{wf} = 0.8 \text{kW/K}$ ， $C_L = C_H = 1.0 \text{kW/K}$ ， $E_{H1} = E_{L1} = 0.9$ ， $D = 0.96$ 。虚线所示为不采用回热（即 $E_R = 0$ ）时的 $\overline{q}_H$ 。由图可知， $\overline{q}_H$ 随着 E_R 的增大而增大，显然，采用回热以后， $\overline{q}_H$ 有明显的提高，这也是回热循环与简单循环的根本不同之处。

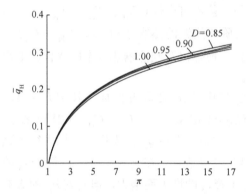

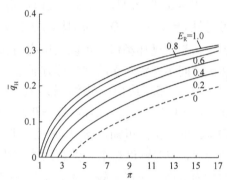

图 4.3.54 压力恢复系数 D 对 $\overline{q}_H$-π 关系的影响

图 4.3.55 回热器有效度 E_R 对 $\overline{q}_H$-π 关系的影响

图 4.3.56 给出了 E_{H1} 、 E_{L1} 对 $\overline{q}_H$ 与压比 π 关系的影响，其中 $k = 1.4$ ， $\eta_c = \eta_t = 0.8$ ， $E_R = 0.9$ ， $\tau_3 = 1.25$ ， $C_{wf} = 0.8 \text{kW/K}$ ， $C_L = C_H = 1.0 \text{kW/K}$ ， $D = 0.96$ 。由图可知， $\overline{q}_H$ 随着 E_{H1} 、 E_{L1} 的增加而增加。

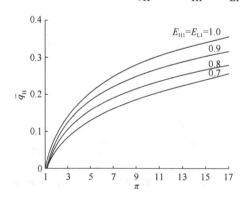

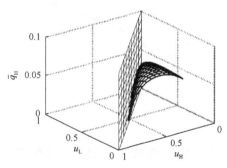

图 4.3.56 换热器有效度 E_{H1} 、 E_{L1} 对 $\overline{q}_H$-π 关系的影响

图 4.3.57 无因次供热率密度与高、低温侧换热器热导率分配间的关系

4.3.4.2 热导率最优分配

对于热导率可选择的情形，在 $U_H + U_L + U_R = U_T$ 一定时，热导率分配为：$u_H = U_H / U_T$ ， $u_L = U_L / U_T$ ，因此有：$U_H = u_H U_T$ ， $U_L = u_L U_T$ ， $U_R = (1 - u_H - u_L) U_T$ 。

图 4.3.57 给出了 $\overline{q}_H$ 与 u_H 和 u_L 间的三维关系，其中 $k = 1.4$ ， $\pi = 5$ ， $U_T = 5\text{kW/K}$ ， $C_{wf} = 0.6\text{kW/K}$ ， $\eta_c = \eta_t = 0.8$ ， $D = 0.96$ ， $\tau_3 = 1.25$ ， $C_L = C_H = 1.0\text{kW/K}$ ，图中的垂直平面表示了 $u_H + u_L = 1$ ，垂直平面的右边图即为满足 $u_H + u_L \leqslant 1$ 时的情况。由图可知，对于一定的 π ，有一对最佳的热导率分配 $u_{\text{Hopt},\overline{q}_H}$ 和 $u_{\text{Lopt},\overline{q}_H}$ ，使 $\overline{q}_H$ 取得最大值 $\overline{q}_{\text{Hmax},u}$ 。

图 4.3.58 和图 4.3.59 分别给出了工质热容率 C_{wf} 对 $u_{\text{Hopt},\overline{q}_H}$ 和 $u_{\text{Lopt},\overline{q}_H}$ 与压比 π 关系的影响，其中 $k = 1.4$ ， $U_T = 5\text{kW/K}$ ， $\eta_c = \eta_t = 0.8$ ， $\tau_3 = 1.25$ ， $C_L = C_H = 1.0\text{kW/K}$ ， $D = 0.96$ 。由图可知，$u_{\text{Hopt},\overline{q}_H}$ 与 π 呈单调递增关系，而 $u_{\text{Lopt},\overline{q}_H}$ 在 C_{wf} 较小时与 π 呈单调递增关系，在 C_{wf} 较大时与 π 呈单调递减关系；随着 C_{wf} 的增加，在 π 较小时，$u_{\text{Hopt},\overline{q}_H}$ 和 $u_{\text{Lopt},\overline{q}_H}$ 均变化无规律，而当 π 较大时，$u_{\text{Hopt},\overline{q}_H}$ 增大，$u_{\text{Lopt},\overline{q}_H}$ 减小，且当 C_{wf} 较小时，相对应的 $u_{\text{Hopt},\overline{q}_H} < u_{\text{Lopt},\overline{q}_H}$ 。

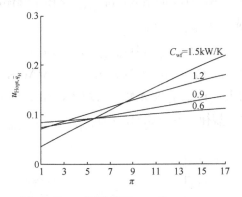

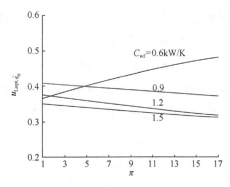

图 4.3.58 工质热容率 C_{wf} 对 $u_{\text{Hopt},\overline{q}_H}$-$\pi$ 图 4.3.59 工质热容率 C_{wf} 对 $u_{\text{Lopt},\overline{q}_H}$-$\pi$
         关系的影响   关系的影响

图 4.3.60 和图 4.3.61 分别给出了热源温比 τ_3 对 $u_{\text{Hopt},\overline{q}_H}$ 和 $u_{\text{Lopt},\overline{q}_H}$ 与压比 π 关系的影响，其中 $k = 1.4$ ， $U_T = 5\text{kW/K}$ ， $C_{wf} = 0.6\text{kW/K}$ ， $C_L = C_H = 1.0\text{kW/K}$ ， $\eta_c = \eta_t = 0.8$ ， $D = 0.96$ 。由图可知，$u_{\text{Hopt},\overline{q}_H}$ 和 $u_{\text{Lopt},\overline{q}_H}$ 均随着 τ_3 的增加而减小，并且相对应的 $u_{\text{Hopt},\overline{q}_H} < u_{\text{Lopt},\overline{q}_H}$ 。

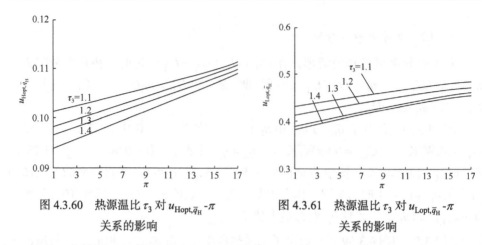

图 4.3.60　热源温比 τ_3 对 $u_{\mathrm{Hopt},\bar{q}_{\mathrm{H}}}$-$\pi$　　　　图 4.3.61　热源温比 τ_3 对 $u_{\mathrm{Lopt},\bar{q}_{\mathrm{H}}}$-$\pi$
　　　　　关系的影响　　　　　　　　　　　　　关系的影响

图 4.3.62 和图 4.3.63 分别给出了总热导率 U_{T} 对 $u_{\mathrm{Hopt},\bar{q}_{\mathrm{H}}}$ 和 $u_{\mathrm{Lopt},\bar{q}_{\mathrm{H}}}$ 与压比 π 关系的影响，其中 $k=1.4$，$\tau_3=1.25$，$C_{\mathrm{wf}}=0.6\mathrm{kW/K}$，$\eta_{\mathrm{c}}=\eta_{\mathrm{t}}=0.8$，$C_{\mathrm{L}}=C_{\mathrm{H}}=1.0\mathrm{kW/K}$，$D=0.96$。由图可知，在 U_{T} 较小时，$u_{\mathrm{Hopt},\bar{q}_{\mathrm{H}}}$ 与 π 呈单调递增关系，而 $u_{\mathrm{Lopt},\bar{q}_{\mathrm{H}}}$ 与 π 呈单调递减关系，在 U_{T} 较大时，$u_{\mathrm{Hopt},\bar{q}_{\mathrm{H}}}$ 与 π 呈单调递减关系，而 $u_{\mathrm{Lopt},\bar{q}_{\mathrm{H}}}$ 与 π 呈单调递增关系；在 π 较小时，随着 U_{T} 的增大，$u_{\mathrm{Hopt},\bar{q}_{\mathrm{H}}}$ 增大，而 $u_{\mathrm{Lopt},\bar{q}_{\mathrm{H}}}$ 变化无规律，在 π 较大时，随着 U_{T} 的增大，$u_{\mathrm{Hopt},\bar{q}_{\mathrm{H}}}$ 变化无规律，而 $u_{\mathrm{Lopt},\bar{q}_{\mathrm{H}}}$ 增大，且当 U_{T} 较大时，相对应的 $u_{\mathrm{Hopt},\bar{q}_{\mathrm{H}}}<u_{\mathrm{Lopt},\bar{q}_{\mathrm{H}}}$。

图 4.3.64 和图 4.3.65 分别给出了 η_{c}、η_{t} 对 $u_{\mathrm{Hopt},\bar{q}_{\mathrm{H}}}$ 和 $u_{\mathrm{Lopt},\bar{q}_{\mathrm{H}}}$ 与压比 π 关系的影响，其中 $k=1.4$，$\tau_3=1.25$，$C_{\mathrm{wf}}=0.6\mathrm{kW/K}$，$C_{\mathrm{L}}=C_{\mathrm{H}}=1.0\mathrm{kW/K}$，$U_{\mathrm{T}}=5\mathrm{kW/K}$，$D=0.96$。由图可知，随着 η_{c}、η_{t} 的增大，$u_{\mathrm{Hopt},\bar{q}_{\mathrm{H}}}$ 在 π 较小时增大，在 π 较大时减小，而 $u_{\mathrm{Lopt},\bar{q}_{\mathrm{H}}}$ 无论 π 大或小均变化无规律，并且相对应的 $u_{\mathrm{Hopt},\bar{q}_{\mathrm{H}}}<u_{\mathrm{Lopt},\bar{q}_{\mathrm{H}}}$。

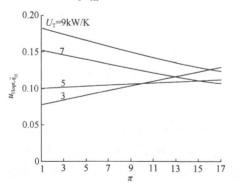

图 4.3.62　总热导率 U_{T} 对 $u_{\mathrm{Hopt},\bar{q}_{\mathrm{H}}}$-$\pi$
　　　　　关系的影响

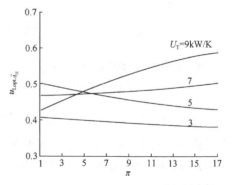

图 4.3.63　总热导率 U_{T} 对 $u_{\mathrm{Lopt},\bar{q}_{\mathrm{H}}}$-$\pi$
　　　　　关系的影响

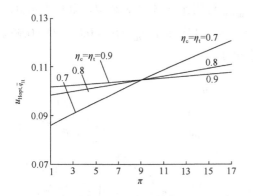

图 4.3.64　压缩机和膨胀机效率 η_c、η_t 对 $u_{\text{Hopt},\bar{q}_H}$-$\pi$ 关系的影响

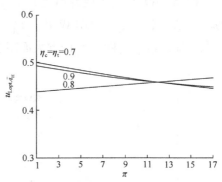

图 4.3.65　压缩机和膨胀机效率 η_c、η_t 对 $u_{\text{Lopt},\bar{q}_H}$-$\pi$ 关系的影响

图 4.3.66 和图 4.3.67 分别给出了压力恢复系数 D 对 $u_{\text{Hopt},\bar{q}_H}$ 和 $u_{\text{Lopt},\bar{q}_H}$ 与压比 π 关系的影响，其中 $k=1.4$，$\tau_3=1.25$，$C_{\text{wf}}=0.6\text{kW/K}$，$U_T=5\text{kW/K}$，$\eta_c=\eta_t=0.8$。由图可知，随着 D 的增大，$u_{\text{Hopt},\bar{q}_H}$ 和 $u_{\text{Lopt},\bar{q}_H}$ 均略有增大，并且相对应的 $u_{\text{Hopt},\bar{q}_H} < u_{\text{Lopt},\bar{q}_H}$。

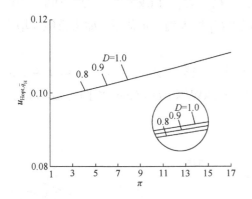

图 4.3.66　压力恢复系数 D 对 $u_{\text{Hopt},\bar{q}_H}$-$\pi$ 关系的影响

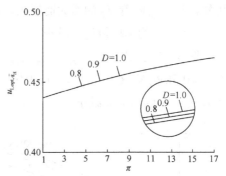

图 4.3.67　压力恢复系数 D 对 $u_{\text{Lopt},\bar{q}_H}$-$\pi$ 关系的影响

图 4.3.68 给出了工质热容率 C_{wf} 对 $\bar{q}_{H\max,u}$ 与压比 π 关系的影响，其中 $k=1.4$，$U_T=5\text{kW/K}$，$\eta_c=\eta_t=0.8$，$\tau_3=1.25$，$C_L=C_H=1.0\text{kW/K}$，$D=0.96$。由图可知，$\bar{q}_{H\max,u}$ 随着 π 的增大而增大，随着 C_{wf} 的增大，在 π 较小时，$\bar{q}_{H\max,u}$ 呈较复杂的变化规律，而在 π 较大时，$\bar{q}_{H\max,u}$ 增大，因此，利用不同热容率的工质可以进一步优化循环的供热率密度，这与供热率优化时的结果相同。

　　图 4.3.69 给出了热源温比 τ_3 对 $\bar{q}_{\mathrm{Hmax},u}$ 与压比 π 关系的影响，其中 $k=1.4$，$U_T=5\mathrm{kW/K}$，$C_{wf}=0.6\mathrm{kW/K}$，$C_L=C_H=1.0\mathrm{kW/K}$，$\eta_c=\eta_t=0.8$，$D=0.96$。由图可知，$\bar{q}_{\mathrm{Hmax},u}$ 随着 τ_3 的增大而略有减小。

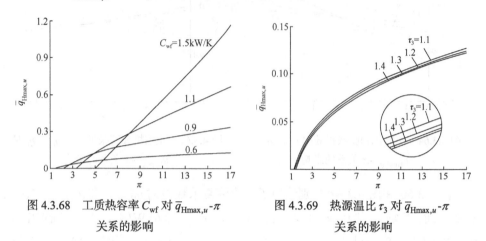

图 4.3.68　工质热容率 C_{wf} 对 $\bar{q}_{\mathrm{Hmax},u}\text{-}\pi$
　　　　　关系的影响

图 4.3.69　热源温比 τ_3 对 $\bar{q}_{\mathrm{Hmax},u}\text{-}\pi$
　　　　　关系的影响

　　图 4.3.70 给出了总热导率 U_T 对 $\bar{q}_{\mathrm{Hmax},u}$ 与压比 π 关系的影响，其中 $k=1.4$，$\tau_3=1.25$，$C_{wf}=0.6\mathrm{kW/K}$，$\eta_c=\eta_t=0.8$，$C_L=C_H=1.0\mathrm{kW/K}$，$D=0.96$。由图可知，$\bar{q}_{\mathrm{Hmax},u}$ 随着 U_T 的增大而增大，但当 U_T 增大到一定值后，如果再继续增大 U_T，$\bar{q}_{\mathrm{Hmax},u}$ 的递增量越来越小。

　　图 4.3.71 给出了 η_c、η_t 对 $\bar{q}_{\mathrm{Hmax},u}$ 与压比 π 关系的影响，其中 $k=1.4$，$\tau_3=1.25$，$C_{wf}=0.6\mathrm{kW/K}$，$C_L=C_H=1.0\mathrm{kW/K}$，$U_T=5\mathrm{kW/K}$，$D=0.96$。由图可知，$\bar{q}_{\mathrm{Hmax},u}$ 随着 η_c、η_t 的增大而减小。

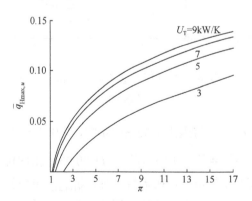
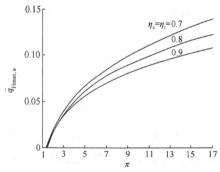

图 4.3.70　总热导率 U_T 对 $\bar{q}_{\mathrm{Hmax},u}\text{-}\pi$
　　　　　关系的影响

图 4.3.71　压缩机和膨胀机效率 η_c、η_t 对
　　　　　$\bar{q}_{\mathrm{Hmax},u}\text{-}\pi$ 关系的影响

图 4.3.72 给出了压力恢复系数 D 对 $\bar{q}_{Hmax,u}$ 与压比 π 关系的影响, 其中 $k=1.4$, $\tau_3=1.25$, $C_{wf}=0.6kW/K$, $U_T=5kW/K$, $\eta_c=\eta_t=0.8$。由图可知, $\bar{q}_{Hmax,u}$ 随着 D 的增大而减小。

4.3.4.3　工质与热源间的热容率最优匹配

在 C_L/C_H 一定的条件下, 工质和热源间热容率匹配为: $c=C_{wf}/C_H$, 计算过程中, 高温和低温侧换热器的热导率分配 u_H、u_L 的值始终取最佳值。

图 4.3.73 给出了总热导率 U_T 对 $\bar{q}_{Hmax,u}$ 与 c 关系的影响, 其中 $k=1.4$, $C_L=1.0kW/K$, $C_L/C_H=1$, $\eta_c=\eta_t=0.8$, $D=0.96$, $\pi=5$, $\tau_3=1.25$。由图可知, $\bar{q}_{Hmax,u}$ 与 c 呈类抛物线关系, 即存在最佳的工质和热源间热容率匹配值 $c_{opt,\bar{q}_H}$ 使无因次供热率密度取得双重最大值 $\bar{q}_{Hmax,max}$; 另外, 随着 U_T 的增大, $\bar{q}_{Hmax,max}$ 单调递增, 相应的最优匹配值 $c_{opt,\bar{q}_H}$ 也有所提高。

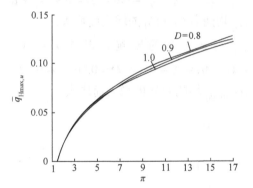

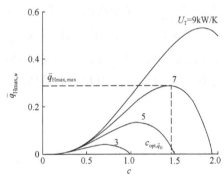

图 4.3.72　压力恢复系数 D 对 $\bar{q}_{Hmax,u}$-π 关系的影响

图 4.3.73　总热导率 U_T 对 $\bar{q}_{Hmax,u}$-c 关系的影响

图 4.3.74 给出了不同的 η_c、η_t 下 $\bar{q}_{Hmax,u}$ 与 c 的关系图, 其中 $k=1.4$, $C_L=1.0kW/K$, $C_L/C_H=1$, $\pi=5$, $U_T=5kW/K$, $D=0.96$, $\tau_3=1.25$。由图可知, $\bar{q}_{Hmax,max}$ 及相应的最佳匹配值 $c_{opt,\bar{q}_H}$ 均随着 η_c、η_t 的增大而减小。

图 4.3.75 给出了压力恢复系数 D 对 $\bar{q}_{Hmax,u}$ 与 c 关系的影响, 其中 $k=1.4$, $C_L=1.0kW/K$, $C_L/C_H=1$, $\pi=5$, $U_T=5kW/K$, $\tau_3=1.25$, $\eta_c=\eta_t=0.8$。由图可知, 随着 D 的增大, $\bar{q}_{Hmax,max}$ 减小, 相应的最佳匹配值 $c_{opt,\bar{q}_H}$ 变化不明显。

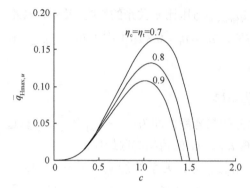

图 4.3.74　压缩机和膨胀机效率 η_c、η_t 对 $\bar{q}_{Hmax,u}$-c 关系的影响

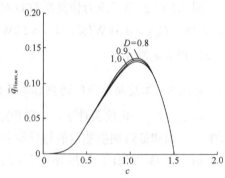

图 4.3.75　压力恢复系数 D 对 $\bar{q}_{Hmax,u}$-c 关系的影响

图 4.3.76 给出了 C_L/C_H 对 $\bar{q}_{Hmax,u}$ 与 c 关系的影响，其中 $k=1.4$，$C_L=1.0\text{kW/K}$，$U_T=5\text{kW/K}$，$\pi=5$，$\tau_3=1.25$，$\eta_c=\eta_t=0.8$，$D=0.96$。由图可知，$\bar{q}_{Hmax,max}$ 及相应的最佳匹配值 $c_{\text{opt},\bar{q}_H}$ 均随着 C_L/C_H 的增大而增大。

图 4.3.77 给出了压比 π 对 $\bar{q}_{Hmax,u}$ 与 c 关系的影响，其中 $k=1.4$，$C_L=1.0\text{kW/K}$，$C_L/C_H=1$，$U_T=5\text{kW/K}$，$\eta_c=\eta_t=0.8$，$D=0.96$，$\tau_3=1.25$。由图可知，$\bar{q}_{Hmax,max}$ 及相应的最佳匹配值 $c_{\text{opt},\bar{q}_H}$ 均随着 π 的增大而增大。

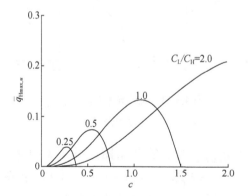

图 4.3.76　热源热容率之比 C_L/C_H 对 $\bar{q}_{Hmax,u}$-c 关系的影响

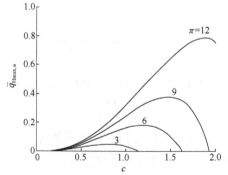

图 4.3.77　压比 π 对 $\bar{q}_{Hmax,u}$-c 关系的影响

4.3.5　㶲效率分析与优化

4.3.5.1　各参数的影响分析

式(4.3.24)表明，当 τ_3 以及 τ_4 一定时，η_{ex} 与传热不可逆性（E_{H1}、E_{L1}、E_R）、

内不可逆性（η_c、η_t、D）、压比（π）以及工质和热源的热容率（C_{wf}、C_H、C_L）有关，与简单循环类似，可以从压比的选择、换热器及回热器热导率的优化、工质和热源间热容率匹配的优化等方面进行。

图 4.3.78 给出了热源温比 τ_3 对 η_{ex} 与压比 π 关系的影响，其中 $k=1.4$，$\eta_c=\eta_t=0.8$，$E_{H1}=E_{L1}=E_R=0.9$，$C_{wf}=0.8\text{kW/K}$，$C_L=C_H=1.0\text{kW/K}$，$D=0.96$，$\tau_4=1$。由图可知，η_{ex} 与 π 呈单调递增关系，在以 η_{ex} 作为优化目标进行压比选择时，应该兼顾供热率与供热系数。从该图还可知，η_{ex} 随着 τ_3 的提高而增加，但 τ_3 对 η_{ex} 的影响不大。

图 4.3.79 给出了 τ_4 对㶲效率 η_{ex} 与压比 π 关系的影响，其中 $k=1.4$，$\eta_c=\eta_t=0.8$，$E_{H1}=E_{L1}=E_R=0.9$，$C_{wf}=0.8\text{kW/K}$，$C_L=C_H=1.0\text{kW/K}$，$D=0.96$，$\tau_3=1.25$。由图可知，当 τ_4 提高时，㶲效率 η_{ex} 随之单调增加。

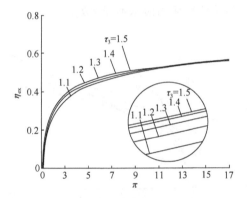

图 4.3.78　热源进口温度之比 τ_3 对 η_{ex}-π 关系的影响

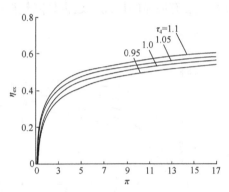

图 4.3.79　高温热源进口温度与外界环境温度之比 τ_4 对 η_{ex}-π 关系的影响

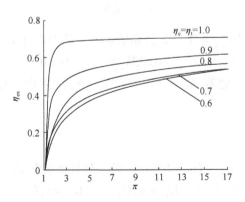

图 4.3.80　压缩机和膨胀机效率 η_c、η_t 对 η_{ex}-π 关系的影响

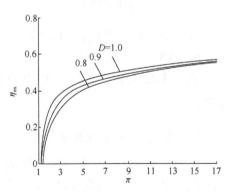

图 4.3.81　压力恢复系数 D 对 η_{ex}-π 关系的影响

图 4.3.80 给出了不同 η_c、η_t 下㶲效率 η_{ex} 与压比 π 的关系图，其中 $k=1.4$，$E_{H1}=E_{L1}=E_R=0.9$，$C_L=C_H=1.0\text{kW/K}$，$C_{wf}=0.8\text{kW/K}$，$D=0.96$，$\tau_3=1.25$，$\tau_4=1$。由图可知，η_{ex} 随着 η_c 和 η_t 的增大而增大。

图 4.3.81 给出了不同的压力恢复系数 D 下 η_{ex} 与压比 π 的关系图，其中 $k=1.4$，$E_{H1}=E_{L1}=E_R=0.9$，$C_L=C_H=1.0\text{kW/K}$，$C_{wf}=0.8\text{kW/K}$，$\eta_c=\eta_t=0.8$，$\tau_3=1.25$，$\tau_4=1$。由图可知，η_{ex} 随着 D 的增大而增大。

对给定高温和低温侧换热器及回热器热导率，也即给定高温和低温侧换热器及回热器相应有效度的情形，图 4.3.82 给出了回热器的有效度 E_R 对㶲效率 η_{ex} 与压比 π 关系的影响，其中 $k=1.4$，$\eta_c=\eta_t=0.8$，$\tau_3=1.25$，$C_{wf}=0.8\text{kW/K}$，$C_L=C_H=1.0\text{kW/K}$，$E_{H1}=E_{L1}=0.9$，$D=0.96$，$\tau_4=1$。虚线表示不采用回热（即 $E_R=0$）时的㶲效率。由图可知，η_{ex} 随着 E_R 的增大而增大，显然，采用回热以后，η_{ex} 有明显的提高，这也是回热循环与简单循环的根本不同之处。

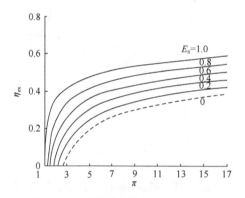

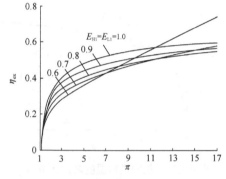

图 4.3.82　回热器有效度 E_R 对 η_{ex}-π　　　图 4.3.83　换热器有效度 E_{H1}、E_{L1} 对
　　　　　　关系的影响　　　　　　　　　　　　　　　η_{ex}-π 关系的影响

图 4.3.83 给出了 E_{H1}、E_{L1} 对㶲效率 η_{ex} 与压比 π 关系的影响，其中 $k=1.4$，$\eta_c=\eta_t=0.8$，$E_R=0.9$，$\tau_3=1.25$，$C_{wf}=0.8\text{kW/K}$，$D=0.96$，$C_L=C_H=1.0\text{kW/K}$，$\tau_4=1$。由图可知，随着 E_{H1}、E_{L1} 的增加，η_{ex} 的变化较为复杂。

4.3.5.2　热导率最优分配

对于热导率可选择的情形，在 $U_H+U_L+U_R=U_T$ 一定时，热导率分配为：$u_H=U_H/U_T$，$u_L=U_L/U_T$，因此有：$U_H=u_HU_T$，$U_L=u_LU_T$，$U_R=(1-u_H-u_L)U_T$。

图 4.3.84 给出了㶲效率 η_{ex} 与 u_H 和 u_L 间的三维关系，其中 $k=1.4$，$\pi=5$，

$U_T = 5\mathrm{kW/K}$，$C_{wf} = 0.6\mathrm{kW/K}$，$\eta_c = \eta_t = 0.8$，$D = 0.96$，$\tau_3 = 1.25$，$\tau_4 = 1$，$C_L = C_H = 1.0\mathrm{kW/K}$，图中的垂直平面表示了 $u_H + u_L = 1$，垂直平面的右边图即为满足 $u_H + u_L \leqslant 1$ 时的情况。由图可知，对于一定的 π，有一对最佳的热导率分配 $u_{\mathrm{Hopt},\eta_{ex}}$ 和 $u_{\mathrm{Lopt},\eta_{ex}}$，使 η_{ex} 取得最大值 $\eta_{exmax,u}$。

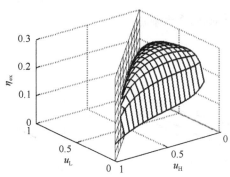

图 4.3.84　㶲效率与高、低温侧换热器
热导率分配间的关系

图 4.3.85 和图 4.3.86 分别给出了工质热容率 C_{wf} 对 $u_{\mathrm{Hopt},\eta_{ex}}$ 和 $u_{\mathrm{Lopt},\eta_{ex}}$ 与压比 π 关系的影响，其中 $k = 1.4$，$U_T = 5\mathrm{kW/K}$，$\eta_c = \eta_t = 0.8$，$\tau_3 = 1.25$，$\tau_4 = 1$，$C_L = C_H = 1.0\mathrm{kW/K}$，$D = 0.96$。由图可知，$u_{\mathrm{Hopt},\eta_{ex}}$ 和 $u_{\mathrm{Lopt},\eta_{ex}}$ 在 C_{wf} 较小和较大时与 π 呈单调递增关系，在 C_{wf} 处于中间值（如图中 $C_{wf} = 0.9\mathrm{kW/K}$）时与 π 呈单调递减关系；随着 C_{wf} 的增加，$u_{\mathrm{Hopt},\eta_{ex}}$ 和 $u_{\mathrm{Lopt},\eta_{ex}}$ 均变化无规律，相对应的 $u_{\mathrm{Hopt},\eta_{ex}} < u_{\mathrm{Lopt},\eta_{ex}}$。

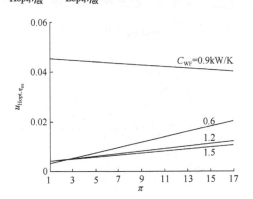

图 4.3.85　工质热容率 C_{wf} 对 $u_{\mathrm{Hopt},\eta_{ex}}$-$\pi$
关系的影响

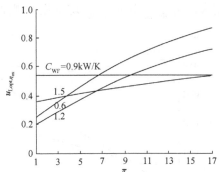

图 4.3.86　工质热容率 C_{wf} 对 $u_{\mathrm{Lopt},\eta_{ex}}$-$\pi$
关系的影响

图 4.3.87 和图 4.3.88 分别给出了热源温比 τ_3 对 $u_{\mathrm{Hopt},\eta_{\mathrm{ex}}}$ 和 $u_{\mathrm{Lopt},\eta_{\mathrm{ex}}}$ 与压比 π 关系的影响，其中 $k=1.4$，$U_T=5\mathrm{kW/K}$，$C_{\mathrm{wf}}=0.6\mathrm{kW/K}$，$C_L=C_H=1.0\mathrm{kW/K}$，$\eta_c=\eta_t=0.8$，$\tau_4=1$，$D=0.96$。由图可知，$u_{\mathrm{Hopt},\eta_{\mathrm{ex}}}$ 和 $u_{\mathrm{Lopt},\eta_{\mathrm{ex}}}$ 与 π 呈单调递增关系，$u_{\mathrm{Hopt},\eta_{\mathrm{ex}}}$ 随着 τ_3 的增加而变化无规律，在 π 较大时，$u_{\mathrm{Lopt},\eta_{\mathrm{ex}}}$ 随着 τ_3 的增加而增大，并且相对应的 $u_{\mathrm{Hopt},\eta_{\mathrm{ex}}}<u_{\mathrm{Lopt},\eta_{\mathrm{ex}}}$。

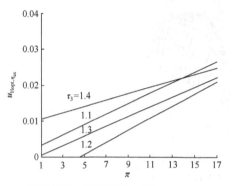

图 4.3.87 热源温比 τ_3 对 $u_{\mathrm{Hopt},\eta_{\mathrm{ex}}}$-$\pi$
关系的影响

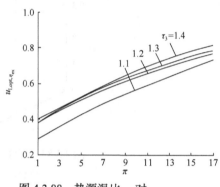

图 4.3.88 热源温比 τ_3 对 $u_{\mathrm{Lopt},\eta_{\mathrm{ex}}}$-$\pi$
关系的影响

图 4.3.89 和图 4.3.90 分别给出了总热导率 U_T 对 $u_{\mathrm{Hopt},\eta_{\mathrm{ex}}}$ 和 $u_{\mathrm{Lopt},\eta_{\mathrm{ex}}}$ 与压比 π 关系的影响，其中 $k=1.4$，$\tau_3=1.25$，$C_{\mathrm{wf}}=0.6\mathrm{kW/K}$，$\eta_c=\eta_t=0.8$，$C_L=C_H=1.0\mathrm{kW/K}$，$D=0.96$，$\tau_4=1$。由图可知，在 U_T 较小时，$u_{\mathrm{Hopt},\eta_{\mathrm{ex}}}$ 和 $u_{\mathrm{Lopt},\eta_{\mathrm{ex}}}$ 与 π 均呈单调递增关系，在 U_T 较大时，$u_{\mathrm{Hopt},\eta_{\mathrm{ex}}}$ 和 $u_{\mathrm{Lopt},\eta_{\mathrm{ex}}}$ 与 π 均呈单调递减关系；在 π 较小时，随着 U_T 的增大，$u_{\mathrm{Hopt},\eta_{\mathrm{ex}}}$ 和 $u_{\mathrm{Lopt},\eta_{\mathrm{ex}}}$ 均增大，在 π 较大时，随着 U_T 的增大，$u_{\mathrm{Hopt},\eta_{\mathrm{ex}}}$ 和 $u_{\mathrm{Lopt},\eta_{\mathrm{ex}}}$ 均变化无规律，且相对应的 $u_{\mathrm{Hopt},\eta_{\mathrm{ex}}}<u_{\mathrm{Lopt},\eta_{\mathrm{ex}}}$。

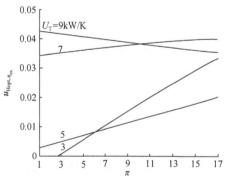

图 4.3.89 总热导率 U_T 对 $u_{\mathrm{Hopt},\eta_{\mathrm{ex}}}$-$\pi$
关系的影响

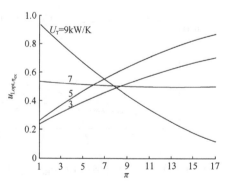

图 4.3.90 总热导率 U_T 对 $u_{\mathrm{Lopt},\eta_{\mathrm{ex}}}$-$\pi$
关系的影响

图 4.3.91 和图 4.3.92 分别给出了 η_c、η_t 对 $u_{\mathrm{Hopt},\eta_{ex}}$ 和 $u_{\mathrm{LHopt},\eta_{ex}}$ 与压比 π 关系的影响，其中 $k=1.4$，$\tau_3=1.25$，$C_{wf}=0.6\mathrm{kW/K}$，$C_L=C_H=1.0\mathrm{kW/K}$，$U_T=5\mathrm{kW/K}$，$\tau_4=1$，$D=0.96$。由图可知，随着 η_c、η_t 的增大，$u_{\mathrm{Hopt},\eta_{ex}}$ 在 π 较小时增大，在 π 较大时减小，而 $u_{\mathrm{Lopt},\eta_{ex}}$ 在 π 较小时减小，在 π 较大时增大，并且相对应的 $u_{\mathrm{Hopt},\eta_{ex}}<u_{\mathrm{Lopt},\eta_{ex}}$。

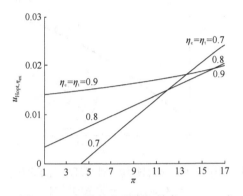

图 4.3.91　压缩机和膨胀机效率 η_c、η_t 对 $u_{\mathrm{Hopt},\eta_{ex}}$-$\pi$ 关系的影响

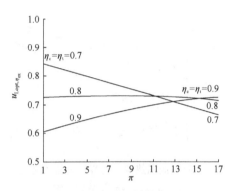

图 4.3.92　压缩机和膨胀机效率 η_c、η_t 对 $u_{\mathrm{Lopt},\eta_{ex}}$-$\pi$ 关系的影响

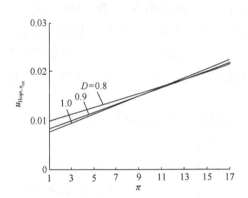

图 4.3.93　压力恢复系数 D 对 $u_{\mathrm{Hopt},\eta_{ex}}$-$\pi$ 关系的影响

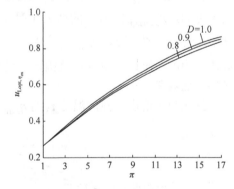

图 4.3.94　压力恢复系数 D 对 $u_{\mathrm{Lopt},\eta_{ex}}$-$\pi$ 关系的影响

图 4.3.93 和图 4.3.94 分别给出了压力恢复系数 D 对 $u_{\mathrm{Hopt},\eta_{ex}}$ 和 $u_{\mathrm{Lopt},\eta_{ex}}$ 与压比 π 关系的影响，其中 $k=1.4$，$\tau_3=1.25$，$\tau_4=1$，$C_{wf}=0.6\mathrm{kW/K}$，$U_T=5\mathrm{kW/K}$，$\eta_c=\eta_t=0.8$。由图可知，随着 D 的增大，$u_{\mathrm{Hopt},\eta_{ex}}$ 在 π 较小时减小，在 π 较大时增大，而 $u_{\mathrm{Lopt},\eta_{ex}}$ 随着 D 的增大而增大，并且相对应的 $u_{\mathrm{Hopt},\eta_{ex}}<u_{\mathrm{Lopt},\eta_{ex}}$。

图4.3.95和图4.3.96分别给出了 τ_4 对 $u_{\text{Hopt},\eta_{\text{ex}}}$ 和 $u_{\text{Lopt},\eta_{\text{ex}}}$ 与压比 π 关系的影响，其中 $k=1.4$，$\tau_3=1.25$，$D=0.96$，$C_{\text{wf}}=0.6\text{kW/K}$，$U_{\text{T}}=5\text{kW/K}$，$\eta_{\text{c}}=\eta_{\text{t}}=0.8$。由图可知，随着 τ_4 的增大，$u_{\text{Hopt},\eta_{\text{ex}}}$ 减小，而 $u_{\text{Lopt},\eta_{\text{ex}}}$ 略有增大，并且相对应的 $u_{\text{Hopt},\eta_{\text{ex}}}<u_{\text{Lopt},\eta_{\text{ex}}}$。

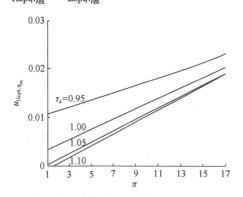

图 4.3.95　高温热源与外界环境温度之比 τ_4 对 $u_{\text{Hopt},\eta_{\text{ex}}}$-$\pi$ 关系的影响　　图 4.3.96　高温热源与外界环境温度之比 τ_4 对 $u_{\text{Lopt},\eta_{\text{ex}}}$-$\pi$ 关系的影响

图4.3.97给出了工质热容率 C_{wf} 对 $\eta_{\text{exmax},u}$ 与压比 π 关系的影响，其中 $k=1.4$，$U_{\text{T}}=5\text{kW/K}$，$\eta_{\text{c}}=\eta_{\text{t}}=0.8$，$\tau_3=1.25$，$C_{\text{L}}=C_{\text{H}}=1.0\text{kW/K}$，$D=0.96$，$\tau_4=1$。由图可知，$\eta_{\text{exmax},u}$ 随着 π 的增大而增大，随着 C_{wf} 的增大，在 π 较小时，$\eta_{\text{exmax},u}$ 减小，而在 π 较大时，$\eta_{\text{exmax},u}$ 增大，在 π 处于中间值时，$\eta_{\text{exmax},u}$ 呈较复杂的变化规律，因此在压比一定取值范围内，通过选择不同热容率的工质可以进一步优化循环的烟效率。

图4.3.98给出了热源温比 τ_3 对 $\eta_{\text{exmax},u}$ 与压比 π 关系的影响，其中 $k=1.4$，

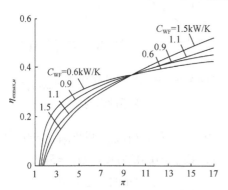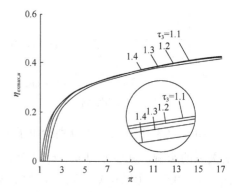

图 4.3.97　工质热容率 C_{wf} 对 $\eta_{\text{exmax},u}$-π 关系的影响　　图 4.3.98　热源温比 τ_3 对 $\eta_{\text{exmax},u}$-π 关系的影响

$U_\mathrm{T} = 5\mathrm{kW/K}$，$C_\mathrm{wf} = 0.6\mathrm{kW/K}$，$C_\mathrm{L} = C_\mathrm{H} = 1.0\mathrm{kW/K}$，$\eta_\mathrm{c} = \eta_\mathrm{t} = 0.8$，$\tau_4 = 1$，$D = 0.96$。由图可知，$\eta_{\mathrm{exmax},u}$ 随着 τ_3 的增大而略有减小。

图 4.3.99 给出了总热导率 U_T 对 $\eta_{\mathrm{exmax},u}$ 与压比 π 关系的影响，其中 $k = 1.4$，$\tau_3 = 1.25$，$C_\mathrm{wf} = 0.6\mathrm{kW/K}$，$\eta_\mathrm{c} = \eta_\mathrm{t} = 0.8$，$C_\mathrm{L} = C_\mathrm{H} = 1.0\mathrm{kW/K}$，$\tau_4 = 1$，$D = 0.96$。由图可知，$\eta_{\mathrm{exmax},u}$ 随着 U_T 的增大而增大，但当 U_T 增大到一定值后，如果再继续增大 U_T，$\eta_{\mathrm{exmax},u}$ 的递增量会越来越小。

图 4.3.100 给出了 η_c 和 η_t 对 $\eta_{\mathrm{exmax},u}$ 与压比 π 关系的影响，其中 $k = 1.4$，$\tau_3 = 1.25$，$C_\mathrm{wf} = 0.6\mathrm{kW/K}$，$C_\mathrm{L} = C_\mathrm{H} = 1.0\mathrm{kW/K}$，$U_\mathrm{T} = 5\mathrm{kW/K}$，$\tau_4 = 1$，$D = 0.96$。由图可知，$\eta_{\mathrm{exmax},u}$ 随着 η_c、η_t 的增大而增大。

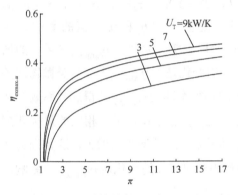 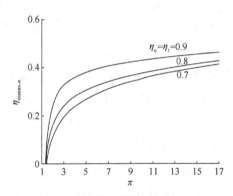

图 4.3.99　总热导率 U_T 对 $\eta_{\mathrm{exmax},u}$-π 关系的影响

图 4.3.100　压缩机和膨胀机效率 η_c、η_t 对 $\eta_{\mathrm{exmax},u}$-π 关系的影响

图 4.3.101 给出了压力恢复系数 D 对 $\eta_{\mathrm{exmax},u}$ 与压比 π 关系的影响，其中 $k = 1.4$，$\tau_3 = 1.25$，$C_\mathrm{wf} = 0.6\mathrm{kW/K}$，$U_\mathrm{T} = 5\mathrm{kW/K}$，$\tau_4 = 1$，$\eta_\mathrm{c} = \eta_\mathrm{t} = 0.8$。由图可

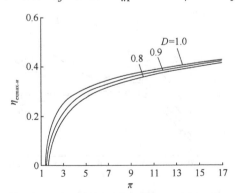 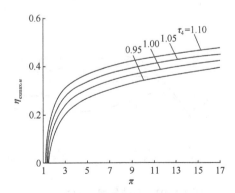

图 4.3.101　压力恢复系数 D 对 $\eta_{\mathrm{exmax},u}$-π 关系的影响

图 4.3.102　高温热源与外界环境温度之比 τ_4 对 $\eta_{\mathrm{exmax},u}$-π 关系的影响

知，$\eta_{\mathrm{exmax},u}$ 随着 D 的增大而增大。

图 4.3.102 给出了 τ_4 对 $\eta_{\mathrm{exmax},u}$ 与压比 π 关系的影响，其中 $k=1.4$，$\tau_3=1.25$，$C_{\mathrm{wf}}=0.6\mathrm{kW/K}$，$U_{\mathrm{T}}=5\mathrm{kW/K}$，$D=0.96$，$\eta_{\mathrm{c}}=\eta_{\mathrm{t}}=0.8$。由图可知，$\eta_{\mathrm{exmax},u}$ 随着 τ_4 的增大而增大。

4.3.5.3　工质与热源间的热容率最优匹配

在 $C_{\mathrm{L}}/C_{\mathrm{H}}$ 一定的条件下，工质和热源间热容率匹配为：$c=C_{\mathrm{wf}}/C_{\mathrm{H}}$，计算过程中，高温和低温侧换热器的热导率分配 u_{H}、u_{L} 的值始终取最佳值。

图 4.3.103 给出了总热导率 U_{T} 对 $\eta_{\mathrm{exmax},u}$ 与 c 关系的影响，其中 $k=1.4$，$C_{\mathrm{L}}=1.0\mathrm{kW/K}$，$C_{\mathrm{L}}/C_{\mathrm{H}}=1$，$\eta_{\mathrm{c}}=\eta_{\mathrm{t}}=0.8$，$D=0.96$，$\tau_4=1$，$\pi=5$，$\tau_3=1.25$。由图可知，$\eta_{\mathrm{exmax},u}$ 除受 c 变化的影响外，还会受到 η_{c} 和 η_{t} 取值的影响，当 $\eta_{\mathrm{c}}=\eta_{\mathrm{t}}=0.8$ 时，$\eta_{\mathrm{exmax},u}$ 随着 c 的变化分两阶段，第一阶段：$\eta_{\mathrm{exmax},u}$ 随着 c 的增大先增大后减小，这是因为在此阶段中，c 的变化是由 $\eta_{\mathrm{exmax},u}$ 与 c 呈类抛物线关系所决定的，此时，有最佳的工质和热源间热容率匹配 $c_{\mathrm{opt},\eta_{\mathrm{ex}}}$ 使得烟效率取得双重最大值 $\eta_{\mathrm{exmax,max}}$，而且随着 U_{T} 的增大，$\eta_{\mathrm{exmax,max}}$ 单调递增，相应的最优匹配值 $c_{\mathrm{opt},\eta_{\mathrm{ex}}}$ 也有所提高；第二阶段：$\eta_{\mathrm{exmax},u}$ 随着 c 的继续增大而增大，这是因为在此阶段中，$\eta_{\mathrm{c}}=\eta_{\mathrm{t}}=0.8$ 对 $\eta_{\mathrm{exmax},u}$ 的影响作用超过了 c 的变化对 $\eta_{\mathrm{exmax},u}$ 的影响，$\eta_{\mathrm{c}}=\eta_{\mathrm{t}}=0.8$ 使 $\eta_{\mathrm{exmax},u}$ 随着 c 的继续增大而增大。

图 4.3.104 给出了不同 η_{c}、η_{t} 下的 $\eta_{\mathrm{exmax},u}$ 与 c 的关系图，其中 $k=1.4$，$C_{\mathrm{L}}=1.0\mathrm{kW/K}$，$C_{\mathrm{L}}/C_{\mathrm{H}}=1$，$\pi=5$，$U_{\mathrm{T}}=5\mathrm{kW/K}$，$D=0.96$，$\tau_3=1.25$，$\tau_4=1$。由图可知，当 $\eta_{\mathrm{c}}=\eta_{\mathrm{t}}\geqslant0.6$，$\eta_{\mathrm{ex}}$ 随着 c 的变化分两阶段，同图 4.3.103 相似，第一

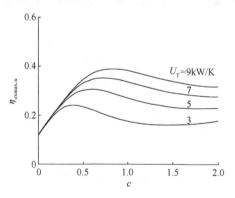

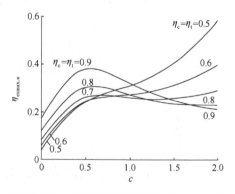

图 4.3.103　总热导率 U_{T} 对 $\eta_{\mathrm{exmax},u}$-c 关系的影响　　　图 4.3.104　压缩机和膨胀机效率 η_{c}、η_{t} 对 $\eta_{\mathrm{exmax},u}$-c 关系的影响

阶段：$\eta_{\mathrm{exmax},u}$ 与 c 呈类抛物线关系，此时，有 $c_{\mathrm{opt},\eta_{\mathrm{ex}}}$ 使烟效率取得双重最大值 $\eta_{\mathrm{exmax,max}}$，并且随着 η_{c} 和 η_{t} 的增大，$\eta_{\mathrm{exmax,max}}$ 增大，但相应的最佳匹配值 $c_{\mathrm{opt},\eta_{\mathrm{ex}}}$ 变化不明显，第二阶段：$\eta_{\mathrm{exmax},u}$ 随 c 的继续增大而增大；在 $\eta_{\mathrm{c}}=\eta_{\mathrm{t}}\leqslant 0.5$ 时，$\eta_{\mathrm{exmax},u}$ 随着 c 单调递增，这是由于 $\eta_{\mathrm{c}}=\eta_{\mathrm{t}}\leqslant 0.5$ 对 $\eta_{\mathrm{exmax},u}$ 的影响作用超过了 c 变化对 $\eta_{\mathrm{exmax},u}$ 的影响，从而使 $\eta_{\mathrm{exmax},u}$ 没有出现随着 c 的增加而减小的阶段，因此 $\eta_{\mathrm{exmax},u}$ 随着 c 的增大一直在增大。

图 4.3.105 给出了压力恢复系数 D 对 $\eta_{\mathrm{exmax},u}$ 与 c 关系的影响，其中 $k=1.4$，$C_{\mathrm{L}}=1.0\mathrm{kW/K}$，$C_{\mathrm{L}}/C_{\mathrm{H}}=1$，$\pi=5$，$U_{\mathrm{T}}=5\mathrm{kW/K}$，$\tau_3=1.25$，$\eta_{\mathrm{c}}=\eta_{\mathrm{t}}=0.8$，$\tau_4=1$。由图可知，随着 D 的增大，$\eta_{\mathrm{exmax,max}}$ 增大，相应的最佳匹配值 $c_{\mathrm{opt},\eta_{\mathrm{ex}}}$ 变化不明显。

图 4.3.106 给出了 $C_{\mathrm{L}}/C_{\mathrm{H}}$ 对 $\eta_{\mathrm{exmax},u}$ 与 c 关系的影响，其中 $k=1.4$，$C_{\mathrm{L}}=1.0\mathrm{kW/K}$，$U_{\mathrm{T}}=5\mathrm{kW/K}$，$\pi=5$，$\tau_3=1.25$，$\tau_4=1$，$\eta_{\mathrm{c}}=\eta_{\mathrm{t}}=0.8$，$D=0.96$。由图可知，$\eta_{\mathrm{exmax},u}$ 随着 c 的变化分两阶段，第一阶段：$\eta_{\mathrm{exmax},u}$ 与 c 呈类抛物线关系，此时，存在 $c_{\mathrm{opt},\eta_{\mathrm{ex}}}$ 使得烟效率取得双重最大值 $\eta_{\mathrm{exmax,max}}$，$\eta_{\mathrm{exmax,max}}$ 及其相应的最佳匹配值 $c_{\mathrm{opt},\eta_{\mathrm{ex}}}$ 均随 $C_{\mathrm{L}}/C_{\mathrm{H}}$ 的增大而增大；第二阶段：η_{ex} 随着 c 的继续增大而增大。

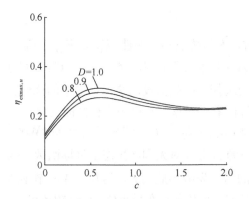
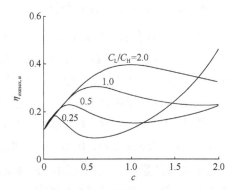

图 4.3.105　压力恢复系数 D 对 $\eta_{\mathrm{exmax},u}$-c
关系的影响

图 4.3.106　热源热容率之比 $C_{\mathrm{L}}/C_{\mathrm{H}}$ 对
$\eta_{\mathrm{exmax},u}$-c 关系的影响

图 4.3.107 给出了 τ_4 对 $\eta_{\mathrm{exmax},u}$ 与 c 关系的影响，其中 $k=1.4$，$C_{\mathrm{L}}=1.0\mathrm{kW/K}$，$U_{\mathrm{T}}=5\mathrm{kW/K}$，$\pi=5$，$\tau_3=1.25$，$C_{\mathrm{L}}/C_{\mathrm{H}}=1$，$\eta_{\mathrm{c}}=\eta_{\mathrm{t}}=0.8$，$D=0.96$。由图可见，随着 τ_4 的增大，$\eta_{\mathrm{exmax,max}}$ 增大，相应的最佳匹配值 $c_{\mathrm{opt},\eta_{\mathrm{ex}}}$ 的变化不明显。

图 4.3.108 给出了 $k=1.4$，$C_{\mathrm{L}}=1.0\mathrm{kW/K}$，$C_{\mathrm{L}}/C_{\mathrm{H}}=1$，$U_{\mathrm{T}}=5\mathrm{kW/K}$，$\eta_{\mathrm{c}}=\eta_{\mathrm{t}}=0.8$，$D=0.96$，$\tau_3=1.25$，$\tau_4=1$ 时压比 π 对最大烟效率 $\eta_{\mathrm{exmax},u}$ 与工质和热源间

热容率匹配 c 关系的影响。由图可知，随着压比 π 的增大，$\eta_{\text{exmax,max}}$ 增大，相应的最佳匹配值 $c_{\text{opt},\eta_{\text{ex}}}$ 的变化不明显。

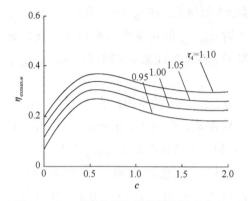 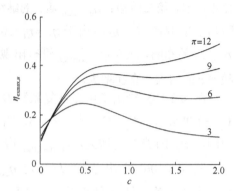

图 4.3.107　高温热源与外界环境温度之比 τ_4 对 $\eta_{\text{exmax},u}$-c 关系的影响　　　图 4.3.108　压比 π 对 $\eta_{\text{exmax},u}$-c 关系的影响

4.3.6　生态学目标函数分析与优化

4.3.6.1　各参数的影响分析

式(4.3.26)表明，当 τ_3 以及 τ_4 一定时，$\bar{E}$ 与传热不可逆性（E_{H1}、E_{L1}、E_{R}）、内不可逆性（η_{c}、η_{t}、D）、压比（π）以及工质和热源的热容率（C_{wf}、C_{H}、C_{L}）有关，与简单循环类似，可以通过压比的选择、换热器及回热器热导率的优化分配、工质和热源间热容率匹配的优化等方面着手对该回热循环进行性能优化。

图 4.3.109 给出了 $k=1.4$，$\eta_{\text{c}}=\eta_{\text{t}}=0.8$，$E_{\text{H1}}=E_{\text{L1}}=E_{\text{R}}=0.9$，$C_{\text{wf}}=0.8\text{kW/K}$，$C_{\text{L}}=C_{\text{H}}=1.0\text{kW/K}$，$D=0.96$，$\tau_4=1$ 时热源温比 τ_3 对无因次生态学目标函数 $\bar{E}$ 与压比 π 关系的影响。由图可知，$\bar{E}$ 随 π 的增大先减小后增大，这与 3.3.6 节中所述的不可逆变温热源简单循环的情形相类似，$\bar{E}$ 对 π 存在最小值。从该图还可知，在压比 π 较小时随 τ_3 的增大而减小，当压比大于一定值后随 τ_3 的增大而增大。

图 4.3.110 给出了 $k=1.4$，$\eta_{\text{c}}=\eta_{\text{t}}=0.8$，$E_{\text{H1}}=E_{\text{L1}}=E_{\text{R}}=0.9$，$C_{\text{wf}}=0.8\text{kW/K}$，$C_{\text{L}}=C_{\text{H}}=1.0\text{kW/K}$，$D=0.96$，$\tau_3=1.25$ 时高温热源进口温度与外界环境温度之比 τ_4 对生态学目标函数 $\bar{E}$ 与压比 π 关系的影响。由图可知，$\bar{E}$ 随 τ_4 的提高而单调增加。

图 4.3.111 给出了 $k=1.4$，$E_{\text{H1}}=E_{\text{L1}}=E_{\text{R}}=0.9$，$\tau_3=1.25$，$\tau_4=1$，$C_{\text{wf}}=0.8\text{kW/K}$，$D=0.96$，$C_{\text{L}}=C_{\text{H}}=1.0\text{kW/K}$ 时不同的压缩机和膨胀机效率 η_{c}、η_{t} 下生态学目标函数 $\bar{E}$ 与压比 π 的关系。由图可知，$\bar{E}$ 随着 η_{c} 和 η_{t} 的增大而增大。

图 4.3.112 给出了 $k=1.4$，$E_{H1}=E_{L1}=E_R=0.9$，$C_L=C_H=1.0\text{kW/K}$，$C_{wf}=0.8\text{kW/K}$，$\eta_c=\eta_t=0.8$，$\tau_3=1.25$，$\tau_4=1$ 时生态学目标函数 $\overline{E}$ 与压比 π 的关系。由图可知，$\overline{E}$ 随着 D 的增大而增大。

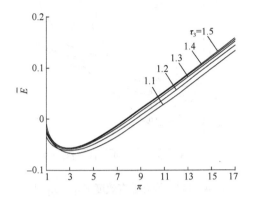

图 4.3.109　热源进口温度之比 τ_3 对 $\overline{E}$-π
　　　　　关系的影响

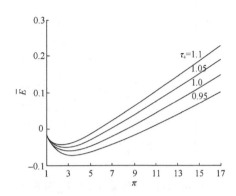

图 4.3.110　高温热源进口温度与外界环境
　　　　　温度之比 τ_4 对 $\overline{E}$-π 关系的影响

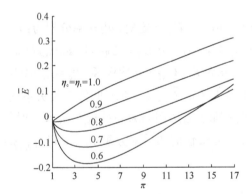

图 4.3.111　压缩机和膨胀机效率 η_c、η_t 对
　　　　　$\overline{E}$-π 关系的影响

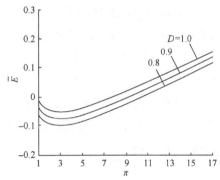

图 4.3.112　压力恢复系数 D 对 $\overline{E}$-π
　　　　　关系的影响

对给定高、低温侧换热器及回热器热导率，也即给定有效度的情形，图 4.3.113 给出了 $k=1.4$，$\eta_c=\eta_t=0.8$，$\tau_3=1.25$，$C_{wf}=0.8\text{kW/K}$，$C_L=C_H=1.0\text{kW/K}$，$E_{H1}=E_{L1}=0.9$，$D=0.96$，$\tau_4=1$ 时回热器的有效度 E_R 对生态学目标函数 $\overline{E}$ 与压比 π 关系的影响。虚线所示为不采用回热（即 $E_R=0$）时的生态学目标函数。由图可知，$\overline{E}$ 随着 E_R 的增大而增大，显然，采用回热以后，$\overline{E}$ 有明显的提高，这是回热循环与简单循环的根本不同之处。

图 4.3.114 给出了 $k=1.4$，$\eta_c=\eta_t=0.8$，$E_R=0.9$，$\tau_3=1.25$，$C_{wf}=0.8\text{kW/K}$，

$D = 0.96$，$C_L = C_H = 1.0\mathrm{kW/K}$，$\tau_4 = 1$ 时 E_{H1}、E_{L1} 对 $\overline{E}$ 与 π 关系的影响。由图可知，随着 E_{H1}、E_{L1} 的增加，$\overline{E}$ 的变化较为复杂。

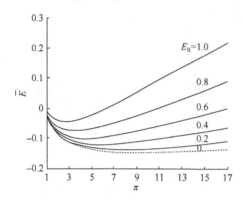
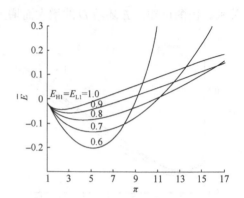

图 4.3.113　回热器有效度 E_R 对 $\overline{E}$-π 关系的影响

图 4.3.114　换热器有效度 E_{H1}、E_{L1} 对 $\overline{E}$-π 关系的影响

4.3.6.2　热导率最优分配

对于热导率可选择的情形，在 $U_H + U_L + U_R = U_T$ 一定时，热导率分配为：$u_H = U_H/U_T$，，$u_L = U_L/U_T$，因此有：$U_H = u_H U_T$，$U_L = u_L U_T$，$U_R = (1 - u_H - u_L)U_T$。

图 4.3.115 给出了 $k = 1.4$，$\pi = 5$，$U_T = 5\mathrm{kW/K}$，$C_{wf} = 0.6\mathrm{kW/K}$，$\eta_c = \eta_t = 0.8$，$D = 0.96$，$\tau_3 = 1.25$，$\tau_4 = 1$，$C_L = C_H = 1.0\mathrm{kW/K}$ 时 $\overline{E}$ 与 u_H 和 u_L 间的三维关系图，图中的垂直平面表示了 $u_H + u_L = 1$，垂直平面的右边图即为满足 $u_H + u_L \leqslant 1$ 时的情况。由图可知，对于一定的压比 π，存在一对最佳的热导率分配 $u_{\mathrm{Hopt},\overline{E}}$ 和 $u_{\mathrm{Lopt},\overline{E}}$，使 $\overline{E}$ 取得最大值 $\overline{E}_{\max,u}$。

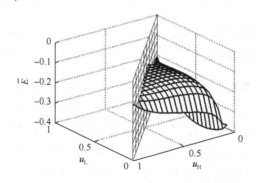

图 4.3.115　无因次生态学目标函数与高、低温侧换热器热导率分配间的关系

图 4.3.116 和图 4.3.117 分别给出了 $k=1.4$，$U_\mathrm{T}=5\mathrm{kW/K}$，$\eta_\mathrm{c}=\eta_\mathrm{t}=0.8$，$\tau_3=1.25$，$\tau_4=1$，$C_\mathrm{L}=C_\mathrm{H}=1.0\mathrm{kW/K}$，$D=0.96$ 时工质热容率 C_wf 对最佳热导率分配 $u_{\mathrm{Hopt},\overline{E}}$ 和 $u_{\mathrm{Lopt},\overline{E}}$ 与压比 π 关系的影响。

由图 4.3.116 和图 4.3.117 可知，$u_{\mathrm{Hopt},\overline{E}}$ 与 π 呈单调递增关系，$u_{\mathrm{Lopt},\overline{E}}$ 在 C_wf 较小和较大时与 π 呈单调递减关系，在 C_wf 处于中间值（如图中 $C_\mathrm{wf}=0.9\mathrm{kW/K}$）时与 π 呈单调递增关系；随着 C_wf 的增加，$u_{\mathrm{Hopt},\overline{E}}$ 增大，$u_{\mathrm{Lopt},\overline{E}}$ 在压比 π 的一定范围内减小，且在 C_wf 处于中间值时相对应的 $u_{\mathrm{Hopt},\overline{E}}<u_{\mathrm{Lopt},\overline{E}}$。

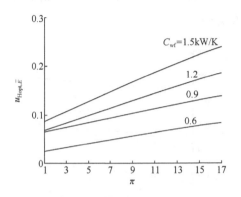
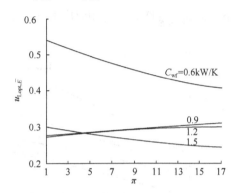

图 4.3.116　工质热容率 C_wf 对 $u_{\mathrm{Hopt},\overline{E}}$-$\pi$ 关系的影响　　　　　图 4.3.117　工质热容率 C_wf 对 $u_{\mathrm{Lopt},\overline{E}}$-$\pi$ 关系的影响

图 4.3.118 和图 4.3.119 分别给出了 $k=1.4$，$U_\mathrm{T}=5\mathrm{kW/K}$，$C_\mathrm{wf}=0.6\mathrm{kW/K}$，$C_\mathrm{L}=C_\mathrm{H}=1.0\mathrm{kW/K}$，$\eta_\mathrm{c}=\eta_\mathrm{t}=0.8$，$\tau_4=1$，$D=0.96$ 时热源温比 τ_3 对最佳热导率分配 $u_{\mathrm{Hopt},\overline{E}}$ 和 $u_{\mathrm{Lopt},\overline{E}}$ 与压比 π 关系的影响。由图可知，$u_{\mathrm{Hopt},\overline{E}}$ 和 $u_{\mathrm{Lopt},\overline{E}}$ 与 π 均呈

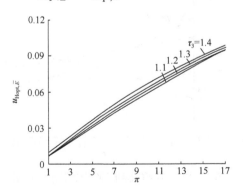
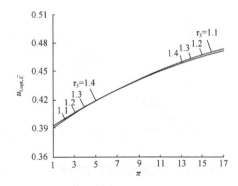

图 4.3.118　热源温比 τ_3 对 $u_{\mathrm{Hopt},\overline{E}}$-$\pi$ 关系的影响　　　　　图 4.3.119　热源温比 τ_3 对 $u_{\mathrm{Lopt},\overline{E}}$-$\pi$ 关系的影响

单调递增关系，$u_{\mathrm{Hopt},\overline{E}}$ 随着热源温比 τ_3 的增大而增大，$u_{\mathrm{Lopt},\overline{E}}$ 随着热源温比 τ_3 的增大在 π 较小时增大，而在 π 较大时减小，相对应的 $u_{\mathrm{Hopt},\overline{E}} < u_{\mathrm{Lopt},\overline{E}}$。

图 4.3.120 和图 4.3.121 分别给出了 $k=1.4$，$\tau_3=1.25$，$C_{\mathrm{wf}}=0.6\mathrm{kW/K}$，$\eta_c=\eta_t=0.8$，$C_{\mathrm{L}}=C_{\mathrm{H}}=1.0\mathrm{kW/K}$，$D=0.96$，$\tau_4=1$ 时总热导率 U_{T} 对最佳热导率分配 $u_{\mathrm{Hopt},\overline{E}}$ 和 $u_{\mathrm{Lopt},\overline{E}}$ 与压比 π 关系的影响。由图可知，$u_{\mathrm{Hopt},\overline{E}}$ 与 π 均呈单调递增关系，$u_{\mathrm{Lopt},\overline{E}}$ 在 U_{T} 较小和较大时与 π 均呈单调递增关系，在 U_{T} 处于中间值时（如图中 $U_{\mathrm{T}}=7\mathrm{kW/K}$）与 π 均呈单调递减关系；随着总热导率 U_{T} 的增大，$u_{\mathrm{Hopt},\overline{E}}$ 减小，而 $u_{\mathrm{Lopt},\overline{E}}$ 增大，且相对应的 $u_{\mathrm{Hopt},\overline{E}} < u_{\mathrm{Lopt},\overline{E}}$。

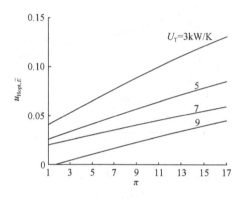

图 4.3.120　总热导率 U_{T} 对 $u_{\mathrm{Hopt},\overline{E}}$-$\pi$ 关系的影响

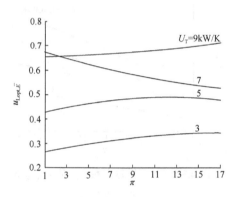

图 4.3.121　总热导率 U_{T} 对 $u_{\mathrm{Lopt},\overline{E}}$-$\pi$ 关系的影响

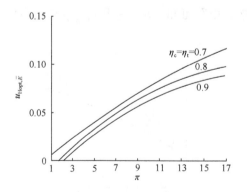

图 4.3.122　压缩机和膨胀机效率 η_c、η_t 对 $u_{\mathrm{Hopt},\overline{E}}$-$\pi$ 关系的影响

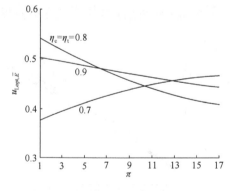

图 4.3.123　压缩机和膨胀机效率 η_c、η_t 对 $u_{\mathrm{Lopt},\overline{E}}$-$\pi$ 关系的影响

图 4.3.122 和图 4.3.123 分别给出了 $k=1.4$，$\tau_3=1.25$，$C_{\mathrm{wf}}=0.6\mathrm{kW/K}$，

$C_L = C_H = 1.0\text{kW/K}$，$U_T = 5\text{kW/K}$，$\tau_4 = 1$，$D = 0.96$ 时压缩机和膨胀机效率 η_c、η_t 对最佳热导率分配 $u_{\text{Hopt},\overline{E}}$ 和 $u_{\text{Lopt},\overline{E}}$ 与压比 π 关系的影响。由图可知，随着压缩机和膨胀机效率 η_c、η_t 的增大，$u_{\text{Hopt},\overline{E}}$ 减小，而 $u_{\text{Lopt},\overline{q}_H}$ 变化无规律，并且相对应的 $u_{\text{Hopt},\overline{E}} < u_{\text{Lopt},\overline{E}}$。

图 4.3.124 和图 4.3.125 分别给出了 $k = 1.4$，$\tau_3 = 1.25$，$\tau_4 = 1$，$C_{\text{wf}} = 0.6\text{kW/K}$，$U_T = 5\text{kW/K}$，$\eta_c = \eta_t = 0.8$ 时 D 对 $u_{\text{Hopt},\overline{E}}$ 和 $u_{\text{Lopt},\overline{E}}$ 与 π 关系的影响。由图可见，随着 D 的增大，$u_{\text{Hopt},\overline{E}}$ 在压比 π 较小时减小，在压比 π 较大时增大，而 $u_{\text{Lopt},\overline{E}}$ 随着压力恢复系数 D 的增大而增大，并且相对应的 $u_{\text{Hopt},\overline{E}} < u_{\text{Lopt},\overline{E}}$。

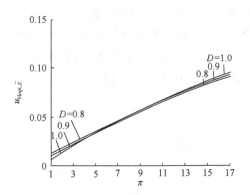

图 4.3.124　压力恢复系数 D 对 $u_{\text{Hopt},\overline{E}}$-$\pi$ 关系的影响

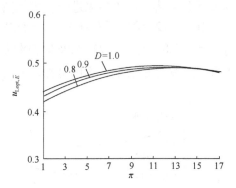

图 4.3.125　压力恢复系数 D 对 $u_{\text{Lopt},\overline{E}}$-$\pi$ 关系的影响

图 4.3.126 和图 4.3.127 分别给出了 $k = 1.4$，$\tau_3 = 1.25$，$D = 0.96$，$C_{\text{wf}} = 0.6\text{kW/K}$，$U_T = 5\text{kW/K}$，$\eta_c = \eta_t = 0.8$ 时高温热源与外界环境温度之比 τ_4

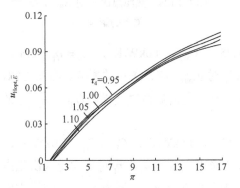

图 4.3.126　高温热源与外界环境温度之比 τ_4 对 $u_{\text{Hopt},\overline{E}}$-$\pi$ 关系的影响

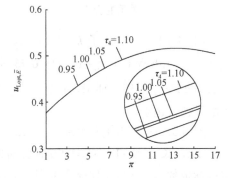

图 4.3.127　高温热源与外界环境温度之比 τ_4 对 $u_{\text{Lopt},\overline{E}}$-$\pi$ 关系的影响

对最佳热导率分配 $u_{\mathrm{Hopt},\overline{E}}$ 和 $u_{\mathrm{Lopt},\overline{E}}$ 与压比 π 关系的影响。由图可知，随着高温热源与外界环境温度之比 τ_4 的增大，$u_{\mathrm{Hopt},\overline{E}}$ 减小，而 $u_{\mathrm{Lopt},\overline{E}}$ 略有增大，并且相对应的 $u_{\mathrm{Hopt},\overline{E}} < u_{\mathrm{Lopt},\overline{E}}$。

图 4.3.128 给出了 $k=1.4$，$U_T=5\mathrm{kW/K}$，$\eta_c=\eta_t=0.8$，$\tau_3=1.25$，$C_L=C_H=1.0\mathrm{kW/K}$，$D=0.96$，$\tau_4=1$ 时工质热容率 C_{wf} 对最大无因次生态学目标函数 $\overline{E}_{\max,u}$ 与压比 π 关系的影响。由图可知，$\overline{E}_{\max,u}$ 随着 π 的增大先减小后增大，随着 C_{wf} 的增大，在 π 较小时，$\overline{E}_{\max,u}$ 减小，而在 π 较大时，$\overline{E}_{\max,u}$ 增大，在 π 处于中间值时，$\overline{E}_{\max,u}$ 呈较复杂的变化规律，因此在压比一定取值范围内可以通过选择不同热容率的工质来进一步优化循环的无因次生态学目标函数。

图 4.3.129 给出了 $k=1.4$，$U_T=5\mathrm{kW/K}$，$C_{\mathrm{wf}}=0.6\mathrm{kW/K}$，$C_L=C_H=1.0\mathrm{kW/K}$，$\eta_c=\eta_t=0.8$，$\tau_4=1$，$D=0.96$ 时热源温比 τ_3 对最大无因次生态学目标函数 $\overline{E}_{\max,u}$ 与压比 π 关系的影响。由图可知，$\overline{E}_{\max,u}$ 随着 τ_3 的增大而略有减小。

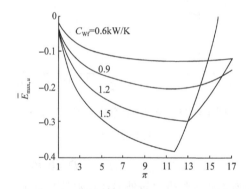 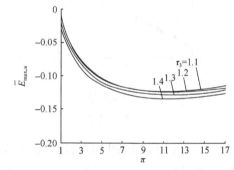

图 4.3.128　工质热容率 C_{wf} 对 $\overline{E}_{\max,u}$-π 关系的影响　　图 4.3.129　热源温比 τ_3 对 $\overline{E}_{\max,u}$-π 关系的影响

图 4.3.130 给出了 $k=1.4$，$\tau_3=1.25$，$C_{\mathrm{wf}}=0.6\mathrm{kW/K}$，$\eta_c=\eta_t=0.8$，$C_L=C_H=1.0\mathrm{kW/K}$，$\tau_4=1$，$D=0.96$ 时 U_T 对 $\overline{E}_{\max,u}$ 与 π 关系的影响。由图可知，$\overline{E}_{\max,u}$ 随着 U_T 的增大而增大，但当 U_T 提高到一定值后再继续提高 U_T，$\overline{E}_{\max,u}$ 的递增量越来越小。

图 4.3.131 给出了 $k=1.4$，$\tau_3=1.25$，$C_{\mathrm{wf}}=0.6\mathrm{kW/K}$，$C_L=C_H=1.0\mathrm{kW/K}$，$U_T=5\mathrm{kW/K}$，$\tau_4=1$，$D=0.96$ 时压缩机和膨胀机效率 η_c、η_t 对最大无因次生态学目标函数 $\overline{E}_{\max,u}$ 与压比 π 关系的影响。由图可知，$\overline{E}_{\max,u}$ 随着 η_c、η_t 的增大而增大。

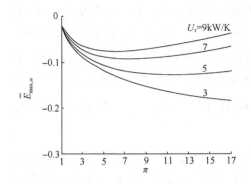

图 4.3.130　总热导率 U_T 对 $\overline{E}_{\mathrm{max},u}$ - π
关系的影响

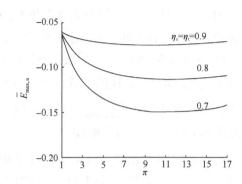

图 4.3.131　压缩机和膨胀机效率 η_c、η_t 对
$\overline{E}_{\mathrm{max},u}$ - π 关系的影响

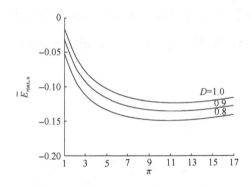

图 4.3.132　压力恢复系数 D 对 $\overline{E}_{\mathrm{max},u}$ - π
关系的影响

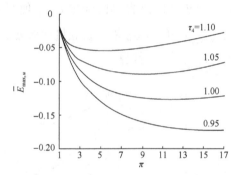

图 4.3.133　高温热源与外界环境温度之比
τ_4 对 $\overline{E}_{\mathrm{max},u}$ - π 关系的影响

图 4.3.132 给出了 $k=1.4$，$\tau_3=1.25$，$C_{\mathrm{wf}}=0.6\mathrm{kW/K}$，$U_T=5\mathrm{kW/K}$，$\tau_4=1$，$\eta_c=\eta_t=0.8$ 时压力恢复系数 D 对最大无因次生态学目标函数 $\overline{E}_{\mathrm{max},u}$ 与压比 π 关系的影响。由图可知，$\overline{E}_{\mathrm{max},u}$ 随着 D 的增大而增大。

图 4.3.133 给出了 $k=1.4$，$\tau_3=1.25$，$C_{\mathrm{wf}}=0.6\mathrm{kW/K}$，$U_T=5\mathrm{kW/K}$，$D=0.96$，$\eta_c=\eta_t=0.8$ 时高温热源与外界环境温度之比 τ_4 对最大无因次生态学目标函数 $\overline{E}_{\mathrm{max},u}$ 与压比 π 关系的影响。由图可知，$\overline{E}_{\mathrm{max},u}$ 随着 τ_4 的增大而增大。

4.3.6.3　工质与热源间的热容率最优匹配

在 C_L/C_H 一定的条件下，工质和热源间热容率匹配为：$c=C_{\mathrm{wf}}/C_H$，下面计算分析过程中，高温和低温侧换热器的热导率分配 u_H、u_L 的值始终取最佳值。

图 4.3.134 给出了 $k=1.4$，$C_L=1.0\mathrm{kW/K}$，$C_L/C_H=1$，$\eta_c=\eta_t=0.8$，$D=0.96$，

$\tau_4 = 1$，$\pi = 10$，$\tau_3 = 1.25$ 时总热导率 U_T 对最大无因次生态学目标函数 $\overline{E}_{\max,u}$ 与工质和热源间热容率匹配 c 关系的影响。由图可知，在 U_T 的一定取值范围内(如图中 $U_T > 7\mathrm{kW/K}$)和 c 的一定取值范围内(如图中 $0.5 < c < 1.5$)，$\overline{E}_{\max,u}$ 与 c 呈类抛物线关系，即存在最佳的工质和热源间热容率匹配值 $c_{\mathrm{opt},\overline{E}}$ 使无因次生态学目标函数取得双重最大值 $\overline{E}_{\max,\max}$；另外，随着 U_T 的增大，$\overline{E}_{\max,\max}$ 单调递增，相应的最优匹配值 $c_{\mathrm{opt},\overline{E}}$ 也有所提高。

图 4.3.135 给出了 $k = 1.4$，$C_L = 1.0\mathrm{kW/K}$，$C_L / C_H = 1$，$\pi = 10$，$U_T = 9\mathrm{kW/K}$，$D = 0.96$，$\tau_3 = 1.25$，$\tau_4 = 1$ 时不同的压缩机和膨胀机效率 η_c、η_t 下最大无因次生态学目标函数 $\overline{E}_{\max,u}$ 与工质和热源间热容率匹配 c 的关系。由图可知，在 η_c、η_t 的一定取值范围内(如图中 $\eta_c, \eta_t > 0.8$)，$\overline{E}_{\max,u}$ 与 c 呈类抛物线关系，存在最佳的工质和热源间热容率匹配值 $c_{\mathrm{opt},\overline{E}}$ 使得无因次生态学目标函数取得双重最大值 $\overline{E}_{\max,\max}$；随着压缩机和膨胀机效率 η_c、η_t 的增大，$\overline{E}_{\max,\max}$ 增大，相应的最佳匹配值 $c_{\mathrm{opt},\overline{E}}$ 也有所提高。

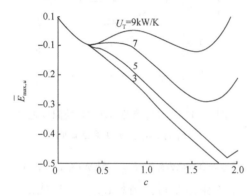

图 4.3.134　总热导率 U_T 对 $\overline{E}_{\max,u}$-c
关系的影响

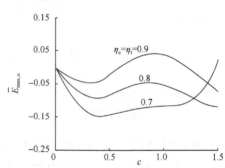

图 4.3.135　压缩机和膨胀机效率 η_c、η_t 对
$\overline{E}_{\max,u}$-c 关系的影响

图 4.3.136 给出了 $k = 1.4$，$C_L = 1.0\mathrm{kW/K}$，$C_L / C_H = 1$，$\pi = 10$，$U_T = 9\mathrm{kW/K}$，$\tau_3 = 1.25$，$\eta_c = \eta_t = 0.8$，$\tau_4 = 1$ 时压力恢复系数 D 对最大无因次生态学目标函数 $\overline{E}_{\max,u}$ 与工质和热源间热容率匹配 c 关系的影响。由图可知，在 c 的一定取值范围内(如图中 $0.5 < c < 1.5$)，$\overline{E}_{\max,u}$ 与 c 呈类抛物线关系，即存在最佳的工质和热源间热容率匹配值 $c_{\mathrm{opt},\overline{E}}$ 使无因次生态学目标函数取得双重最大值 $\overline{E}_{\max,\max}$；随着 D 的增大，$\overline{E}_{\max,\max}$ 增大，但相应的最佳匹配值 $c_{\mathrm{opt},\overline{E}}$ 变化不明显。

图 4.3.137 给出了 $k=1.4$，$C_L=1.0\text{kW/K}$，$U_T=9\text{kW/K}$，$\pi=10$，$\tau_3=1.25$，$\tau_4=1$，$\eta_c=\eta_t=0.8$，$D=0.96$ 时高、低温热源热容率之比 C_L/C_H 对最大无因次生态学目标函数 $\bar{E}_{\text{max},u}$ 与工质和热源间热容率匹配 c 关系的影响。由图可知，在 C_L/C_H 的一定取值范围内（如图中 $0.6<C_L/C_H<1.5$），$\bar{E}_{\text{max},u}$ 与 c 呈类抛物线关系，即存在最佳的工质和热源间热容率匹配值 $c_{\text{opt},\bar{E}}$ 使得无因次生态学目标函数取得双重最大值 $\bar{E}_{\text{max,max}}$；$\bar{E}_{\text{max,max}}$ 及相应的最佳匹配值 $c_{\text{opt},\bar{E}}$ 均随着 C_L/C_H 的增大而增大。

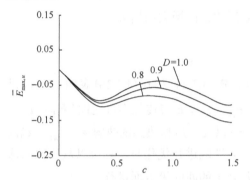

图 4.3.136　压力恢复系数 D 对 $\bar{E}_{\text{max},u}$-c
关系的影响

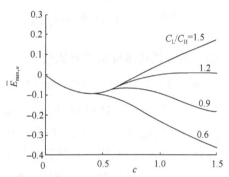

图 4.3.137　热源热容率之比 C_L/C_H 对
$\bar{E}_{\text{max},u}$-c 关系的影响

图 4.3.138 给出了 $k=1.4$，$C_L=1.0\text{kW/K}$，$U_T=9\text{kW/K}$，$\pi=10$，$\tau_3=1.25$，$C_L/C_H=1$，$\eta_c=\eta_t=0.8$，$D=0.96$ 时高温热源与外界环境温度之比 τ_4 对最大无因次生态学目标函数 $\bar{E}_{\text{max},u}$ 与工质和热源间热容率匹配 c 关系的影响。由图可知，在 τ_4 的一定取值范围内（如图中 $\tau_4<1.1$），$\bar{E}_{\text{max},u}$ 与 c 呈类抛物线关系，即存在最

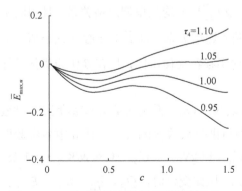

图 4.3.138　高温热源与外界环境温度之比 τ_4
对 $\bar{E}_{\text{max},u}$-c 关系的影响

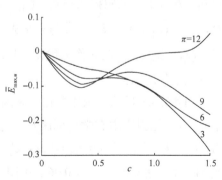

图 4.3.139　压比 π 对 $\bar{E}_{\text{max},u}$-c
关系的影响

佳的工质和热源间热容率匹配值 $c_{opt,\bar{E}}$ 使得无因次生态学目标函数取得双重最大值 $\bar{E}_{max,max}$；$\bar{E}_{max,max}$ 及相应的最佳匹配值 $c_{opt,\bar{E}}$ 均随着 τ_4 的增大而增大。

图 4.3.139 给出了 $k=1.4$，$C_L=1.0kW/K$，$C_L/C_H=1$，$U_T=9kW/K$，$\eta_c=\eta_t=0.8$，$D=0.96$，$\tau_3=1.25$，$\tau_4=1$ 时压比 π 对最大无因次生态学目标函数 $\bar{E}_{max,u}$ 与工质和热源间热容率匹配 c 关系的影响。由图可知，在 π 的一定取值范围内（如图中 $9<\pi<12$），$\bar{E}_{max,u}$ 与 c 呈类抛物线关系，即存在最佳的工质和热源间热容率匹配值 $c_{opt,\bar{E}}$ 使得无因次生态学目标函数取得双重最大值 $\bar{E}_{max,max}$；$\bar{E}_{max,max}$ 及相应的最佳匹配值 $c_{opt,\bar{E}}$ 均随着压比 π 的增大而增大。

4.3.7　五种优化目标的综合比较

式(4.3.17)、式(4.3.18)、式(4.3.20)、式(4.3.24)和式(4.3.26)表明，当 τ_3 以及 τ_4 一定时，五种优化目标，即 β、$\bar{Q}_H$、$\bar{q}_H$、η_{ex}、$\bar{E}$ 与传热不可逆性（E_{H1}、E_{L1}、E_R）、内不可逆性（η_c、η_t、D）和压比（π）以及工质和热源的热容率（C_{wf}、C_H、C_L）有关。因此，利用五种优化目标对循环性能进行优化时，都可以从压比的选择、换热器传热的优化、工质和热源间热容率的匹配等方面进行。

4.3.7.1　压比的选择

为进一步综合比较压比对五种优化目标的影响特点，图 4.3.140 给出了 $k=1.4$，$E_{H1}=E_{L1}=E_R=0.9$，$C_L=C_H=1.0kw/K$，$C_{wf}=0.8kW/K$，$\tau_3=1.25$，$\tau_4=1$，$\eta_c=\eta_t=0.8$，$D=0.96$ 时供热系数 β、无因次供热率 $\bar{Q}_H$、无因次供热率密度 $\bar{q}_H$、㶲效率 η_{ex} 以及无因次生态学目标函数 $\bar{E}$ 分别与压比 π 的关系，也即给定有效度的情形。由图可知，β 与 π 呈类抛物线关系；$\bar{Q}_H$、$\bar{q}_H$ 及 η_{ex} 与 π 均呈单调递增关系，且相同 π 时，总有 $\bar{Q}_H>\eta_{ex}>\bar{q}_H$；$\bar{E}$ 与 π 呈先递减后递增关系，即 $\bar{E}$ 对 π 存在最小值。所以，$\bar{Q}_H$、$\bar{q}_H$、η_{ex} 及 $\bar{E}$ 作为优化目标时均不存在最佳压比，只有 β 作为优化目标时存在最佳压比。

图 4.3.141 显示了压比变化时无因次供热率 $\bar{Q}_H$、无因次供热率密度 $\bar{q}_H$、㶲效率 η_{ex} 以及无因次生态学目标函数 $\bar{E}$ 分别与供热系数 β 的关系，计算中各参数取值：$k=1.4$，$E_{H1}=E_{L1}=E_R=0.9$，$C_L=C_H=1.0kW/K$，$C_{wf}=0.8kW/K$，$\tau_3=1.25$，$\tau_4=1$，$\eta_c=\eta_t=0.8$，$D=0.96$。由图可知，压比变化时，$\bar{Q}_H$、$\bar{q}_H$、η_{ex} 及 $\bar{E}$ 与 β 均呈类抛物线关系，$\bar{Q}_H$、$\bar{q}_H$ 及 η_{ex} 先随着 β 的增大而缓慢增大，当压比 $\pi>\pi_{opt,\beta}$

后，$\overline{Q}_H$、$\overline{q}_H$ 及 η_{ex} 随着 β 的减小而增大，而 $\overline{E}$ 先随着 β 的增大而变化不明显，当压比 $\pi > \pi_{opt,\beta}$ 后，$\overline{E}$ 随着 β 的减小而增大。另外，当 $\overline{Q}_H$、$\overline{q}_H$、η_{ex} 及 $\overline{E}$ 取得最大时，β 均接近 1。因此，在通过压比的选择对循环性能进行优化时，$\overline{Q}_H$、$\overline{q}_H$、η_{ex} 及 $\overline{E}$ 的优化均要以牺牲供热系数 β 为代价，压比 π 可在稍大于 $\pi_{opt,\beta}$ 的范围内选择。

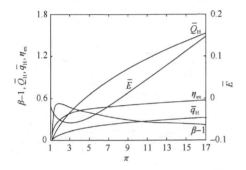

图 4.3.140　供热系数 β、无因次供热率 $\overline{Q}_H$、无因次供热率密度 $\overline{q}_H$、㶲效率 η_{ex} 以及无因次生态学目标函数 $\overline{E}$ 与压比 π 的关系

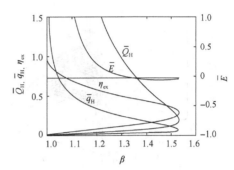

图 4.3.141　无因次供热率 $\overline{Q}_H$、无因次供热率密度 $\overline{q}_H$、㶲效率 η_{ex} 以及无因次生态学目标函数 $\overline{E}$ 与供热系数 β 的关系

4.3.7.2　热导率最优分配

对于热导率可选择的情形，在 $U_H + U_L + U_R = U_T$ 一定的条件下，令热导率分配 $u_H = U_H / U_T$，$u_L = U_L / U_T$，且满足条件：$u_H \leqslant 1$，$u_L \leqslant 1$，$u_H + u_L \leqslant 1$。

为综合比较热导率分配对五种优化目标的影响特点，图 4.3.142 给出了 $k = 1.4$，$\pi = 5$，$U_T = 5\text{kW/K}$，$C_{wf} = 0.6\text{kW/K}$，$\eta_c = \eta_t = 0.8$，$D = 0.96$，$\tau_3 = 1.25$，$\tau_4 = 1$，$C_L = C_H = 1.0\text{kW/K}$ 时，β、$\overline{Q}_H$、$\overline{q}_H$、η_{ex} 以及 $\overline{E}$ 分别与 u_H 和 u_L 间的三维关系图，图中的垂直平面表示了 $u_H + u_L = 1$，垂直平面的右边图即为满足 $u_H + u_L \leqslant 1$ 时的情况。由图可知，对于一定的压比 π，分别存在一对最佳的热导率分配 $u_{Hopt,\beta}$、$u_{Lopt,\beta}$，$u_{Hopt,\overline{Q}_H}$、$u_{Lopt,\overline{Q}_H}$，$u_{Hopt,\overline{q}_H}$、$u_{Lopt,\overline{q}_H}$，$u_{Hopt,\eta_{ex}}$、$u_{Lopt,\eta_{ex}}$，$u_{Hopt,\overline{E}}$ 和 $u_{Lopt,\overline{E}}$，使 β、$\overline{Q}_H$、$\overline{q}_H$、η_{ex} 及 $\overline{E}$ 取得最大值 $\beta_{max,u}$、$\overline{Q}_{H\,max,u}$、$\overline{q}_{H\,max,u}$、$\eta_{exmax,u}$ 及 $\overline{E}_{max,u}$。

图 4.3.143 给出了 $k = 1.4$，$U_T = 5\text{kW/K}$，$\eta_c = \eta_t = 0.8$，$\tau_3 = 1.25$，$\tau_4 = 1$，$C_L = C_H = 1.0\text{kW/K}$，$D = 0.96$，$C_{wf} = 0.6\text{kW/K}$ 时最佳热导率分配 $u_{Hopt,\beta}$、$u_{Lopt,\beta}$，$u_{Hopt,\overline{Q}_H}$、$u_{Lopt,\overline{Q}_H}$，$u_{Hopt,\overline{q}_H}$、$u_{Lopt,\overline{q}_H}$，$u_{Hopt,\eta_{ex}}$、$u_{Lopt,\eta_{ex}}$，$u_{Hopt,\overline{E}}$ 和 $u_{Lopt,\overline{E}}$ 与压比 π 关系。由图可知，$u_{Hopt,\beta}$、$u_{Lopt,\beta}$，$u_{Hopt,\overline{Q}_H}$、$u_{Lopt,\overline{Q}_H}$，$u_{Hopt,\overline{q}_H}$、$u_{Lopt,\overline{q}_H}$，$u_{Hopt,\eta_{ex}}$

$u_{\mathrm{Lopt},\eta_{\mathrm{ex}}}$，$u_{\mathrm{Hopt},\overline{E}}$ 均与 π 呈单调递增关系，而 $u_{\mathrm{Lopt},\overline{E}}$ 与 π 呈单调递减关系；$u_{\mathrm{Hopt},\overline{Q}_{\mathrm{H}}}$、$u_{\mathrm{Hopt},\overline{q}_{\mathrm{H}}}$、$u_{\mathrm{Hopt},\eta_{\mathrm{ex}}}$ 和 $u_{\mathrm{Hopt},\overline{E}}$ 的值的差别小于 $u_{\mathrm{Lopt},\overline{Q}_{\mathrm{H}}}$、$u_{\mathrm{Lopt},\overline{q}_{\mathrm{H}}}$、$u_{\mathrm{Lopt},\eta_{\mathrm{ex}}}$ 和 $u_{\mathrm{Lopt},\overline{E}}$ 间的差别；相对应的 $u_{\mathrm{Hopt},\beta} > u_{\mathrm{Lopt},\beta}$，$u_{\mathrm{Hopt},\overline{Q}_{\mathrm{H}}} < u_{\mathrm{Lopt},\overline{Q}_{\mathrm{H}}}$，$u_{\mathrm{Hopt},\overline{q}_{\mathrm{H}}} < u_{\mathrm{Lopt},\overline{q}_{\mathrm{H}}}$，$u_{\mathrm{Hopt},\eta_{\mathrm{ex}}} < u_{\mathrm{Lopt},\eta_{\mathrm{ex}}}$，$u_{\mathrm{Hopt},\overline{E}} < u_{\mathrm{Lopt},\overline{E}}$。

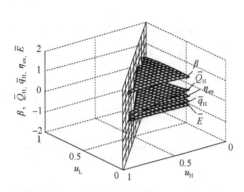

图 4.3.142　供热系数 β、无因次供热率 $\overline{Q}_{\mathrm{H}}$、无因次供热率密度 $\overline{q}_{\mathrm{H}}$、㶲效率 η_{ex} 以及无因次生态学目标函数 $\overline{E}$ 与高、低温侧换热器热导率分配 u_{H} 和 u_{L} 的关系

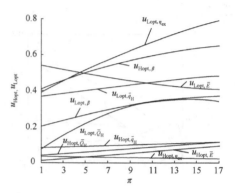

图 4.3.143　u_{H} 和 u_{L} 与压比 π 的关系

图 4.3.144 给出了 $k=1.4$，$\pi=5$，$\tau_3=1.25$，$\tau_4=1$，$U_{\mathrm{T}}=9\mathrm{kW/K}$，$\eta_{\mathrm{c}}=\eta_{\mathrm{t}}=0.8$，

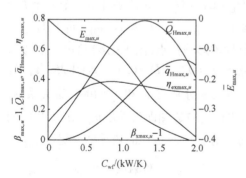

图 4.3.144　最大供热系数 $\beta_{\max,u}$、最大无因次供热率 $\overline{Q}_{\mathrm{Hmax},u}$、最大无因次供热率密度 $\overline{q}_{\mathrm{Hmax},u}$、最大㶲效率 $\eta_{\mathrm{exmax},u}$ 及最大无因次生态学目标函数 $\overline{E}_{\max,u}$ 与工质热容率 C_{wf} 的关系

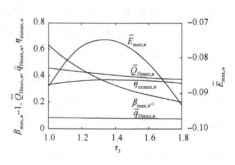

图 4.3.145　最大供热系数 $\beta_{\max,u}$、最大无因次供热率 $\overline{Q}_{\mathrm{Hmax},u}$、最大无因次供热率密度 $\overline{q}_{\mathrm{Hmax},u}$、最大㶲效率 $\eta_{\mathrm{exmax},u}$ 以及最大无因次生态学目标函数 $\overline{E}_{\max,u}$ 与热源温比 τ_3 的关系

$D = 0.96$ 时最大供热系数 $\beta_{\max,u}$、最大无因次供热率 $\overline{Q}_{H\max,u}$、最大无因次供热率
密度 $\overline{q}_{H\max,u}$、最大㶲效率 $\eta_{ex\max,u}$ 以及最大无因次生态学目标函数 $\overline{E}_{\max,u}$ 与工质热
容率 C_{wf} 的关系。由图可知，$\overline{Q}_{H\max,u}$、$\overline{q}_{H\max,u}$ 及 $\eta_{ex\max,u}$ 与 C_{wf} 均明显呈类抛物线
关系，$\overline{E}_{\max,u}$ 在 C_{wf} 的小范围内（如图中 $0.5\text{kW/K} < C_{wf} < 0.9\text{kW/K}$）与 C_{wf} 呈不太
明显的类抛物线关系，而 $\beta_{\max,u}$ 随着 C_{wf} 的增加而单调减小。

　　图 4.3.145 给出了 $k = 1.4$，$\pi = 5$，$\tau_4 = 1$，$U_T = 9\text{kW/K}$，$\eta_c = \eta_t = 0.8$，$D = 0.96$，
$C_{wf} = 0.6\text{kW/K}$ 时最大供热系数 $\beta_{\max,u}$、最大无因次供热率 $\overline{Q}_{H\max,u}$、最大无因次供
热率密度 $\overline{q}_{H\max,u}$、最大㶲效率 $\eta_{ex\max,u}$ 以及最大无因次生态学目标函数 $\overline{E}_{\max,u}$ 与热
源温比 τ_3 的关系。由图可知，$\beta_{\max,u}$、$\overline{Q}_{H\max,u}$ 和 $\overline{q}_{H\max,u}$ 均随着 τ_3 的增加而降低，
$\eta_{ex\max,u}$ 和 $\overline{E}_{\max,u}$ 随着 τ_3 的增加先增加后减小。

　　图 4.3.146 给出了 $k = 1.4$，$\pi = 5$，$\tau_3 = 1.25$，$\tau_4 = 1$，$\eta_c = \eta_t = 0.8$，$D = 0.96$，
$C_{wf} = 0.6\text{kW/K}$ 时最大供热系数 $\beta_{\max,u}$、最大无因次供热率 $\overline{Q}_{H\max,u}$、最大无因次供
热率密度 $\overline{q}_{H\max,u}$、最大㶲效率 $\eta_{ex\max,u}$ 以及最大无因次生态学目标函数 $\overline{E}_{\max,u}$ 与总
热导率 U_T 的关系。由图可知，当 U_T 比较小时，$\beta_{\max,u}$、$\overline{Q}_{H\max,u}$、$\overline{q}_{H\max,u}$ 和 $\eta_{ex\max,u}$
均随着 U_T 的增加而明显增大，但当 U_T 提高到一定值后再继续提高 U_T，$\beta_{\max,u}$、

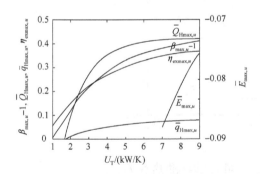

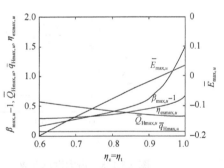

图 4.3.146　最大供热系数 $\beta_{\max,u}$、最大无因次
供热率 $\overline{Q}_{H\max,u}$、最大无因次供热率密度
$\overline{q}_{H\max,u}$、最大㶲效率 $\eta_{ex\max,u}$ 以及最大无因次
生态学目标函数 $\overline{E}_{\max,u}$ 与总热导率 U_T 的关系

图 4.3.147　最大供热系数 $\beta_{\max,u}$、最大无
因次供热率 $\overline{Q}_{H\max,u}$、最大无因次供热率密
度 $\overline{q}_{H\max,u}$、最大㶲效率 $\eta_{ex\max,u}$ 及最大无因
次生态学目标函数 $\overline{E}_{\max,u}$ 与压缩机和膨胀
机效率 η_c 及 η_t 的关系

$\overline{Q}_{\mathrm{Hmax},u}$、 $\overline{q}_{\mathrm{Hmax},u}$ 和 $\eta_{\mathrm{exmax},u}$ 的递增量越来越小；而 $\overline{E}_{\mathrm{max},u}$ 只有在 U_{T} 较大时才存在，且随着 U_{T} 的增加而单调递增。

图 4.3.147 给出了 $k=1.4$，$\pi=5$，$\tau_3=1.25$，$\tau_4=1$，$D=0.96$，$C_{\mathrm{wf}}=0.6\mathrm{kW/K}$，$U_{\mathrm{T}}=9\mathrm{kW/K}$ 时最大供热系数 $\beta_{\mathrm{max},u}$、最大无因次供热率 $\overline{Q}_{\mathrm{Hmax},u}$、最大无因次供热率密度 $\overline{q}_{\mathrm{Hmax},u}$、最大㶲效率 $\eta_{\mathrm{exmax},u}$ 以及最大无因次生态学目标函数 $\overline{E}_{\mathrm{max},u}$ 与压缩机和膨胀机效率 η_{c}、η_{t} 的关系。由图可知，$\beta_{\mathrm{max},u}$、$\eta_{\mathrm{exmax},u}$ 和 $\overline{E}_{\mathrm{max},u}$ 均随着 η_{c} 和 η_{t} 的增加而增大，而 $\overline{Q}_{\mathrm{Hmax},u}$ 和 $\overline{q}_{\mathrm{Hmax},u}$ 则随着 η_{c} 和 η_{t} 的增加而减少，这是由于 η_{c} 和 η_{t} 的增加造成压缩机耗功率减少，从而减少了供热率和供热率密度。

图 4.3.148 给出了 $k=1.4$，$\pi=5$，$\tau_3=1.25$，$\tau_4=1$，$\eta_{\mathrm{c}}=\eta_{\mathrm{t}}=0.8$，$C_{\mathrm{wf}}=0.6\mathrm{kW/K}$，$U_{\mathrm{T}}=9\mathrm{kW/K}$ 时最大供热系数 $\beta_{\mathrm{max},u}$、最大无因次供热率 $\overline{Q}_{\mathrm{Hmax},u}$、最大无因次供热率密度 $\overline{q}_{\mathrm{Hmax},u}$ 以及最大㶲效率 $\eta_{\mathrm{exmax},u}$ 与压力恢复系数 D 的关系。由图可知，$\beta_{\mathrm{max},u}$、$\eta_{\mathrm{exmax},u}$ 和 $\overline{E}_{\mathrm{max},u}$ 均随着 D 的增加而增大，而 $\overline{Q}_{\mathrm{Hmax},u}$ 和 $\overline{q}_{\mathrm{Hmax},u}$ 则随着 D 的增加而略有减少。

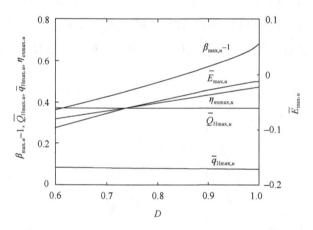

图 4.3.148　最大供热系数 $\beta_{\mathrm{max},u}$、最大无因次供热率 $\overline{Q}_{\mathrm{Hmax},u}$、
最大无因次供热率密度 $\overline{q}_{\mathrm{Hmax},u}$、最大㶲效率 $\eta_{\mathrm{exmax},u}$ 以及最大
无因次生态学目标函数 $\overline{E}_{\mathrm{max},u}$ 与压力恢复系数 D 的关系

4.3.7.3　工质与热源间的热容率最优匹配

在 $C_{\mathrm{L}}/C_{\mathrm{H}}$ 一定的条件下，工质和热源间热容率匹配定义为 $c=C_{\mathrm{wf}}/C_{\mathrm{H}}$，为综合比较工质和热源间热容率匹配 c 对五种优化目标的影响特点，图 4.3.149 给出

了 $k = 1.4$，$\pi = 5$，$U_T = 9\text{kW/K}$，$C_{wf} = 0.6\text{kW/K}$，$\eta_c = \eta_t = 0.8$，$D = 0.96$，$\tau_3 = 1.25$，$\tau_4 = 1$，$C_L = C_H = 1.0\text{kW/K}$ 时最大供热系数 $\beta_{\max,u}$、最大无因次供热率 $\overline{Q}_{H\max,u}$、最大无因次供热率密度 $\overline{q}_{H\max,u}$、最大㶲效率 $\eta_{ex\max,u}$ 以及最大无因次生态学目标函数 $\overline{E}_{\max,u}$ 分别与工质和热源间热容率匹配 c 的关系，计算中高、低温侧换热器的热导率分配 u_H、u_L 始终取为最佳值。

由图 4.3.149 可知，$\overline{Q}_{H\max,u}$、$\overline{q}_{H\max,u}$ 及 $\eta_{ex\max,u}$ 与 c 均明显呈类抛物线关系，$\overline{E}_{\max,u}$ 在 c 的小范围内（如图中 $0.5 < c < 0.9$）与 c 呈不太明显的类抛物线关系，而 $\beta_{\max,u}$ 随着 c 的增加而单调减小。所以，β 作为优化目标时不存在工质和热源间热容率最优匹配，而 $\overline{Q}_H$、$\overline{q}_H$、η_{ex} 和 $\overline{E}$ 作为优化目标时存在工质和热源间热容率最优匹配值。$\overline{Q}_{H\max,u}$、$\overline{q}_{H\max,u}$、$\eta_{ex\max,u}$、$\overline{E}_{\max,u}$ 及相应的 $c_{opt,\overline{Q}_H}$、$c_{opt,\overline{q}_H}$、$c_{opt,\eta_{ex}}$、$c_{opt,\overline{E}}$ 值均随着热源热容率之比 C_L / C_H 的增大而单调递增，并且 $c_{opt,\overline{Q}_H} > C_L / C_H$，$c_{opt,\overline{q}_H} > C_L / C_H$，$c_{opt,\eta_{ex}} < C_L / C_H$，$c_{opt,\overline{E}} < C_L / C_H$。

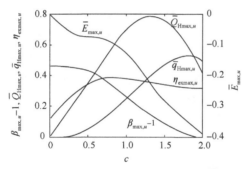

图 4.3.149　最大供热系数 $\beta_{\max,u}$、最大无因次供热率 $\overline{Q}_{H\max,u}$、最大无因次供热率密度 $\overline{q}_{H\max,u}$、最大㶲效率 $\eta_{ex\max,u}$ 以及最大无因次生态学目标函数 $\overline{E}_{\max,u}$ 与工质和热源间热容率匹配 c 的关系

4.4　小　　结

本章选定回热式空气热泵循环为研究对象，除了考虑换热器和回热器的传热损失、压缩机和透平机械的压缩和膨胀损失，还考虑了系统中管路的压力损失，得到了供热率、供热系数、供热率密度，㶲效率以及生态学目标函数与压比等主要参数间的解析关系，并且包含了许多特例情况。因此本章所得到的定性、定量结果可用以指导实际工程装置的设计、分析与优化。

　　在通过压比的选择对循环性能进行优化时，对恒温热源回热空气热泵循环而言，㶲效率优化目标比供热率、供热系数、供热率密度优化目标及生态学优化目标均更为合理；对变温热源回热空气热泵循环而言，供热率、供热率密度、㶲效率优化目标及生态学优化目标以牺牲供热系数为代价，压比应在稍大于 $\pi_{\mathrm{opt},\beta}$ 的范围内选择。

　　通过高、低温侧换热器热导率分配的优化以及工质和热源间的热容率匹配关系的协调，可以得到热导率最优分配时的各最大目标值，还可得到供热率、供热率密度，㶲效率以及生态学目标函数的双重最大值及相应的热容率最优匹配。

第5章 计算实例及结果分析

5.1 引 言

回热循环是空气热泵实际应用中的主要形式。本章将根据文献[162]所提供的空气制冷机和文献[104]所提供的空气热泵的设计参数,利用第4章的有关结论和方法对空气热泵循环进行计算,目的是通过计算,得到供热系数、供热率、供热率密度、生态学目标函数以及㶲效率的理论值与设计值的比较结果以及优化热导率分配对供热率、生态学目标函数以及㶲效率提高的相对量值,以期对前文的理论分析结果加以检验。

5.2 实例模型与设计参数

文献[162]所确定的逆布雷敦循环流程如图5.2.1所示(见文献[162]第238页)。该系统采用闭式常压回热直接吸热循环,系统中有一台 4L-20/8 型空气压缩机,两台并联的 LQ-9 涡轮冷却器。该套系统的工作流程为:从空气压缩机出来的高压空气经高温侧换热器后进入回热交换器,再进入涡轮冷却器(膨胀机);涡轮出口气流送入低温侧换热器吸热;吸热后的空气被吸入压缩机循环使用。

文献[162]先给出了循环的几个初步设计参数。

(1) 循环的工作压力范围。此类设备中循环的工作压力范围 P_k 和 P_0 值主要取决于涡轮特性,已选定 LQ-9 冷却涡轮,可取 $P_k = 0.49$ MPa(原文为 5 kg/cm^2,转换为国际单位制,下同), $P_0 = 0.098$ MPa。

(2) 小型涡轮多为冲动式,最高效率为 0.7 左右,为留有一定余量,在系统设计计算中取 $\eta_t = 0.65$。压缩机的效率按 $\eta_c = 0.7$ 计算。

(3) 回热交换器选用逆流式板翅热交换器,取 $E_R = 0.9$。

如果冬季供热所需热水及低温热源的温度分别设定为45℃和13℃,则取高、低温侧换热器出口空气温度分别为50℃和8℃。

因此,在稳定工况时,该空气热泵的热力学循环模型可抽象为恒温热源回热式空气热泵循环模型,如图5.2.2所示。

根据以上选定的参数[104,162]通过计算,确定循环中几个主要工作点的特性参数。

两台涡轮冷却器并联工作时，取压缩机出口气压：$P_k = 0.4802$ MPa。

涡轮入口气流：$T_4 = 15$ ℃，出口气流：$T_1 = 3.7$ ℃。

稳定工作时，流量：$\dot{m} = 0.183$ kg/s，单位质量工质供热量：$q_{ks} = 245.353$ kJ/kg。

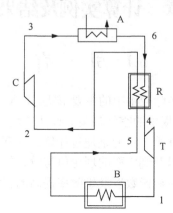

图 5.2.1　逆布雷敦循环流程

A—高温侧换热器；B—低温侧换热器；C—压缩机；

R—回热交换器；T—涡轮冷却器(膨胀机)

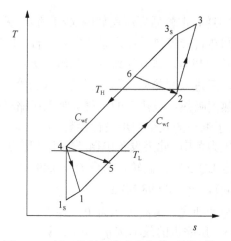

图 5.2.2　恒温热源回热式空气热泵循环模型

　　文献[162]为简化分析，没有考虑管路系统和阀门等处的压降损失(即取 $D = 1$)，并将低温侧换热器的排气温度 T_5 与低温热源温度 T_L，以及高温侧换热器出口气流温度 T_6 与热水温度 T_H 之间的传热温差预先折算在 T_L、T_H 里，即以实际的 T_5、T_6 的值作为 T_L、T_H 来进行分析和计算(见文献[162]第 49 页)，没有考虑两处热交换器有效度的影响。本书取高、低温侧换热器有效度为：$E_H = E_L = 0.9$，在此基础上，分别计算出工质在高、低温侧换热器出口处的温度 T_6、T_5。然后进一步对换热器进行优化，得到空气热泵的最优性能。

综上所述，设计参数如表 5.2.1 所示。

表 5.2.1　设计参数

压缩机进口压力 P_2 /MPa	0.098	压缩机出口压力 P_3 /MPa	0.4802
涡轮冷却器进口温度 T_4 /℃	15	涡轮冷却器出口温度 T_1 /℃	3.7
低温侧换热器排气温度 T_5 /℃	8.8	高温侧换热器出口温度 T_6 /℃	72
涡轮冷却器效率 η_t	0.65	压缩机效率 η_c	0.7
工质流量 $\dot{m}$ /(kg/s)	0.183	单位质量工质供热量 q_{ks}/(kJ/kg)	245.353
空气绝热指数 k	1.4	空气定压比热 c_p /[kJ/(kg·K)]	1.008
空气气体常数 R /[kJ/(kg·K)]	0.287	高、低温换热器及回热器的有效度 E_H、E_L、E_R	$E_H = E_L = E_R = 0.9$

5.3　计算结果与分析

由 5.2 节所给设计参数，可得到工质的热容率 $C_{wf} = \dot{m} \cdot c_p = 0.1845\text{kW/K}$，空气热泵的供热率为：$Q_H = \dot{m} \cdot q_{ks} = 44.9 \text{ kW}$。

将上述给定值代入式 (4.2.5) 和式 (4.2.10) 可得到压缩机的进口处 (图 5.2.2 中的 2 点) 气流温度 $T_2 = 65.7$℃ 及涡轮冷却器进口处气流温度 $T_4 = 15.1$℃；2 点即为整个循环中工质比容最大点，由理想气体状态方程 $pv = RT$ 可计算出该点比容 $v_2 = 0.992 \text{ m}^3/\text{kg}$。故该套热泵装置在上述给定设计参数下工作时，其供热率密度 ($q_H = Q_H / v_2$) 为 $q_H = 45.26 \text{ kW·kg/ m}^3$。

由式 (4.2.3) 计算得到：$T_3 = 315.4$℃，高温热源温度 $T_H = 45$℃；又由式 (4.2.4) 可计算出低温热源温度 $T_L = 13$℃，取环境温度 $T_0 = T_L = 13$℃。

将高、低温侧换热器和回热器有效度值 E_H、E_L、E_R 及工质热容率值 C_{wf} 代入式 (4.2.6) 和式 (4.2.7) 中可求出高、低温侧换热器和回热器的热导率分别为

$U_H = 0.4248 \text{ kW/K}$；$U_L = 0.4248 \text{ kW/K}$；$U_R = 1.6605 \text{ kW/K}$

则总热导率为

$$U_T = U_H + U_L + U_R = 2.5101 \text{ kW/K}$$

在总热导率一定的情况下，根据式 (4.2.17)、式 (4.2.18)、式 (4.2.20)、式 (4.2.24) 和式 (4.2.26) 求 U_H、U_L、U_R 间的最优分配，分别得到一定压缩机压比下的最大供热系数、最大供热率、最大供热率密度、最大㶲效率和最大生态学目标函数。

优化的结果，反映在高、低温侧换热器热导率 U_H、U_L 和 U_R 的最佳值上，相对应有换热器和回热器有效度 E_H、E_L 和 E_R 的最佳值，具体结果见表 5.3.1。

表 5.3.1　优化结果

优化目标		供热系数	供热率 /kW	供热率密度 /(kW·kg/m³)	㶲效率	生态学 目标函数 /kW
优化目标最大值		1.3336	55.7650	59.9881	0.1342	−21.7288
优化前理论值		1.2869	50.4477	50.8545	0.1295	−29.0460
设计值		1.1854	44.9000	45.2621	0.1192	−28.8442
优化前后相对增量/%		3.63	10.54	17.9603	3.63	25.19
优化目标最大时对应其余目标的数值	供热系数	—	46.2235	50.4356	0.1342	−25.3546
	供热率/kW	1.3233		50.6401	0.1332	−26.4234
	供热率密度/(kW·kg/m³)	1.3189	46.3718	—	0.1327	−25.8259
	㶲效率	1.3336	46.2235	50.4356	—	−25.3546
	生态学目标函数/kW	0	0	0	0	—
优化目标最大时换热器有效度最佳值	高温侧换热器	0.9947	0.9667	0.9667	0.9947	0
	低温侧换热器	0.9812	0.9667	0.9989	0.9812	1
	回热器	0.8149	0.8718	0.7728	0.8149	0
优化目标最大时，循环最大比容/(m³/kg)		0.9301	0.9412	0.9296	0.9301	—

从该表可以看出，在通过热导率分配的优化对该热泵装置进行性能优化时，以供热系数、供热率、供热率密度及㶲效率作为优化目标均可以得到合理的优化结果，而生态学优化目标所得结果并不合理。对比几个不同优化目标的优化效果可知，供热率密度优化目标在优化前后相对增量最大，并可以得到最小的最大循环比容(0.9296m³/kg，比其他四个优化目标最大时所对应的最大比容均小)，可见供热率密度优化目标可以缩小热泵装置的体积；当环境温度取为低温热源温度时，对于恒温热源来说，㶲效率优化目标与供热系数优化目标优化效果一致，选取㶲效率或供热系数作为优化目标对循环进行优化，可以使该供热装置得到较大的供热率(46.2235kW，与循环最大供热率差别不大)，较大的供热率密度(50.4356kW，与循环最大供热率密度差别不大)，较大的生态学目标函数(−25.3546kW，比最大

供热率对应的生态学目标函数大），显然，在通过热导率分配的优化对该循环进行性能优化时，㶲效率优化目标要优于供热率优化目标，这与 4.2.7.1 节中分析所得结论一致。

因此，在进行实际空气热泵设计时，在现行设备的可选范围内，应尽量使换热器、回热器的有效度接近理论的最佳值，这样，一方面可以提高循环的性能，另一方面也可以减少设备资源的投入。

第6章 全书总结

随着空气热泵重新进入人们的视野,对空气热泵循环从理论上加以深入研究,以更好地提高热泵装置的性能,服务大众,正成为一个新的比较活跃的领域。

本书在全面系统地了解和总结空气热泵循环经典热力学和有限时间热力学理论及其应用研究现状的基础上,对恒温和变温热源,内可逆和不可逆,简单和回热式空气热泵循环的性能做了系统的分析和优化。分别以供热系数、供热率、供热率密度、㶲效率和生态学目标函数为优化目标,用有限时间热力学的方法,通过压缩机压比的选择,传热的优化以及变温热源条件下工质和热源间热容率匹配的优化,将供热率密度优化、㶲效率优化、生态学优化和传统的供热率及供热系数优化结果进行了全面的分析比较,分析结果表明,各类空气热泵由于不同优化目标的选取均会表现出不同的性能特性,同时,还将理论分析结果与实际装置的工程计算结果进行了比较。

本书的工作为更深入的研究空气热泵循环,以及更好地指导实际空气热泵的设计打下了基础。本书的主要内容和基本结论如下。

建立了恒温和变温条件下内可逆和不可逆、简单和回热式空气热泵循环模型,导出了各种模型循环的供热率、供热系数、供热率密度、㶲效率、生态学目标函数与压缩机压力比以及各种不可逆参数间的解析式,探讨了不同优化目标下、不同损失项下的一般性能和最优性能,并对不同目标下的优化结果进行比较分析,得到如下结论。

(1) 在通过压比的选择对循环性能进行优化时,对恒温和变温内可逆简单空气热泵循环而言,生态学优化目标可同时兼顾供热率和供热率密度及供热系数,是一种最优的折中备选方案;对于恒温热源情况,不可逆简单和回热式空气热泵循环的㶲效率优化目标均比供热率、供热系数、供热率密度优化目标及生态学优化目标更为合理;对变温热源而言,不可逆简单和回热式空气热泵循环的供热率、供热率密度、㶲效率优化目标及生态学优化目标均以牺牲供热系数为代价,压比应在稍大于 $\pi_{\mathrm{opt},\beta}$ 的范围内选择。

(2) 通过优化高、低温侧换热器以及回热器(回热循环)热导率分配,可以得到循环的最优性能,热导率的最优分配将使一定供热率下的换热器尺寸最小化,供热率密度优化也可以使空气热泵的尺寸减小,兼顾了经济性。

①对恒温及变温热源($C_{\mathrm{L}} / C_{\mathrm{H}} =1$)的内可逆空气热泵来说,以供热率、生态

学目标函数或者㶲效率作为优化目标，所得的解析解是一致的，即 $u_{\mathrm{opt},\bar{Q}_{\mathrm{H}}} = u_{\mathrm{opt},\eta_{\mathrm{ex}}} = u_{\mathrm{opt},\bar{E}} = 0.5$，选取供热率密度为热力优化目标，所得的解析解与前三种优化目标不同，即 $u_{\mathrm{opt},\bar{q}_{\mathrm{H}}} > 0.5$。

②对恒温热源不可逆空气热泵循环而言，以供热率、供热率密度、供热系数、㶲效率作为优化目标，其优化结果基本一致，而生态学优化目标并不合适；对变温热源不可逆简单空气热泵循环而言，供热率和供热率密度作为优化目标、供热系数和㶲效率以及生态学目标函数作为优化目标的优化结果基本一致。

③对恒温热源回热式空气热泵循环而言，以供热系数、供热率、供热率密度以及㶲效率作为优化目标，都可以得到合理的优化结果，且一般情况下㶲效率优化目标要优于供热率优化目标，而生态学优化目标不合适；对变温热源回热式空气热泵循环而言，只有以供热系数、供热率、供热率密度作为优化目标，才可以在热力参数较宽的取值范围内得到合理的优化结果，而以㶲效率及生态学目标函数作为优化目标只在空气热泵热力参数很窄的取值范围内得到合理的优化结果，所以㶲效率及生态学目标函数作为优化目标都不合适。

(3) 对于变温热源，通过协调工质和热源间的热容率匹配，也可以得到循环的最优性能。在高、低温热源热容率之比一定的条件下，对变温热源条件下，内可逆简单、不可逆简单和回热式空气热泵循环而言，分别存在最佳的工质和热源间热容率匹配使得供热率、供热率密度、㶲效率和生态学目标函数取得双重最大值。

(4) 分析了温比、工质热容率、压力恢复系数及压缩机和膨胀机效率(不可逆循环)、换热器有效度、回热器有效度(回热循环)、总热导率等参数对循环性能的影响。

①热源进口温比：对各种空气热泵循环而言，供热系数、供热率和供热率密度均随温比的增大而减小，而㶲效率和生态学目标函数随温比的变化规律与循环的类型有关。

②高温热源与外界环境温度之比：对各种空气热泵循环而言，供热系数、供热率和供热率密度均与高温热源与外界环境温度之比无关，而㶲效率和生态学目标函数随高温热源与外界环境温度之比的增高而增大。

③工质热容率：对恒温内可逆空气热泵循环，供热率和生态学目标函数随工质热容率的增大而增大，供热率密度随工质热容率的增大而减小，而供热系数和㶲效率与工质热容率无关；对恒温不可逆及恒温回热空气热泵循环，供热系数、供热率、供热率密度、㶲效率和生态学目标函数均随工质热容率的增大而减小；对于变温空气热泵循环，供热率、供热率密度、㶲效率和生态学目标函数均与工质热容率呈类抛物线关系，而供热系数随着工质热容率的增加而单调减小。

④压力恢复系数及压缩机和膨胀机效率(不可逆循环)：供热率和供热率密度均随压力恢复系数及压缩机和膨胀机效率的增大而减小，而供热系数、烟效率和生态学目标函数均随压力恢复系数及压缩机和膨胀机效率的增大而增大。

⑤换热器有效度、回热器有效度(回热循环)：对恒温内可逆空气热泵循环，供热率、供热率密度和生态学目标函数均随换热器有效度的增大而增大，而供热系数和烟效率与换热器有效度无关；对变温内可逆空气热泵循环，供热率、供热率密度、烟效率和生态学目标函数均随换热器有效度的增大而增大，而供热系数与换热器有效度无关；对恒温和变温不可逆空气热泵循环，供热系数、供热率、供热率密度和烟效率均随换热器有效度的增大而增大，对恒温不可逆空气热泵循环，生态学目标函数随换热器有效度的增大而减小，对变温不可逆空气热泵循环，生态学目标函数随换热器有效度的增大而增大；对恒温回热空气热泵循环，供热系数和烟效率均随换热器有效度和回热器有效度的增大而增大，供热率随换热器有效度的增大而减小，随回热器有效度的增大而增大，供热率密度在压比较小时，随换热器有效度和回热器有效度的增大而增大，在压比较大时，随换热器有效度和回热器有效度的增大而减小，而生态学目标函数随换热器有效度的增大而增大，在压比较小时，随回热器有效度的增大而增大，在压比较大时，随回热器有效度的增大而减小；对变温回热空气热泵循环，供热系数和供热率密度均随换热器有效度的增大而增大，供热率随换热器有效度的增大而减小，烟效率和生态学目标函数均随换热器有效度的变化而变化复杂，供热系数、供热率、供热率密度、烟效率和生态学目标函数均随回热器有效度的增大而增大。

⑥总热导率：对各种空气热泵循环而言，供热率随总热导率的增大而增大；对内可逆空气热泵循环，供热系数与总热导率无关，对其他空气热泵循环，供热系数随总热导率的增大而增大；对变温不可逆空气热泵循环，供热率密度随总热导率的增大而减小，对其他空气热泵循环，供热率密度随总热导率的增大而增大；对内可逆空气热泵循环，烟效率与总热导率无关，对其他空气热泵循环，烟效率随总热导率的增大而增大；对恒温不可逆空气热泵循环，生态学目标函数与总热导率呈类抛物线关系，对恒温回热空气热泵循环，生态学目标函数作为优化目标不合适，而对其他空气热泵循环，生态学目标函数随总热导率的增大而增大。

本书所得结果可以为实际空气热泵设计时压比、温比、工质热容率等参数的选择和热导率总量的控制提供理论指导。

参 考 文 献

[1] Carnot S. Reflections on the Motive of Fire[M]. Paris: Bachelier, 1824.

[2] Novikov I I. The efficiency of atomic power stations（a review）[J]. Atommaya Energiya, 1957, 3（11）: 409-419. (in English translation, J. Nuclear Energy, 1958, 7（1-2）: 125-128.）

[3] Chambadal P. Les Centrales Nucleases[M]. Paris: Armand Colin, 1957: 41-58.

[4] Curzon F L, Ahlborn B. Efficiency of a Carnot engine at maximum power output[J]. Am. J. Phys., 1975, 43（1）: 22-24.

[5] Andresen B, Berry R S, Nitzan A, et al. Thermodynamics in finite time: The step-Carnot cycle[J]. Phys. Rev. A, 1977, 15（5）: 2086-2093.

[6] Andresen B, Berry R S, Ondrechen M J, et al. Thermodynamics for processes in finite time[J]. Acc. Chem. Res., 1984, 17（4）: 266-271.

[7] Andresen B, Salamon P, Berry R S. Thermodynamics in finite time[J]. Phys. Today, 1984（Sept.）: 62-70.

[8] Hoffmann K H, Burzler J M, Schubert S. Endoreversible thermodynamics[J]. J. Non-Equilib. Thermodyn., 1997, 22（4）: 311-355.

[9] Bejan A. Entropy Generation through Heat and Fluid Flow[M]. New York: Wiley, 1982.

[10] Bejan A. Entropy Generation Minimization[M]. New York: Wiley, 1996.

[11] Bejan A. Entropy generation minimization: The new thermodynamics of finite-size devices and finite-time processes[J]. J. Appl. Phys., 1996, 79（3）: 1191-1218.

[12] Andresen B. Finite-Time Thermodynamics[D]. Copenhagen: Physics Laboratory II, University of Copenhagen, 1983.

[13] 陈林根.不可逆过程和循环的有限时间热力学分析[M]. 北京: 高等教育出版社, 2005.

[14] Sieniutycz S, Salamon P. Advances in Thermodynamics. Volume 4: Finite Time Thermodynamics and Thermoeconomics[M]. New York: Taylor & Francis, 1990.

[15] 陈林根, 孙丰瑞, 陈文振. 有限时间热力学研究新进展[J]. 自然杂志, 1992, 15（4）: 249-253.

[16] Bejan A. Engineering advances on finite-time thermodynamics[J]. Am. J. Phys., 1994, 62（1）: 11-12.

[17] 陈金灿, 严子浚. 有限时间热力学理论的特征及发展中几个重要标志[J]. 厦门大学学报(自然科学版), 2001, 40(2): 232-241.

[18] Bejan A. Method of entropy generation minimization, or modeling and optimization based on combined heat transfer and thermodynamics[J]. Rev. Gen. Therm., 1996, 35（418/419）: 637-646.

[19] Andresen B. Finite-time thermodynamics and thermodynamic length[J]. Rev. Gen. Therm., 1996, 35（418/419）: 647-650.

[20] Bejan A. Notes on the history of the method of entropy generation minimization（finite time thermodynamics）[J]. J. Non-Equilib. Thermodyn., 1996, 21（3）: 239-242.

[21] Bejan A. Fundamental optima in thermal science[J]. Int. J. Mech. Engng. Edu., 1997, 25（1）: 33-47.

[22] 陈林根, 孙丰瑞, Wu Chih. 有限时间热力学理论和应用的发展现状[J]. 物理学进展, 1998, 18（4）: 395-416.

[23] Chen L, Wu C, Sun F. Finite time thermodynamic optimization or entropy generation minimization of energy systems[J]. J. Non-Equibri. Thermodyn., 1999, 24（4）: 327-359.

[24] Wu C, Chen L, Chen J. Recent Advances in Finite Time Thermodynamics[M]. New York: Nova Science Publishers, 1999.

[25] Berry R S, Kazakov V, Sieniutycz S, et al. Thermodynamic Optimization of Finite-Time Processes[M]. New York: John Wiley & Sons, LTD, 1999.

[26] 陈林根, 孙丰瑞, Wu Chih. 有限时间过程和有限尺寸装置热动力学[J]. 自然杂志, 1999, 21 (5): 275-278.

[27] Chen L , Sun F. Advances in Finite Time Thermodynamics: Analysis and Optimization[M]. New York: Nova Science Publishers, 2004.

[28] Durmayaz A, Sogut O S, Sahin B,et al. Optimization of thermal systems based on finite-time thermodynamics and thermoeconomics[J]. Progress Energy Combus. Sci., 2004, 30 (2): 175-217.

[29] Bejan A. Entropy generation minimization, exergy analysis, and the constructal law[J]. Ara. J. Sci. Eng., 2013, 38 (2): 329-340.

[30] Winterbone D E , Turan A. Advanced Thermodynamics for Engineers [M]. 2nd ed. London: Elsevier, 2015.

[31] Andresen B. Current trends in finite-time thermodynamics[J]. Angewandte Chemie Int. Edition, 2011, 50 (12): 2690-2704.

[32] Feidt M. Thermodynamics of energy systems and processes: A review and perspectives[J]. J. Applied Fluid Mechanics, 2012, 5 (2): 85-98.

[33] Petrescu S, Costea M. Development of Thermodynamics with Finite Speed and Direct Method[M]. Bucuresti: Editura AGIR, 2012.

[34] Sieniutycz S, Jezowski J. Energy Optimization in Process Systems and Fuel Cells[M]. Oxford: Elsevier, 2013.

[35] Giannetti N, Rocchetti A , Saito K. Thermodynamic optimization of three-thermal irreversible systems[J]. Int. J Heat Technol., 2016, 34 (1): 83-90.

[36] Stitou D , Spinner B. A new realistic characteristics of real energy conversion process: A contribution of finite size thermodynamics[J]. Heat Transfer Engineering, 2005, 26 (5): 66-72.

[37] Bejan A. Constructal thermodynamics[J]. Int. J. Heat and Technology, 2016, 34 (Special Issue 1): S1-S8.

[38] Salamon P , Nitzan A. Finite time optimization of a Newton's law Carnot cycle[J]. J. Chem. Phys., 1981, 74 (6): 3546-3560.

[39] Chen L, Li J , Sun F. Generalized irreversible heat-engine experiencing a complex heat-transfer law[J]. Applied Energy, 2008, 85 (1): 52-60.

[40] Band Y B, Kafri O , Salamon P. Finite time thermodynamics: Optimal expansion of a heated working fluid[J]. J. Appl. Phys., 1982, 53 (1): 8-28.

[41] 丁泽民, 陈林根, 王文华,等. 三类微型能量转换系统有限时间热力学性能优化的研究进展[J]. 中国科学: 技术科学, 2015, 45 (9): 889-918.

[42] Feidt M, Costea M, Petre C,et al. Optimization of direct Carnot cycle[J]. Appl. Thermal Engng., 2007, 27 (5-6): 829-839.

[43] Vaudrey A V, Lanzetta F , Feidt M H B. Reitlinger and the origins of the efficiency at maximum power formula for heat engines[J]. J. Non-Equilibrium Thermodynamics, 2014, 39 (4): 199-204.

[44] Bejan A. Theory of heat transfer-irreversible power plants. Ⅱ. The optimal allocation of heat exchange equipment[J]. Int. J. Heat Mass Transfer, 1995, 38 (3): 433-444.

[45] Ge Y, Chen L , Sun F. Progress in finite time thermodynamic studies for internal combustion engine cycles[J]. Entropy, 2016, 18 (4): 139.

[46] Le Roux W G, Bello-Ochende T, Meyer J P. A review on the thermodynamic optimisation and modelling of the solar thermal Brayton cycle[J]. Renewable and Sustainable Energy Reviews, 2013, 28: 677-690.

[47] 王文华, 陈林根, 戈延林, 等. 燃气轮机循环有限时间热力学研究新进展[J]. 热力透平, 2012, 41(3): 171-178.

[48] Ngouateu W P A, Tchinda R. Finite-time thermodynamics optimization of absorption refrigeration systems: A review[J]. Renewable and Sustainable Energy Reviews, 2013, 21(5): 524-536.

[49] Sarkar J. A review on thermodynamic optimization of irreversible refrigerator and verification with transcritical CO_2 system[J]. Int. J. Thermodynamics, 2014, 17(2): 71-79.

[50] Saha B B, Chakraborty A, Koyama S, et al. Thermodynamic formalism of minimum heat source temperature for driving advanced adsorption cooling device[J]. Applied Physics Letters, 2007, 91(11): 111902.

[51] Feidt M. Evolution of thermodynamic modelling for three and four heat reservoirs reverse cycle machines: A review and new trends[J]. Int. J. Refrigeration, 2013, 36(1): 8-23.

[52] Ahmadi M H, Ahmadi M A, Sadatsakkak S A. Thermodynamic analysis and performance optimization of irreversible Carnot refrigerator by using multi-objective evolutionary algorithms (MOEAs)[J]. Renewable and Sustainable Energy Reviews, 2015, 51: 1055-1070.

[53] Feidt M. Thermodynamics applied to reverse cycle machines, a review[J]. Int. J. Refrigeration, 2010, 33(7): 1327-1342.

[54] Sarkar J, Bhattacharyya S. Overall conductance and heat transfer area minimization of refrigerators and heat pumps with finite heat reservoirs[J]. Energy Conversion and Management, 2007, 48(3): 803-808.

[55] Radcenco V. Generalized Thermodymics[M]. Bucharest: Editura Techica, 1994 (in English).

[56] Bejan A. Shape and Structure, from Engineering to Nature[M]. Cambridge: Cambridge University Press, 2000.

[57] 毕月虹, 陈林根. 不可逆联合制冷循环的重要设计参数[J]. 低温与特气, 1998 (4): 34-38.

[58] Chen L, Bi Y, Sun F, et al. A generalized model of combined refrigeration plant and its performance[J]. Revue Générale de Thermique (Int. J. Thermal Science), 1999, 38(8): 712-718.

[59] Chen L, Bi Y, Wu C. A generalized model of a combined heat pump cycle and its performance[M] // Wu C, Chen L, Chen J. Recent Advances in Finite Time Thermodynamics. New York: Nova Science Publishers, 1999: 525-540.

[60] Chen L, Bi Y, Sun F, et al. Performance optimization of a combined heat pump cycle[J]. Open System & Information Dynamics, 2003, 10(4): 377-389.

[61] Bi Y, Chen L, Wu C, et al. Effect of heat transfer on the performance of thermoelectric heat pumps[J]. J. Non-Equibri. Thermodyn., 2001, 26(1): 41-51.

[62] Bi Y, Chen L, Wu C. Ecological optimization of an endoreversible three-heat reservoir refrigerator[M] // Chen L, Sun F. Advances in Finite Time Thermodynamics: Analysis and Optimization. New York: Nova Science Publishers, 2004: 69-76.

[63] Chen L, Bi Y, Wu C. Unified description of endoreversible cycles for another linear heat transfer law[J]. Int. J. Energy, Environment & Economics, 1999, 9(2): 77-93.

[64] Chen L, Bi Y, Wu C. Influence of nonlinear flow resistance relation on the power and efficiency from fluid flow[J]. J. Phys. D: Appl. Phys., 1999, 32(12): 1346-1349.

[65] Bejan A. Maximum power from fluid flow[J]. Int. J. Heat Mass Transfer, 1996, 39(6): 1175-1181.

[66] Dieckmann J T, Erickson A J, Harvey A C, et al. Research and Development of an Air-cycle Heat Pump Water Heater[R]. DOE Final Report, 1979, ORNL/Sub-7226/1: 1-341.

[67] Kovach J L. Utilization of the Brayton cycle heat pump for solvent recovery[C]. The USDOE Industrial Solvent Recycling Conference, Charlotte, N.C., 1990, NUCON286: 1-8.

[68] 加藤聪. 采用空气循环制冷机的 ICE 客车用空调[J]. 国外铁道车辆, 2003, 40(4): 21-24.

[69] Spence S W T, Doran W J, Artt D W. Design, construction and testing of an air-cycle refrigeration system for road transport [J]. Int. J. Refrigeration, 2004, 27(5): 503-510.

[70] Spence S W T, Doran W J, Artt D W, et al. Performance analysis of a feasible air-cycle refrigeration system for road transport [J]. Int. J. Refrigeration, 2004, 28(3): 381-388.

[71] 杜建通. 空气制冷循环的特性及其在制冷空调中应用的关键技术[J]. 低温与特气, 1998, 27(3): 33-39.

[72] 张迎迎, 杨永, 陈艳华, 等. 空气制冷机在列车空调中的应用分析[J]. 制冷技术, 2009, 37(5): 57-65.

[73] 杨山举, 陈兴亚, 张兴群, 等. 逆布雷顿空气制冷机透平膨胀特性研究[J]. 工程热物理学报, 2016, 37(2): 245-249.

[74] Goodarzi M, Kiasat M, Khalilidehkordi E. Performance analysis of a modified regenerative Brayton and inverse Brayton cycle[J]. Energy, 2014, 72(7): 35-43.

[75] 张佩兰, 郭宪民, 郭晓辉, 等. 二级回热低温空气制冷系统性能实验研究[J]. 低温工程, 2016, 210(2): 45-49.

[76] 郭宪民, 张森林, 赵硕, 等. 回热器对低温空气制冷系统性能影响的实验研究[J]. 热科学与技术, 2014, 13(3): 255-259.

[77] Zhang C, Yuan H, Cao X. New insight into regenerated air heat pump cycle[J]. Energy, 2015, 91: 226-234.

[78] Zhang Z, Liu S, Tian L. Thermodynamic analysis of air cycle refrigeration system for Chinese train air conditioning[J]. Syst. Eng. Procedia, 2011, 1(12): 16-22.

[79] 张振迎, 廖胜明. 实际逆布雷顿空气制冷循环的性能研究[J]. 低温与超导, 2007, 35(6): 523-526.

[80] Galea M, Sant T. Coupling of an offshore wind-driven deep sea water pump to an air cycle machine for large-scale cooling applications[J]. Renewable Energy, 2016, 88: 288-306.

[81] 蔡君伟, 孙皖, 李斌, 等. –150℃逆布雷顿空气制冷机动态温降特性研究[J]. 西安交通大学学报, 2013, 47(3): 60-63.

[82] 赵祥雄, 孙皖, 刘炅辉, 等. 逆布雷顿空气制冷机动态降温特性数值研究[J]. 低温工程, 2013, 192(2): 46-51.

[83] Park S K, Ahn J H, Kim T S. Off-design operating characteristics of an open cycle air refrigeration system[J]. Int. J. Refrig., 2012, 35(8): 2311-2320.

[84] Nóbrega C E L, Sphaier L A. Desiccant-assisted humidity control for air refrigeration cycles[J]. Int. J. Refrig., 2013, 36(4): 1183-1190.

[85] Giannetti N, Milazzo A. Thermodynamic analysis of regenerated air-cycle refrigeration in high and low pressure configuration[J]. Int. J. Refrig., 2014, 40(3): 97-110.

[86] 张亚青, 杜芳莉, 雒新峰. 回热式空气制冷系统热力学分析[J]. 制冷与空调, 2013, 27(3): 316-318.

[87] 林比宏, 杨宇霖, 陈金灿. 回热式布雷顿制冷循环的性能优化[J]. 制冷学报, 2006, 27(1): 53-57.

[88] Chen L, Zhou S, Sun F, et al. Performance of heat-transfer irreversible regenerated Brayton refrigerators[J]. J. Phys. D: Appl. Phys., 2001, 34(5): 830-837.

[89] Luo J, Chen L, Sun F, et al. Optimum allocation of heat exchanger inventory of irreversible air refrigeration cycles[J]. Physica Scripta, 2002, 65(5): 410-415.

[90] Zhou S, Chen L, Sun F, et al. Theoretical optimization of a regenerated air refrigerator[J]. J. Phys. D: Appl. Phys., 2003, 36(18): 2304-2311.

[91] Chen L, Sun F, Wu C. Optimum allocation of heat exchanger area for refrigeration and air conditioning plants[J]. Applied Energy, 2004, 77(3): 339-354.

[92] Tu Y, Chen L, Sun F, et al. Cooling load and coefficient of performance optimization for real air refrigerators[J]. Applied Energy, 2006, 83(12): 1289-1306.

[93] Tu Y, Chen L, Sun F , et al. Optimization of cooling load and coefficient of performance for real regenerated air refrigerator[C]. Proceedings IMechE, Part E: Journal of Process Mechanical Engineering, 2006, 220(4): 207-215.

[94] 张春路, 袁晗. 空气制冷循环最优性能解析[J]. 同济大学学报(自然科学版), 2015, 43(5): 765-770.

[95] Streit J R, Razani A. Second-law analysis and optimization of reverse brayton cycles of different configurations for cryogenic applications[C]. AIP Conf. Proc., Spokane, Washington, USA, 2012, 1434(5):1140-1148.

[96] Streit J R, Razani A. Thermodynamic optimization of reverse Brayton cycles of different configurations for cryogenic applications[J]. Int. J. Refrigeration, 2013, 36(5): 1529-1544.

[97] Besarati S M, Atashkari K, Jamali A, et al. Multi-objective thermodynamic optimization of combined Brayton and inverse Brayton cycles using genetic algorithms[J]. Energy Conversion and Management, 2010, 51(1): 212-217.

[98] 张万里, 罗京, 陈林根. 开式简单布雷顿制冷循环热力学优化-热力学建模[J]. 电力与能源, 2015, 36(2): 164-168.

[99] 张万里, 罗京, 陈林根. 开式简单布雷顿制冷循环热力学优化-性能优化[J]. 电力与能源, 2015, 36(2): 169-173.

[100] Heikkinen M A, Lampinen M J , Tamasy-Bano M. Thermodynamic analysis and optimization of the Brayton process in a heat recovery system of paper machines[J]. Heat Recovery Systems and CHP, 1993, 13(2): 123-131.

[101] Angelino G , Invernizzi C. Prospects for real-gas reversed Brayton cycle heat pumps[J]. Int. J. Refrig.,1995, 18(4): 272-280.

[102] Fleming J S, van der Wekken B J C, Mcgovern J A,et al. Air cycle cooling and heating, Part 1: A realistic appraisal and a chosen application[J]. Int. J. Energy Res., 1998, 22 (7): 639-655.

[103] Fleming J S, Li L , van der Wekken B J C. Air cycle cooling and heating, Part 2: A mathematical model for the transient behaviour of fixed matrix regenerators[J]. Int. J. Energy Res., 1998, 22 (5): 463-476.

[104] Braun J E, Bansal P K , Groll E A. Energy efficiency analysis of air cycle heat pump dryers[J]. Int. J. Refrig., 2002, 25 (7): 954-965.

[105] Foster A M, Brown T, Gigiel A J, et al. Air cycle combined heating and cooling for the food industry[J]. Int. J. Refrig., 2011, 34(5): 1296-1304.

[106] Yang L, Yuan H, Peng J,et al. Performance modeling of air cycle heat pump water heater in cold climate[J]. Renewable Energy, 2016, 87: 1067-1075.

[107] Yuan H , Zhang C. Regenerated air cycle potentials in heat pump applications[J]. Int. J. Refrig., 2015, 51(5): 1-11.

[108] Zhang C , Yuan H. An important feature of air heat pump cycle: heating capacity in line with heating load[J]. Energy, 2014, 72(7): 405-413.

[109] White A J. Thermodynamic analysis of the reverse Joule-Brayton cycle heat pump for domestic heating[J]. Appl. Energy, 2009, 86(11): 2443-2450.

[110] Guo J C, Cai L, Chen J C, et al. Performance evaluation and parametric choice criteria of a Brayton pumped thermal electricity storage system[J]. Energy, 2016, 113: 693-701.

[111] Wang X , Yuan X. Reuse of condensed water to improve the performance of an air-cycle refrigeration system for transport applications[J]. Appl. Energy, 2007, 84(9): 874-881.

[112] 张万里, 陈林根, 韩文玉, 等. 正反向布雷顿循环有限时间热力学分析与优化研究进展[J]. 燃气轮机技术, 2012, 25(2): 1-11.

[113] Zhang W, Chen L , Sun F. Power and efficiency optimization for combined Brayton and inverse Brayton cycles[J]. Applied Thermal Engineering, 2008, 222(3): 393-403.

[114] Zhang W, Chen L, Sun F. Thermodynamic optimization principle for open inverse Brayton cycle (refrigeration/heat pump cycle)[J]. Sci. Iran., 2012, 19(6): 1638-1652.

[115] Zhang W, Chen L, Sun F. Thermodynamic optimization for open regenerated inverse Brayton cycle (refrigeration/heat pump cycle). Part 1: Thermodynamic modeling[J]. J. Energy Inst., 2012, 85(2): 86-95.

[116] Zhang W, Chen L, Sun F. Thermodynamic optimization for open regenerated inverse Brayton cycle (refrigeration/heat pump cycle) part 2:Performance optimization[J]. J. Energy Inst., 2012, 85(2): 96-102.

[117] Ahmadi M H, Ahmadi M A, Pourfayaz F,et al. Thermodynamic analysis and optimization for an irreversible heat pump working on reversed Brayton cycle[J]. Energy Conversion and Management, 2016, 110: 260-267.

[118] Sahin B, Kodal A, Yavuz H. Maximum power density analysis of an endoreversible Carnot heat engine[J]. Energy, The Int. J., 1996, 21(10): 1219-1225.

[119] Sahin B, Kodal A, Yilmaz T. Maximum power density analysis of an irreversible Joule-Brayton engine[J]. J. Phys. D: Appl. Phys., 1996(29): 1162-1167.

[120] Maheshwari G, Khandwawala A I, Kaushik S C. Maximum power density analysis for an irreversible radiative heat engine[J]. Int. J. Ambient Energy, 2005, 26(2): 71-80.

[121] Chen L, Wang J, Sun F,et al. Power density optimization of an endoreversible closed variable-temperature heat reservoir intercooled regenerated Brayton cycle[J]. Int. J. Ambient Energy, 2006, 27(2): 99-112.

[122] Maheshwari G, Mehta A, Chaudhary S,et al. Performance comparison of an irreversible closed variable temperature heat reservoir Carnot engine under maximum power density and maximum power conditions[J]. Int. J. Ambient Energy, 2006, 27(2): 65-77.

[123] Yavuz H, Erbay L B. General performance Characteristics of an Ericsson refrigerator[C]. ECOS98, Nancy, France:565-571.

[124] Erbay L B, Yavuz H. The maximum cooling density of a realistic Stirling refrigerator[J]. J. Phys. D: Appl. Phys., 1998, 31(3): 291-293.

[125] Zhou S, Chen L, Sun F,et al. Cooling load density analysis and optimization for an endoreversible air refrigerator[J]. Open Systems & Information Dynamics, 2001, 8(2): 147-155.

[126] Zhou S, Chen L, Sun F,et al. Cooling load density characteristics of an endoreversible variable-temperature heat reservoir air refrigerator[J]. Int. J. Energy Research, 2002, 26(10): 881-892.

[127] Zhou S, Chen L, Sun F,et al. Cooling load density optimization of an irreversible simple Brayton refrigerator[J]. Open System & Information Dynamics, 2002, 9(4): 325-337.

[128] Zhou S, Chen L, Sun F,et al. Cooling-load density optimization for a regenerated air refrigerator[J]. Applied Energy, 2004, 78(3): 315-328.

[129] Erbay L B, Yavuz H. Maximum heating density of a Stirling heat pump[C]. ECOS98, Nancy, France: 533-539.

[130] Bejan A. Fundamentals of exergy analysis, entropy generation minimization, and the generation of flow architecture[J]. Int. J. Energy Research, 2002, 26(7): 545-565.

[131] Bejan A, Tsatsaronis G, Moran M J. Thermal Design and Optimization[M]. New York: John Wiley and Sons, 1996.

[132] Moran M J, Shapiro H N. Fundamentals of Engineering Thermodynamics[M]. New York: John Wiley and Sons, 2000.

[133] 沈维道, 蒋智敏, 童钧耕. 工程热力学[M]. 北京: 高等教育出版社, 2001.

[134] Chen C K , Su Y F. Exergetic efficiency optimization for an irreversible Brayton refrigeration cycle[J]. Int. J. Thermal Science, 2005, 44(3):303-310.

[135] 屠友明，陈林根，孙丰瑞. 基于㶲分析的内可逆简单空气制冷循环性能优化[J]. 制冷, 2005, 24(4): 5-11.

[136] Tu Y, Chen L, Sun F,et al. Comparative performance analysis for endoreversible simple air refrigeration cycles considering ecological, exergetic efficiency and cooling load objectives[J]. Int. J. Ambient Energy, 2006, 27(3): 160-168.

[137] Chen L, Tu Y , Sun F. Exergetic efficiency optimization for real regenerated air refrigerators[J]. Appl. Therm. Eng., 2011, 31(16): 3161-3167.

[138] Angulo-Brown F. An ecological optimization criterion for finite-time heat engines[J]. J. Appl. Phys., 1991, 69(11): 7465-7469.

[139] 陈林根, 孙丰瑞, 陈文振. 热力循环的生态学品质因素[J]. 热能动力工程, 1994, 9(6): 374-376.

[140] Yan Z. Comment on "ecological optimization criterion for finite-time heat engines"[J]. J. Appl. Phys., 1993, 73(7): 3583.

[141] 陈林根, 孙丰瑞, 陈文振. $q \propto \Delta(T^{-1})$ 传热时有限时间热机的生态学最优性能[J]. 燃气轮机技术, 1993, 6(2): 20-23.

[142] Cheng C Y , Chen C K. The ecological optimization of an irreversible Carnot heat engine[J]. J. Phys. D: Appl. Phys., 1997, 30(11): 1602-1609.

[143] Cheng C Y , Chen C K. Ecological optimization of an endoreversible Brayton cycle[J]. Energy Convers. Mgmt., 1998, 39(1/2): 33-44.

[144] Zhu X, Chen L, Sun F,et al. The ecological optimization of a generalized irreversible Carnot engine for a generalized heat transfer law[J]. Int. J. Ambient Energy, 2003, 24(4): 189-194.

[145] Zhu X, Chen L, Sun F,et al. The ecological optimization of a generalized irreversible Carnot engine with another liner heat transfer law[J]. Journal of the Energy Institute, 2016, 78(1): 5-10.

[146] Zhu X, Chen L, Sun F,et al. Effect of heat transfer law on the ecological optimization of a generalized irreversible Carnot engine[J]. Open Systems & Information Dynamics, 2005, 12(3): 249-260.

[147] Tyagi S K, Wang S W, Chandra H, et al. Performance investigations under maximum ecological and maximum economic conditions of a complex Brayton cycle[J]. Int. J. Exergy, 2007, 4(1): 98-116.

[148] 陈林根, 孙丰瑞, 陈文振. 卡诺制冷机的生态学优化准则[J]. 自然杂志, 1992, 15(8): 633.

[149] 陈林根, 孙丰瑞, 陈文振. 传热规律对卡诺制冷机的生态学优化准则的影响[J]. 低温与超导, 1992, 20(1): 5-10.

[150] Chen L, Zhu X, Sun F,et al. Ecological optimization for generalized irreversible Carnot refrigerators [J]. J. Phys. D: Appl. Phys., 2005, 38(1): 113-118.

[151] 孙丰瑞, 陈林根, 陈文振. 内可逆卡诺热泵的生态学优化性能[J]. 海军工程学院学报, 1993, 65(4): 22-26.

[152] Chen L, Zhu X, Sun F , et al. Exergy-based ecological optimization for a generalized irreversible Carnot heat pump [J]. Applied Energy, 2007, 84(1): 78-88.

[153] Zhu X, Chen L, Sun F,et al. Effect of heat transfer law on the ecological optimization of a generalized irreversible Carnot heat pump [J]. Int. J. Exergy, 2005, 2(4): 423-436.

[154] Zhu X, Chen L, Sun F,et al. The ecological optimization of a generalized irreversible Carnot heat pump for a generalized heat transfer law[J]. J. Energy Institute, 2005, 78(1): 5-10.

[155] 屠友明. 基于㶲分析的空气制冷循环热力学优化[D].武汉: 海军工程大学, 2005.

[156] Tu Y, Chen L, Sun F , et al. Exergy-based ecological optimization for an endoreversible Brayton refrigeration cycle[J]. Int. J. Exergy, 2006, 3 (2) : 191-201.

[157] Wu C, Chen L , Sun F. Optimization of steady flow heat pumps[J]. Energy Conversion and Management, 1998, 39 (5/6) : 445-453.

[158] Chen L, Ni N, Wu C , et al. Heating load versus COP characteristics for irreversible air-heat pump cycles[J]. Int. J. Pow. Energy Systems, 2001, 21 (2) : 105-111.

[159] Ni N, Chen L, Wu C , et al. Performance analysis for endoreversible closed regenerated Brayton heat pump cycles[J]. Energy Conversion and Management, 1999, 40 (4) : 393-406.

[160] Chen L, Ni N, Sun F , et al. Performance of real regenerated air heat pumps[J]. Int. J. Power and Energy Systems, 1999, 19 (3) : 231-238.

[161] Chen L, Ni N, Wu C , et al. Performance analysis of a closed regenerated Brayton heat pump with internal irreversibilities[J]. Int. J. of Energy Research, 1999, 23 (12) : 1039-1050.

[162] 秦钢，李敏，程尔玺，等. 空气制冷机[M]. 北京：国防工业出版社，1980.

[163] Bi Y, Chen L , Sun F. Heating load, heating load density and COP optimizations for an endoreversible air heat pump[J]. Applied Energy, 2008，85 (7) : 607-617.

[164] 毕月虹，尚春鸽，王欣红，等. 空气热泵的供热率密度分析与优化[J]. 北京工业大学学报, 2009, 35 (Supp.) : 74-78.

[165] Bi Y, Chen L , Sun F. Heating load, heating load density and COP optimizations for an endoreversible variable-temperature heat reservoir air heat pump[J]. J. Energy Institute, 2009, 82 (1) : 43-47.

[166] Bi Y, Chen L, Sun F, et al. Exergy-based ecological optimization for an endoreversible air heat pump cycle[J]. Int. J. Ambient Energy, 2009, 30 (1) : 45-52.

[167] Bi Y, Chen L , Sun F. Exergy-based ecological optimization for an endoreversible variable-temperature heat reservoir air heat pump cycle[J]. Rivista Mexicana de Fisica, 2009, 55 (2) : 112-119.

[168] Bi Y, Chen L , Sun F. Comparative performance analysis for endoreversible simple air heat pump cycles considering ecological, exergetic efficiency and heating load objectives[J]. Int. J. Exergy, 2009, 6 (4) : 550-566.

[169] Bi Y, Chen L , Sun F. Ecological, exergetic efficiency and heating load optimizations for endoreversible variable-temperature heat reservoir simple air heat pump cycles[J]. Int. J. Low-Carbon Technologies, 2010, 5 (1) : 7-17.

[170] Bi Y, Chen L , Sun F. Ecological, exergetic efficiency and heating load optimizations for irreversible variable-temperature heat reservoir simple air heat pump cycles[J]. Indian J. Pure and Applied Physics, 2009, 47 (12) : 852-862.

[171] Bi Y, Chen L , Sun F. Exergetic efficiency optimization for an irreversible simple air heat pump[J]. Pramana J. Physics, 2010, 74 (3) : 351-363.

[172] Bi Y, Chen L , Sun F. Optimum allocation of heat exchanger inventory of irreversible air heat pump cycles[J]. Int. J. Sustainable Energy, 2010, 29 (3) : 133-141.

[173] 毕月虹，陈林根，孙丰瑞. 不可逆空气热泵循环供热率密度优化[J]. 华北电力大学学报 (自然科学版)，2010, 37 (1) :96-101.

[174] Bi Y, Xie G, Chen L , et al. Heating load density optimization of an irreversible simple Brayton cycle heat pump coupled to counter-flow heat exchangers[J]. Applied Mathematical Modelling, 2012, 36 (5) : 1854-1863.

附录　主要符号说明

A	循环输出㶲，kJ	C	热容率，kW/K
c	工质和热源间的热容率匹配	D	总压恢复系数
E	换热器有效度；㶲流率，kW；生态学目标函数，kW	E_1	换热器有效度(变温热源情况)
$\bar{E}$	无因次生态学目标函数	F	传热面积，m²
k	绝热指数	m	$(k-1)/k$，k 为绝热指数
$\dot{m}$	质量流率，kg/s	N	传热单元数
N_1	传热单元数(变温热源情况)	P	压力，MPa
Q	热流率，kW	Q_H	供热率，kW
$\bar{Q}_H$	无因次供热率	q_H	供热率密度，kW·kg/m³
$\bar{q}_H$	无因次供热率密度	ΔS	循环熵产，kJ/K
T	温度，K	U	热导率，kW/K
u	热导率分配	v	比容，m³/kg
W_{cv}	循环净输入功率，kW	x	工质等熵温比

希腊字母

α	传热系数，kW/(K·m²)	β	供热系数
η	效率	π	压比
σ	熵产率，kW/K	τ	循环周期，s
τ_1	高、低温热源温比	τ_2	高温热源与外界环境温度之比
τ_3	高、低温热源进口温比(变温热源情况)	τ_4	高温热源进口温度与外界环境温度之比(变温热源情况)

下　标

c	压缩机	d	损失
ex	㶲	$\bar{E}$	最大无因次生态学目标函数点
in	进口条件	H	高温热源侧

Hopt	高温热源侧最佳值	L	低温热源侧
Lopt	低温热源侧最佳值	max	最大值
max, max	双重最大值	min	最小值
opt	最佳值	out	出口条件
$\bar{Q}_H$	最大无因次供热率点	$\bar{q}_H$	最大无因次供热率密度点
R	回热器	s	等熵点
T	总量	t	膨胀机
wf	工质	β	最大供热系数点
η_{ex}	最大㶲效率点	1,2,3,4,5,6	循环状态点
0	环境		

编 后 记

　　《博士后文库》（以下简称《文库》）是汇集自然科学领域博士后研究人员优秀学术成果的系列丛书。《文库》致力于打造专属于博士后学术创新的旗舰品牌，营造博士后百花齐放的学术氛围，提升博士后优秀成果的学术和社会影响力。

　　《文库》出版资助工作开展以来，得到了全国博士后管委会办公室、中国博士后科学基金会、中国科学院、科学出版社等有关单位领导的大力支持，众多热心博士后事业的专家学者给予积极的建议，工作人员做了大量艰苦细致的工作。在此，我们一并表示感谢！

《博士后文库》编委会